“十三五”国家重点出版物出版规划项目
现代机械工程系列精品教材
普通高等教育机电类系列教材

机电控制工程基础

第 2 版

主 编 左健民
参 编 左思渊 王保升
主 审 王积伟

机 械 工 业 出 版 社

本书以经典控制理论为基本内容，结合机电控制系统实例，阐述控制工程的基本理论、基本方法和基本内容。主要内容包括控制工程的基本概念、数学模型、时域和频域分析、控制系统的稳定性和性能分析、系统的校正设计、工程设计方法、线性离散系统的分析和设计以及控制系统计算机辅助设计。全书以讲清基本概念，培养工程应用能力为主线，从工程控制的角度，培养学生掌握思考和分析问题的方法。

本书可作为高等工科学校机械设计制造及自动化专业教材，也可作为近机械类、非自控类专业和自考学生的教材，同时可作为高职高专院校的教材和教学参考书，也可供工程技术人员学习机电控制工程时参考。

图书在版编目（CIP）数据

机电控制工程基础/左健民主编．—2版．—北京：机械工业出版社，2019.12（2025.2重印）

普通高等教育机电类系列教材　“十三五”国家重点出版物出版规划项目　现代机械工程系列精品教材

ISBN 978-7-111-64387-6

Ⅰ.①机…　Ⅱ.①左…　Ⅲ.①机电一体化-控制系统-高等学校-教材　Ⅳ.①TH-39

中国版本图书馆CIP数据核字（2019）第293708号

机械工业出版社（北京市百万庄大街22号　邮政编码100037）

策划编辑：余　皞　责任编辑：余　皞　徐鲁融

责任校对：张　力　封面设计：张　静

责任印制：邓　博

北京盛通数码印刷有限公司印刷

2025年2月第2版第6次印刷

184mm×260mm・15.5印张・382千字

标准书号：ISBN 978-7-111-64387-6

定价：45.80元

电话服务　　网络服务

客服电话：010-88361066　　机　工　官　网：www.cmpbook.com

010-88379833　　机　工　官　博：weibo.com/cmp1952

010-68326294　　金　书　网：www.golden-book.com

封底无防伪标均为盗版　　机工教育服务网：www.cmpedu.com

普通高等教育机电类系列教材编审委员会

前　言

现代技术的进步，带来了机电控制技术的飞速发展。自20世纪50年代开始，在机械制造领域，机械加工技术朝着加工自动化方向发展，走过了刚性自动线或自动化单机（组合机床）、数控（CNC）机床（加工中心）、柔性制造系统（FMS）和计算机集成制造系统（CIMS）四个阶段，现在已经进入了网络化制造和智能制造阶段。在世界主要工业化国家和地区，都有满足各自要求的智能化生产线、智能化车间和智能化工厂。网络传输能力的提高，5G技术的发展，也为网络化制造提供了广阔的空间。在这个发展过程中，最显著的特点是机械制造技术越来越依赖于以计算机控制技术为代表的电子、检测传感、自动控制、人工智能、大数据技术和系统论、信息论等现代科学技术，打破了发展初期那种机械部分和电气部分相拼合的设计和生产模式，强调以产品（系统）整体最优为目标，以自动控制为核心，高性能、多功能，高效协同，这带来了机械制造业的一场深刻的技术革命。这种控制技术的发展对工程技术人员的素质提出了越来越高的要求，同时也对培养人才的高等工程教育提出了更高的要求。可以说，“控制”已深入到国民经济的各个行业和人们的日常生活中，无论是工业企业的“智能制造”，还是行驶的交通工具，甚至我们手机使用的“移动支付”无处不显示着“控制”的神奇。

机电控制工程基础课程是机械设计制造及其自动化专业的一门技术基础课。本书以机电控制应用为对象，在阐述经典控制理论的有关基本概念、基本原理、基本分析方法、控制系统的设计基础上，对控制系统的工程设计方法、离散控制系统和控制系统的计算机辅助分析与设计作了介绍。以期使学生通过本课程的学习，建立起“控制”的思维方式，在传统静态设计的基础上，建立起动态设计的概念，为后续课程运用控制理论和进一步深造打下基础。

本书共分十章，第一章和第二章是基础知识；第三章和第四章主要介绍了控制系统的时域和频域分析方法；第五章和第六章讲述了控制系统的稳定性和性能分析；第七章讲述了控制系统的设计和校正方法；第八章从工程设计的角度讲述了控制系统的工程设计方法；第九章简单介绍了线性离散系统的分析和设计；第十章主要讲述了控制工程设计软件MATLAB的应用。本书在编写过程中，根据机械设计制造及其自动化专业的培养目标和机械类专业的特点，坚持基础理论以“必需、够用”，讲清基本概念为原则，以工程应用能力培养为主线。

本书第2版由南京工程学院左健民任主编，左思渊和王保升参加编写。其中第二章和第九章由左思渊编写，第六章和第十章由王保升编写，其余由左健民编写。东南大学王积伟教授任主审，他对本书提出了很多宝贵意见和建议，在编写过程中，本书第1版的作者也给于了很大的帮助，在此特向他们表示衷心的感谢。

本书是高等工程教育本科机械设计制造及其自动化专业、机械类和近机类专业教材，也可供本科层次自学考试、成人教育和高职高专相关专业使用。

本书第1版出版以来，得到了广大读者和教材使用教师和学生的欢迎，有些教师和学生向编者提出了很好的意见和建议；在第 2 版修订过程中，也参考了很多同行专家和学者的专著和教材，在此一并表示衷心感谢。也欢迎广大读者继续对本书提出批评指正。

编　者

目　　录

第一章 绪论

“机电控制工程基础”课程主要阐述自动控制技术的基本理论及其在机电行业的应用。当前，随着计算机技术的广泛应用和发展，机械制造行业发展的一个明显而重要的趋势是越来越广泛而深入地引入控制理论，使机械制造技术与电子控制技术相结合。例如，数控机床、工业机器人、电气液压伺服系统、机床动态分析和测试设备、锻压焊接自动化设备、精密仪器设备等都是典型的机电结合的产品，在整个设计、制造和使用过程中都要用到控制工程的基础知识。可以说，未来的机械产品（或系统）都将是以整体最优为目标、以自动控制为核心的高性能的、多功能的机电一体化产品。不论是智能制造的工厂，还是全自动化的智能生产线，无一不是信息化和自动化高度融合的。因此，控制理论是一门极为重要的学科。控制工程理论强调用系统的、反馈的、控制的方法来分析研究工程实际问题，因此也是科学方法论之一。

第一节　控制系统的工作原理及其组成

一、控制系统概述

要了解什么是控制系统，首先要知道什么是控制。按照控制论创始人维纳的经典定义，控制论是“关于动物和机器中的控制和通信的科学”。这句话的含义是对机械设备采取一定的措施，使其生产过程或被控对象的某些物理量准确地按预期的规律变化。例如，要想使发电机正常供电，就必须设法保持其输出电压恒定，并且尽量不受负荷变化和原动机转速波动的影响；要想使数控机床加工出高精度的零件，就必须采取措施保证其工作台或刀架准确地跟随指令进给；要想使烘炉提供合格产品，就必须保证炉温符合生产工艺的要求。这里所说的采取措施就是实行某种控制，这种具有控制作用的系统才可以称为控制系统。显然，上述的发电机、数控机床、烘炉都可以称为控制系统。它们也可以看作受控对象。而电压、工作台或刀架的位置、炉温是表征这些机器装备工作状态的物理参量，它们是被控制量。额定电压（要求的电压）、进给的指令（加工要求）、规定的炉温等都是这些物理参量所应保证的数字，称之为控制量。

由此可知，控制系统是具有控制量、控制对象和被控制量这三层含义的系统。然而，那些不要求存在严格的物理参量作为输出量的设备，就不能看成是具有完整意义的控制系统。如抽水机、搅拌机、普通卷扬机等一般的机械，都不具有明显的控制意义。它们或者是开，或者是关，除了这两种工作状态之外，再没有第三种工作状态。而一架飞机、一条轧钢生产线或者一台机械加工中心，它们都具有随时变化着的工作状态，始终存在着控制量和被控制量的矛盾，没有控制，它们就不能正常工作。

控制量输入后，作用于受控对象，使受控对象产生一定的被控制量，成为系统的输出。因此，可以说控制系统是由输入到输出的一系列信号的传递过程，它要求人们把传统的观察问题的方式方法加上控制和通信的观点，不仅把以物理参量形式出现的控制量与被控制量看成是传递的信号，而且也可以把以物质结构形式出现的受控对象看成是具有某种意义的信号。这样，一个物理系统就成为具有控制及其信号传递过程的系统。

这里要注意的是，一个系统往往除了存在信号传递路线以外，同时也存在能量传递路

线，有的还存在物质输送路线，因此要分清它们的区别。例如，在一条轧钢生产线中，既有控制系统，又有能量传递系统，还有钢坯在线上来回运送的物流系统，三者结合为一体，彼此有着紧密的联系。它们之间的关系是：控制系统起着支配能量的传输和物质的运送作用。不要把能量的输入和物质的进出也看成是控制量的输入和被控制量的输出。不能把它们混淆起来，尽管它们交叉存在于同一系统之中。控制理论研究的内容是控制作用如何使设备的工作满足预定的要求。

二、控制系统工作原理

在各种生产过程和生产设备中，常常需要使某些物理量，如温度、压力、位置、转速等保持恒定，或者让它们按照一定的规律变化。要满足这些条件，就应对生产过程或设备进行及时的控制、调整，以抵消外界的扰动和影响。下面将从实现恒温控制的例子中，总结出一般控制系统的工作原理。

实现恒温控制有两种方法：人工控制和自动控制。然而，自动控制是受人工控制的启发而实现的。人工控制的恒温控制箱如图1-1所示，人们可以通过调节调压器来改变电阻丝的电流，进而达到控制温度的目的，箱内的温度由温度计测量和显示。人工调节的恒温控制可以归结为如下过程。

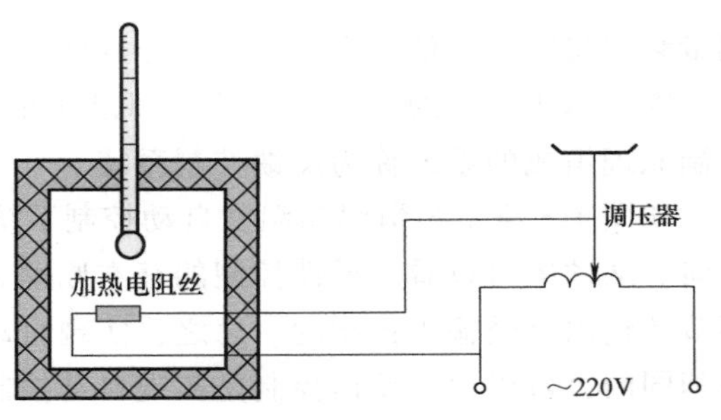

图 1-1 人工控制的恒温箱

1）观察由测量元件（温度计）测出的恒温箱的温度（被控制量）。

2）与要求的温度值（给定值）进行比较，得出偏差的大小和方向。

3）根据偏差的大小和方向进行控制。当恒温箱温度高于所要求的温度给定值时，就移动调压器使电流减小，温度降低；若温度低于给定值，则移动调压器，使电流增大，温度升到给定范围。

由此可见，人工控制的过程就是测量（温度计）、求偏差（人脑）、再控制（调压器）以纠正偏差的过程。简单地讲就是“检测偏差并用于纠正偏差”的过程。

对于这样简单的控制形式，如果能找到一个控制器代替人的职能，那么这样一个人工调节系统就可以变成自动控制系统了。如图1-2所示即为恒温箱的一个自动控制系统。其中恒温箱的温度是由给定电压信号 u_1 控制的，当外界因素引起箱内温度变化时，作为测量元件的热电偶把温度转换成对应的电压信号 u_2，并反馈回去与给定信号 u_1 相比较，所得结果即为温度的偏差信号 $\Delta u=u_1-u_2$。Δu 经过电压放大、功率放大后，用以改变电动机的转速和方向，并通过传动装置拖动调压器调节触头。当温度偏高时，动触头向着减小电流的方向运动；反之加大电流，直到温度达到给定值为止。即只有在偏差信号 $\Delta u=0$ 时，电动机才停转。这样就可以完成所要求的控制任务，所有这些装置便组成了一个自动控制系统。

上述人工控制系统和自动控制系统是很类似的：执行机构相当于人手，测量装置相当于人的眼睛，控制器相当于人脑。另外，它们还有一个共同的特点，就是要检测偏差，并用检测到的偏差去纠正偏差，可见没有偏差便没有调节过程。在自动控制系统中，这一偏差是通过反馈来获得的，通常把给定量也叫输入量，被控制量也叫输出量。反馈就是指通过适当的

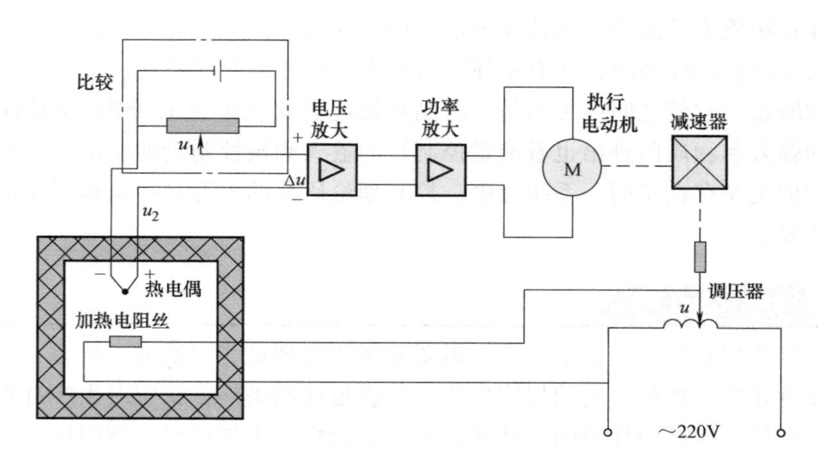

图 1-2　恒温箱的自动控制系统

测量装置将输出量信号全部或一部分返回输入端，使之与输入量进行比较，比较的结果叫偏差。因此基于反馈的“检测偏差并用以纠正偏差”的原理又称为反馈控制原理。利用反馈控制原理组成的系统称为反馈控制系统。

如图 1-3 所示为恒温箱温度自动控制系统框图，图中⊗代表比较元件，箭头表示作用的方向。从图中可以看到反馈控制的基本原理。也可以看到各职能环节的作用是单向的，每个环节的输出是受输入控制的。总之，实现自动控制的装置可各不相同，但反馈控制的原理却是相同的，可以说，反馈控制是实现自动控制的最基本的方法。

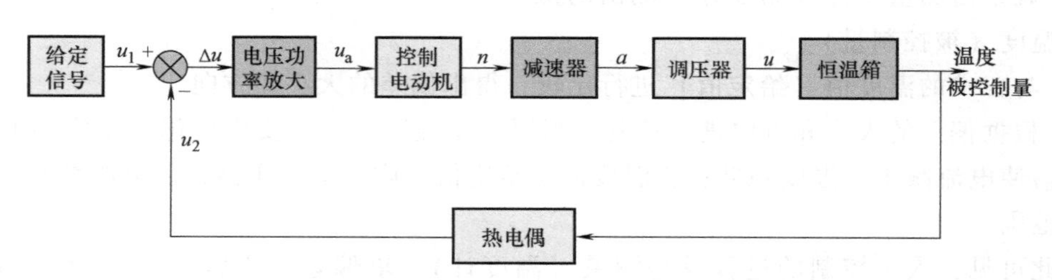

图 1-3　恒温箱温度自动控制系统框图

三、开环控制与闭环控制

从上述恒温箱温度自动控制系统的工作原理中可以看出，输出量要反过来参与控制过程，进而产生对系统起控制作用的控制信号。这种输出量（或被控制量）能给控制过程以直接影响的控制系统称为闭环控制系统，“闭环”的含义就是应用反馈作用来减少系统的误差。这种系统突出的优点是精度高。当系统由于外界干扰、元件质量、传动链间隙等因素的影响而使输出量高于给定值时，系统可以通过反馈测量元件将其检测出来，并力图减少这一偏差，这是闭环系统最重要的功能。

闭环系统也有缺点。这类系统检测误差并用以纠正偏差，或者说是靠偏差进行控制，在工作过程中系统总会存在偏差。由于组成系统的元件的惯性、死区等因素的存在，很容易引起振荡，使系统不稳定。因此精度和稳定性之间的矛盾是闭环系统固有的主要缺点。

如果控制系统的输出端和输入端之间不存在反馈回路，输出量对系统的控制作用没有影

响，这样的系统称之为开环控制系统。如图 1-1 所示的人工控制的恒温箱系统，如果没有操作者的经常调节，任凭干扰因素影响，置实际温度于不顾，这样的系统就是开环控制系统。开环控制系统仅仅是使一定的输入量产生一定的输出量。如果某种干扰使输出量高于期望值时，它没有纠正偏差的能力，要进行补偿就必须借助人工来改变输入量，所以开环控制系统的精度较差。但是在组成系统的元件特性和参数值比较稳定，而且外部的干扰也比较小时，这种系统也可以保证一定的精度。

从稳定性的角度看，开环系统比较容易建造，结构也比较简单，设计合理的情况下开环系统不存在稳定性的问题。

当对整个系统的性能要求比较高时，为了解决闭环控制精度和稳定性之间存在的矛盾，往往将闭环和开环结合在一起应用，即采用复合控制。

四、控制系统的组成

上述的闭环系统，只是控制系统的基本组成形式，要想获得理想的控制效果，还必须增加其他相关元件。一个典型的反馈控制系统如图 1-4 所示，该系统包括反馈元件、给定元件、比较元件（或比较环节）、放大元件、执行元件、控制对象及校正元件等。

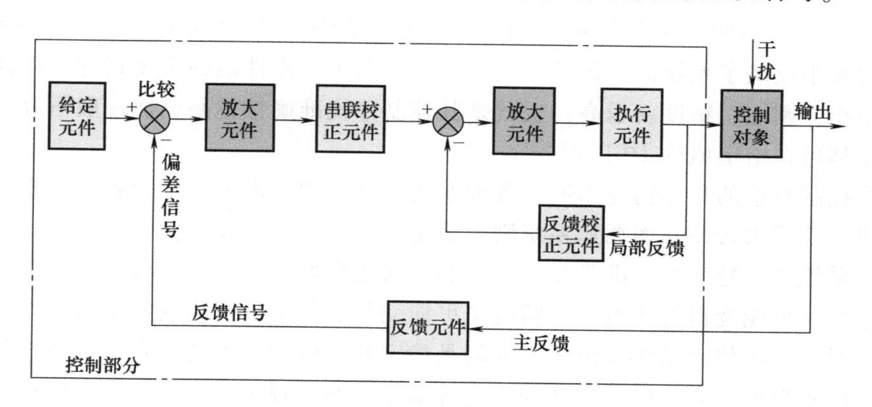

图 1-4　典型的反馈控制系统框图

（1）给定元件　主要用于产生给定信号或输入信号。

（2）反馈元件　产生与输出量有一定函数关系的反馈信号，这种反馈信号可以是输出量本身，也可以是它的函数或导数。例如，图 1-2 中的热电偶即为一种反馈元件。

（3）比较元件　用来比较输入信号与反馈信号的大小，得到偏差，可以是自整角机、旋转变压器、机械式差动装置等物理比较元件，也可以是如图 1-2 所示的差接的比较电路，所以有时也称为比较环节。

（4）放大元件　对偏差信号进行信号放大或功率放大的元件。例如伺服功率放大器等。

（5）执行元件　直接对控制对象执行操作的元件，如图 1-2 中的执行电动机。

（6）控制对象　控制系统所要操纵的对象，即负载。它的输出量即为系统的输出（被控制量）。

（7）校正元件　或称校正装置，用以稳定控制系统，提高性能，常用的有反馈校正和串联校正两种校正形式。

尽管一个控制系统由许多起着不同作用的元件所组成，但从总体上来看，比较元件、给定元件、放大元件、执行元件和反馈元件等共同起着控制作用，而剩余部分就是被控对象。因此，任何控制系统都可以说仅由控制部分和被控对象两部分组成。图 1-4 中点画线所包围的就是控制部分。

第二节 对控制系统的基本要求

自动控制系统用于不同的目的，要求也往往不一样。但自动控制技术是研究各类控制系统共同规律的一门技术，研究发现控制系统的共同要求一般可归结为稳定、快速、准确。

（1）稳定性 由于系统存在着惯性，因此系统的参数分配不当将会引起系统振荡而失去工作能力。稳定性就是指动态过程的振荡程度和系统能够恢复平衡状态的能力。输出量偏离平衡状态后应该随着时间收敛并最后回到初始的平衡状态。保证稳定性是系统正常工作的首要条件。

（2）快速性 这是在系统稳定的前提下提出的。快速性是指系统的输出量与给定的输入量之间出现偏差时，系统消除这种偏差的快慢程度。

（3）准确性 在调整过程结束后输出量与给定的输入量之间的偏差，称为稳态误差，稳态误差的大小反映了系统的准确性，这也是衡量系统工作性能的重要指标。例如数控机床稳态误差越小，则加工精度就越高，也就是其控制系统准确性越高，而一般恒温和恒速系统的稳态误差都可在给定值的 1%以内。

由于受控制对象的具体情况不同，各种系统对稳、快、准的要求也各有侧重。例如，伺服系统对快速性要求较高，而调速系统则对稳定性有较严格的要求。

在同一系统中，稳、快、准是相互制约的。快速性好，可能会引起激烈振荡；改善稳定性，控制过程又可能变得过于迟缓，精度也可能变差。分析和解决这些矛盾是本学科讨论的重要内容。对于机械传动系统来说，首要的是稳定性，因为过大的振荡将会使部件过载而损坏。此外，防止自振、降低噪声、增加刚度等都是控制工程理论研究的中心问题。

第三节 控制系统的基本类型

目前自动控制技术在各行各业中正在发挥着越来越大的作用。从普通的家用电器到工业企业的生产和宇宙空间探索的复杂控制系统都离不开自动控制。

在第一节中，我们已对控制系统从概念上作了较详细的叙述，并以恒温控制系统为例，介绍了控制系统的工作原理和系统组成。这些介绍对于其他类型的系统也是适用的，实际工程中，可以从不同的角度对控制系统进行分类。例如，根据信号传递路径，可以分为开环控制系统和闭环控制系统；根据输入量的特征，可以分为恒值控制系统、程序控制系统和伺服控制系统；根据对系统描述方法的不同，可以分为线性控制系统和非线性控制系统；根据系统中传递信号的性质，可分为连续控制系统和离散控制系统；根据系统部件的类型，又可以分为机电控制系统、液压控制系统、气动控制系统等。为了进一步了解控制系统的实质，下面将按不同的研究方法，简要地说明几种不同类型的控制系统的主要特点。

一、恒值控制系统、程序控制系统和伺服控制系统

1. 恒值控制系统

这种控制系统的输入量是一个恒定值，一经给定，在运行过程中就不再改变（但可定期校准或更改）。恒值控制系统的任务是保证在任何扰动的作用下，系统的输出量均为恒值。工业生产中的温度、压力、流量、液面等参数的控制，有些原动机的速度控制、工作母机的位置控制、电力系统的电网电压和频率控制等，均属此类。

2. 程序控制系统

这种系统的输入量不为常值，但其变化规律是预先知道和确定的。可以预先将输入量的变化规律编成程序，由该程序发出控制指令，在输入装置中再将控制指令转换为控制信号，经过全系统的作用，使被控对象按指令的要求运动。计算机绘图就是典型的程序控制系统。工业生产中的过程控制系统按生产工艺的要求编制成特定的程序，由计算机来实现其控制。所以程序控制系统又被称为过程控制系统，也就是近年来迅速发展起来的数字程序控制系统和计算机控制系统。这种微处理机控制技术的应用将程序控制系统推向了普遍化的发展阶段。

3. 伺服控制系统

伺服控制系统又称随动系统，主要是一些控制机械位移和速度的系统。这种系统的输入量的变化规律是不能预先确定的。当输入量发生变化时，要求输出量也迅速、平稳地跟随着变化，且能排除各种干扰因素的影响，准确地复现控制信号的变化规律。控制指令可以由操作者根据需要随时发出，也可以由目标或相应的测量装置发出。例如机械加工中的仿形机床、武器装备中的火炮自动瞄准系统以及导弹目标自动跟踪系统等均属于伺服控制系统。

二、连续控制系统和离散控制系统

控制系统中各部分传递信号都是以连续时间为变量的系统称为连续控制系统。前面介绍的各类系统除了计算机控制系统外，都是连续控制系统。

近年来，控制系统中计算机的应用日益增多。由于计算机只能接受和处理数字信号，如果给定的信号和反馈的信号都是连续信号，就需要采取脉冲采样的手段来处理信号进而实现对系统的控制。这种控制系统中某一处或多处的信号是以脉冲序列或数码的形式传递的系统称为离散控制系统。

由于连续控制系统和离散控制系统的信号形式有较大差别，因此在分析方法上也有明显的不同。连续控制系统以微分方程来描述系统的运动状态，并用拉氏变换法求解微分方程；而离散控制系统则用差分方程来描述系统的运动状态，用 Z 变换法引出脉冲传递函数来研究系统的动态特性。由于研究方法不同，必须把连续控制系统和离散控制系统区分开来。本书将在第九章中专门介绍离散控制系统。

第四节　控制工程理论发展历史的简单回顾

在工业中起重要作用的第一个自动调节装置是 18 世纪末由瓦特（J. Watt）发明的蒸汽机中的飞锤调节器（图 1-5），当蒸汽机速度增加时，杠杆上的飞锤升高，使与它连接在一起的汽阀开口减小，从而使蒸汽机速度下降；反之，杠杆上的飞锤降低，使与它连接在一起的汽阀开口增大，从而使蒸汽机速度上升。但是后来发现，这样通过汽阀进行速度调节的装置并不完善，一些参数处理不好会使蒸汽机产生剧烈的振荡。这就驱动了一些数学家思考并解决这些问题。1868 年麦克斯韦尔（Maxwell）根据描述系统的微分方程的解中有无增长指数函数项来判断稳定性；1895 年，劳斯（Routh）和赫尔维茨（Hurwitz）推导出了著名的稳定性判据。

第一次和第二次世界大战中军事装备发展的需求促使很多装备的自动调节装置有了飞跃式的发展。在这期间，通信的需要推动了负反馈放大器的发明，这时劳斯-赫尔维茨理论的实际意义就不大了，因为描述放大器的微分方程阶次太高，而用“频率响应”及图解形式处理更实际而有效。奈奎斯特（H. Nyquist）于 1932 年创立了稳定判据及“稳定裕度”的概念。在此基础上，伯德（H. W. Bode）于 1945 年提出了用图解法来分析和综合线性反馈控制系统的方法，这就是频率法。与此同时，依万斯（W. R. Evans）于 1948 年创立了“根轨迹法”，对用微分方程模型来研究问题提供了一个简单而有效的方法，在某些情况下，它比频率法更简单，更直接。到此，“经典控制理论”已基本完善，并在各行业中得到广泛的应用，促进了控制工程的进展。1948 年，美国数学家维纳（N. Wiener）首创了控制论（Cybernetics）这个名词，他认为，到那时为止，反馈理论已可以解决许多生物控制机理、经济发展过程等问题。事实证明，从那以后控制理论又有了新的发展，跨入了“现代控制理论”的阶段。

“现代控制理论”是在“经典控制理论”的基础上，于 20 世纪 60 年代以后发展起来的。它的主要内容是以状态空间法为基础，研究多输入、多输出、变参数、非线性、高精度、高效能等控制系统的分析和设计问题。最优控制、最佳滤波、系统辨识、自适应控制等理论都是这一领域主要的研究课题，特别是近年来电子计算机技术和现代应用数学研究的迅速发展，又使现代控制理论在大系统理论和模仿人类智能活动的人工智能控制等方面有了重大的发展。

以上简要介绍了控制理论的诞生和发展过程。需要特别指出的是，尽管经典控制理论有一定的局限性，然而它简洁明了，概念清晰，工程技术中的大量问题仍然用它来解决。同时，经典控制理论也是学习和掌握现代控制理论的必要的基础。

从控制理论的发展过程可以看出，这门学科起源于机械设备，而在后期的发展中逐渐远离了机械工程这一领域，究其原因，可能与过去的生产水平和条件有关。然而，现在这一切都在发生重大的变革。控制理论在工业制造与设计领域中获得日益广泛的应用。目前，仅仅以静态的角度研究与设计工业设备，只要求它们能够工作而不讲究工作品质的情况，已远远不能满足现代工业的要求。只有从动、静态两方面进行研究、分析和设计，即既保证有足够的强度和刚度，又具有工作平稳、准确、快捷的动态品质，才能使工业设备满足现代工业的要求。当前，控制工程理论在机械制造领域中应用最为活跃的主要有以下几个方面。

1）机械制造过程正在向自动化与最优化结合的方向、机电一体化的方向发展。在这一方面，控制工程理论的应用体现在机床的数字控制系统、自适应控制和柔性自动生产线、工业机器人的研究和应用、部件及产品的自动装配、产品的自动和半自动测量和检验、具有视觉功能及其他人工智能的智能控制机器人的应用、计算机集成制造系统（CIMS）等。

2）制造和加工过程的动态研究方面。因为高速切削、强力切削、高速空程等正在得到

日益广泛的应用，同时，越来越高的加工精度不断出现，0.01μm 乃至 0.001μm 精度相继出现，这就要求把加工过程如实地作为动态系统加以研究，使控制工程理论充分发挥作用，研究方法包括计算机仿真及优化等。

3）在产品设计方面，结合控制工程理论，充分考虑产品与设备的动态特性，然后建立它们的数学模型，进行优化设计，包括计算机辅助设计和试验的研究，计算机仿真和数字孪生技术等。

4）动态过程或参数测试技术，正以控制理论为基础，向着动态测试方向发展。动态精度、动态位移、振动、噪声、动态力与动态温度等的测量，从基本概念、测试手段到测试数据的处理方法，无一不与控制理论息息相关。

总之，控制理论、微处理机技术与机械制造技术、机电系统的结合和一体化的发展趋势，将促使这一领域中的试验、研究、设计、制造、管理等各个方面发生巨大的变化。

习　题

1-1　试列举几个日常生活中的开环控制和闭环控制系统，并说明它们的工作原理。

1-2　说明如图 1-5 所示蒸汽机飞锤调节器的工作原理并画出系统框图。

1-3　图 1-6 所示为一液压助力器工作原理图，其中，X 为输入位移，Y 为输出位移，试画出该系统的系统框图。

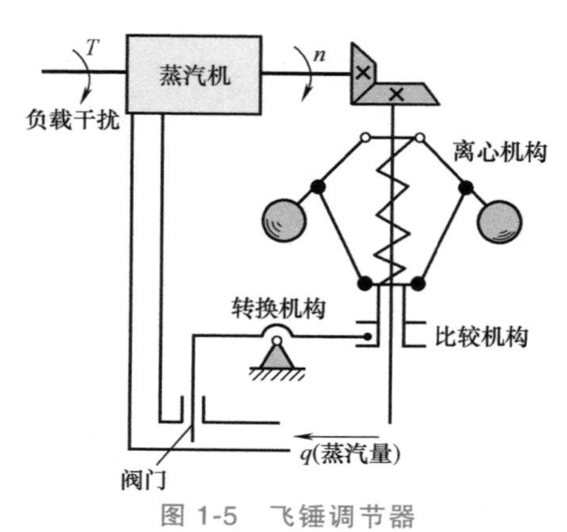

图 1-5　飞锤调节器

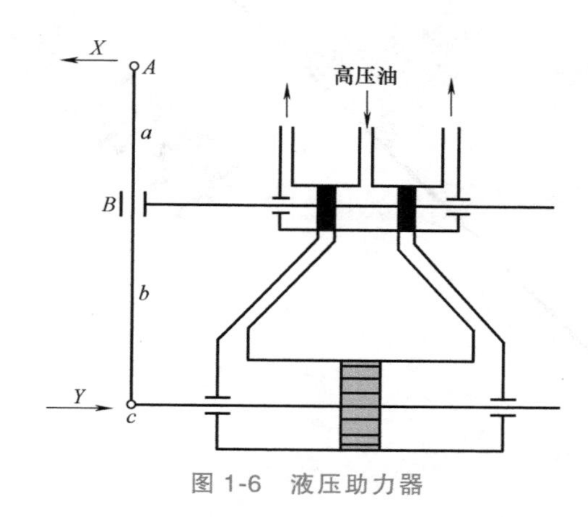

图 1-6　液压助力器

第二章 控制系统的数学模型

为了从理论上对控制系统进行性能分析，必须建立系统的数学模型。

所谓数学模型，是指系统输入、输出变量及内部各变量之间关系的数学表达式，它揭示了系统结构及其参数与其性能之间的内在关系。系统的数学模型有多种形式，这取决于变量与坐标的选择。在时间域，通常采用微分方程或一阶微分方程组的形式；在复数域，通常采用传递函数形式；而在频率域，则采用频率特性形式。

应当指出，建立合理的数学模型，对于系统的性能分析和研究极为重要，这里的“合理”是指所建立的模型既能反映系统的内在本质，又能简化分析。无论是机械系统、电气系统、液压系统、热力系统还是经济系统、生物系统，只要是确定的系统，都可以用数字模型描述其运动特性。但是，要建立一个系统的合理的数学模型并非是件容易的事，这需要对其元件和系统的构造原理、工作情况有足够的了解。在工程上，常常是做一些必要的假设和简化，忽略对系统特性影响小的因素，并对一些非线性关系进行线性化，建立一个比较准确的合理的数学模型。

第一节　控制系统的微分方程

微分方程是在时域中描述系统（或元件）动态特性的数学模型，或称为运动方程。利用微分方程可以得到描述系统（或元件）动态特性的其他形式的数学模型。

一、建立微分方程的一般步骤

建立控制系统（或元件）微分方程一般需要如下步骤。

1）分析系统的工作原理和信号传递变换的过程，确定系统和各元件的输入、输出变量。

2）从系统的输入端开始，按照信号传递变换过程，依据各变量所遵循的物理学定律，依次列写出各元件、部件的动态微分方程。

3）消去中间变量，得到一个描述元件或系统输入、输出变量之间关系的微分方程。

4）改写为标准形式。将与输入有关的项放在等式右侧，与输出有关的项放在等式的左侧，且各阶导数项按降幂排列。

二、控制系统微分方程的列写

例 2-1　对如图 2-1a 所示的动力滑台系统进行质量、黏性阻尼及刚度折算后，可将其简化为如图 2-1b 所示的质量-阻尼-弹簧系统。试求外力 $f(t)$ 与质量块位移 $y(t)$ 之间的运动微分方程。

解　该系统输入量为外力 $f(t)$，输出量为位移 $y(t)$，若取等效质量为 m 的质量块的自然平衡位置为 $y(t)$ 的零点，应用牛顿第二定律，可列出系统原始运动方程为

$$m\frac{\mathrm{d}^2y(t)}{\mathrm{d}t^2}=f(t)-B\frac{\mathrm{d}y(t)}{\mathrm{d}t}-ky(t) \tag{2-1}$$

式中，B 为等效阻尼系数；k 为等效弹簧刚度。

式（2-1）经整理可得

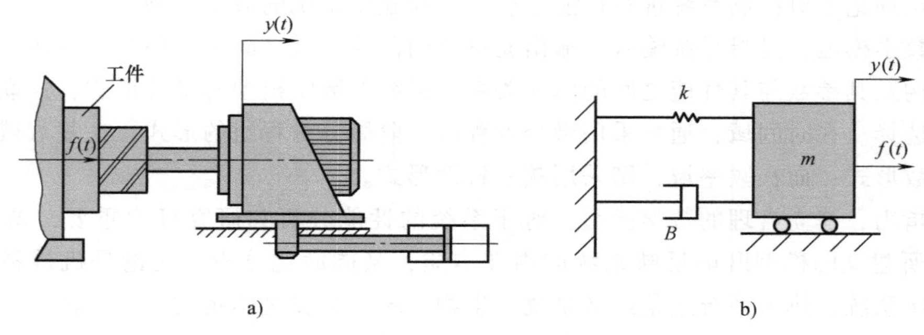

图 2-1　动力滑台系统及其力学模型

$$m\frac{\mathrm{d}^2y(t)}{\mathrm{d}^2t}+B\frac{\mathrm{d}y(t)}{\mathrm{d}t}+ky(t)=f(t) \tag{2-2}$$

即为该系统在外力 $f(t)$ 作用下的运动微分方程。

例 2-2　如图 2-2 所示的 RLC 电路中，其输入电压为 $u_i(t)$，输出电压为 $u_o(t)$，试列写该电路的微分方程。

解　根据电路理论中的基尔霍夫定律得：

$$u_i(t)=Ri(t)+L\frac{\mathrm{d}i(t)}{\mathrm{d}t}+u_o(t)$$

$$u_o(t)=\frac{1}{C}\int i(t)\mathrm{d}t$$

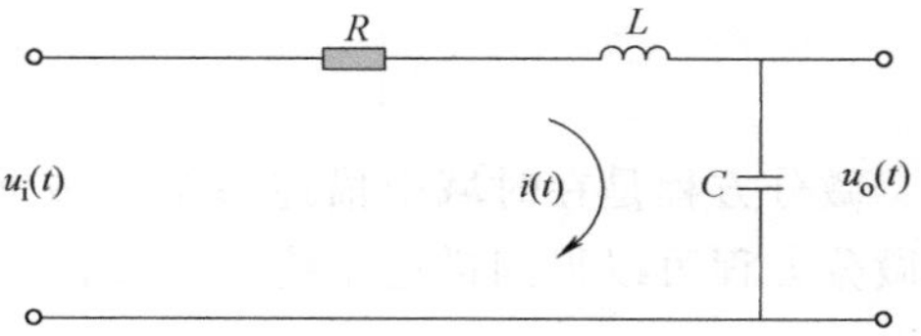

图 2-2　RLC 电路

消去中间变量 $i(t)$ 并整理可得

$$LC\frac{\mathrm{d}^2u_o(t)}{\mathrm{d}t^2}+RC\frac{\mathrm{d}u_o(t)}{\mathrm{d}t}+u_o(t)=u_i(t) \tag{2-3}$$

即为该 RLC 电路的微分方程。

例 2-3　如图 2-3 所示为一齿轮传动，输入量为轴 Ⅰ 的输入转矩 $T(t)$，输出量为轴 Ⅱ 的角位移 $\theta_2(t)$，试列写其运动微分方程。

解　齿轮 2 对齿轮 1 的阻力转矩 T_2 与齿轮 1 的驱动转矩 T_1 存在着如下关系，即

$$\frac{T_1}{T_2}=\frac{z_1}{z_2}=\frac{1}{i} \tag{2-4}$$

式中，z_1、z_2 分别为齿轮 1 和 2 的齿数，i 为传动比。

轴 Ⅰ 的角位移 θ_1 和轴 Ⅱ 的角位移 θ_2 之间有如下关系

$$\frac{\theta_1}{\theta_2}=\frac{z_2}{z_1}=i \tag{2-5}$$

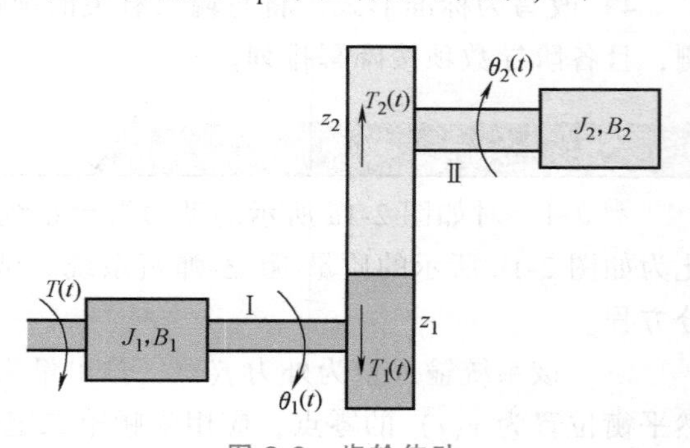

图 2-3　齿轮传动

根据定轴转动动静法，各轴转矩平衡方程分别为

$$J_1\frac{\mathrm{d}^2\theta_1(t)}{\mathrm{d}t^2}+B_1\frac{\mathrm{d}\theta_1(t)}{\mathrm{d}t}+T_1(t)=T(t) \tag{2-6}$$

$$J_2 \frac{d^2\theta_2(t)}{dt^2}+B_2 \frac{d\theta_2(t)}{dt}=T_2(t) \tag{2-7}$$

式中，J_1、J_2 分别为轴Ⅰ、轴Ⅱ上的总转动惯量；B_1、B_2 分别为轴Ⅰ、轴Ⅱ上的黏性阻尼系数。

将式（2-4）、式（2-5）和式（2-7）代入式（2-6），消去中间变量 $T_1(t)$、$T_2(t)$ 和 $\theta_2(t)$，并整理，得到该齿轮传动的运动微分方程为

$$\left(J_1+J_2 \frac{1}{i^2}\right)\frac{d^2\theta_1(t)}{dt^2}+\left(B_1+B_2 \frac{1}{i^2}\right)\frac{d\theta_1(t)}{dt}=T(t)$$

或写成

$$J \frac{d^2\theta_1(t)}{dt^2}+B \frac{d\theta_1(t)}{dt}=T(t) \tag{2-8}$$

式中，J、B 分别为折算到轴Ⅰ上的总的转动惯量和黏性阻尼系数。$J=J_1+J_2 \frac{1}{i^2}$；$B=B_1+B_2 \frac{1}{i^2}$。

对于齿轮传动，折算到第一轴上的总的等效转动惯量和总的等效黏性阻尼系数分别为

$$J=J_1+J_2 \frac{1}{i_1^2}+J_3 \frac{1}{i_1^2 i_2^2}+\cdots \tag{2-9}$$

$$B=B_1+B_2 \frac{1}{i_1^2}+B_3 \frac{1}{i_1^2 i_2^2}+\cdots \tag{2-10}$$

式中，$i_1=z_2/z_1$，$i_2=z_4/z_3$，…为各级齿轮传动比。

由式（2-9）和式（2-10）可知，减速器的速比越大，转动惯量、黏性阻尼系数等折算到电动机轴上的等效值越小，因此在一般分析中常可将其忽略不计，但第一级齿轮的转动惯量和黏性阻尼系数影响较大，应该考虑。

例 2-4　如图 2-4 所示为一电枢控制式直流电动机原理图，励磁绕组电流 i_f 为恒值，输入量为电枢电压 $u_a(t)$，输出量为电动机转动角速度 $\omega_m(t)$，试列写其微分方程。

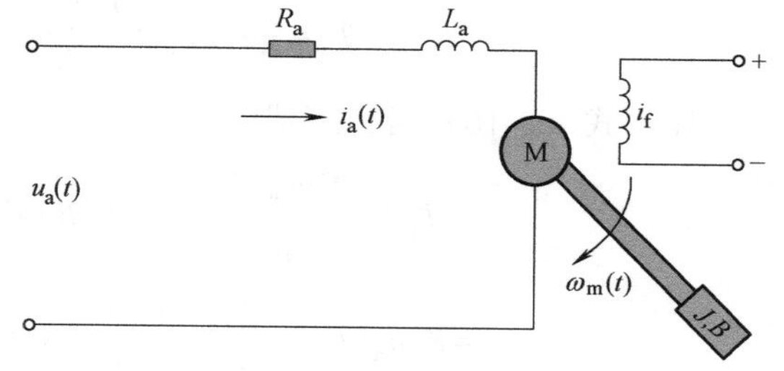

图 2-4　电枢控制式直流电动机原理图

解　当励磁电流 i_f 为恒值时，直流电动机产生的转矩 T_m 与电枢电流 i_a 成正比，即

$$T_m=C_m i_a \tag{2-11}$$

式中，C_m 为电动机的转矩系数。

电枢转动时，在电枢绕组中会产生反电动势，该反电动势与电动机转动角速度 $\omega_m(t)$ 成正比，即

$$e(t)=C_e\omega_m(t) \tag{2-12}$$

式中，C_e 为电动机反电动势系数。

根据基尔霍夫定律，考虑到电枢的反电动势，可求得电枢回路的电压平衡方程为

$$L_a \frac{di_a(t)}{dt}+R_a i_a(t)+e(t)=u_a(t) \tag{2-13}$$

式中，L_a 为电枢回路总电感；R_a 为电枢回路总电阻。

电枢电流产生的转矩，用来克服系统的惯性和驱动负载，此时电动机轴上的转矩平衡方程为

$$J_m \frac{d\omega_m(t)}{dt}+B\omega_m(t)+T_1(t)=T_m(t) \tag{2-14}$$

式中，J_m 为电动机轴上（包括转子及传动系统）的等效转动惯量；B 为由于摩擦产生的黏性阻尼系数；$T_1(t)$ 为负载转矩。

将式（2-11）代入式（2-14）中，消去中间变量 $T_m(t)$，可得

$$i_a(t)=\frac{J_m}{C_m}\frac{d\omega_m(t)}{dt}+\frac{B}{C_m}\omega_m(t)+\frac{1}{C_m}T_1(t) \tag{2-15}$$

将式（2-12）、式（2-15）代入式（2-13）中，整理得

$$\frac{L_aJ_m}{C_m}\frac{d^2\omega_m(t)}{dt^2}+\left(\frac{L_aB}{C_m}+\frac{J_mR_a}{C_m}\right)\frac{d\omega_m(t)}{dt}+\left(\frac{BR_a}{C_m}+C_e\right)\omega_m(t)$$
$$=u_a(t)-\frac{1}{C_m}\left[L_a\frac{dT_1(t)}{dt}+R_aT_1(t)\right]$$

或

$$\frac{L_aJ_m}{C_mC_e}\frac{d^2\omega_m(t)}{dt^2}+\left(\frac{L_aB}{C_mC_e}+\frac{J_mR_a}{C_mC_e}\right)\frac{d\omega_m(t)}{dt}+\left(\frac{BR_a}{C_mC_e}+1\right)\omega_m(t)$$
$$=\frac{1}{C_e}u_a(t)-\frac{R_a}{C_mC_e}\left[\frac{L_a}{R_a}\frac{dT_1(t)}{dt}+T_1(t)\right] \tag{2-16}$$

令

$$T_a=\frac{L_a}{R_a}\quad T_b=\frac{J_mR_a}{C_mC_e}\quad K_e=\frac{1}{C_e}\quad K'=\frac{R_a}{C_mC_e}$$

这样，式（2-16）可以写成

$$T_bT_a\frac{d^2\omega_m(t)}{dt^2}+(T_aK'B+T_b)\frac{d\omega_m(t)}{dt}+(K'B+1)\omega_m(t)$$
$$=K_eu_a(t)-K'\left[T_a\frac{dT_1(t)}{dt}+T_1(t)\right] \tag{2-17}$$

式中，T_a 为电动机电枢回路的电磁时间常数；T_b 为电动机的机电时间常数；K_e 为电动机转动角速度 $\omega_m(t)$ 对电枢控制电压的放大系数；K'为电动机转动角速度对负载转矩的放大系数。

在式（2-17）中，负载转矩 $T_1(t)$ 可看作是对电动机的扰动。电动机转动角速度 $\omega_m(t)$ 的变化可看成是电枢电压 $u_a(t)$ 和负载转矩 $T_1(t)$ 单独作用所产生的结果的叠加。当 $T_1(t)=0$ 时，式（2-17）变为

$$T_bT_a\frac{d^2\omega_m(t)}{dt^2}+(T_aK'B+T_b)\frac{d\omega_m(t)}{dt}+(K'B+1)\omega_m(t)=K_eu_a(t) \tag{2-18}$$

一般电枢电感 L_a 较小，可以忽略不计，此时式（2-18）可以写成

$$T_b \frac{d\omega_m(t)}{dt}+(K'B+1)\omega_m(t)=K_e u_a(t) \tag{2-19}$$

若用角位移 $\theta_m(t)$ 作为输出，式（2-19）可以写成

$$T_b \frac{d^2\theta_m(t)}{dt^2}+(K'B+1)\frac{d\theta_m(t)}{dt}=K_e u_a(t) \tag{2-20}$$

比较式（2-2）和式（2-3）以及式（2-8）和式（2-20）可以看出，物理本质不同的系统，可以有相似的数学模型。反之，同一数学模型可以描述物理性质完全不同的系统。因此，从控制理论对系统研究的角度来讲，可以抛开系统的物理属性，用同一方法进行普遍意义的分析研究，这就是信息方法，从信息在系统中传递、转换的角度来研究系统的功能。而从动态性能来看，在相同形式的输入的作用下，数学模型相同而物理本质不同的系统的输出响应相似，若方程系数等值则响应完全一致。这样就有可能利用电系统来模拟其他系统，进行实验研究。这种数学模型相似的系统称之为相似系统，而在微分方程中占据相同位置的物理量称为相似量。质量-弹簧-阻尼机械平移系统、机械回转系统、电气系统和液压系统的相似变量见表 2-1。

表 2-1　相似系统的相似变量

机械平移系统	机械回转系统	电气系统	液压系统
力 F	转矩 T	电压 U	压力 p
质量 m	转动惯量 J	电感 L	液感 L_H
黏性阻尼系数 f	黏性阻尼系数 f	电阻 R	液阻 R_H
弹簧系数 k	扭转系数 k	电容的倒数 $1/C$	液容的倒数 $1/C_H$
线位移 y	角位移 θ	电荷 q	容积 V
速度 v	角速度 ω	电流 i	流量 q

从以上几例可以看出，由于人为地进行了假设和简化，我们所得到的描述系统的微分方程均为线性微分方程。而实际的物理系统往往有死区、饱和、间隙等各类非线性现象，严格地讲，几乎所有实际物理系统都是非线性的。线性系统的特点是具有线性性质，即服从齐次性原理和线性叠加原理；而非线性系统一般不能应用叠加原理，数学处理也比较困难，至今没有通用的处理方法。为了便于研究，对一些可以进行线性化处理的系统（非本质非线性系统），总是采用线性化处理的方法将其转化成线性系统进行分析和研究。

第二节　非线性数学模型的线性化

工程上常对非线性系统进行线性化处理，把非线性系统处理成线性系统的过程称为非线性数学模型的线性化，常用的线性化方法有以下两种。

1. 忽略弱的非线性因素

如果元件的非线性因素较弱，或者不在系统的线性工作范围以内，则它们对系统的影响很小，就可以忽略，此时元件可视为线性元件。例如例 2-1 和例 2-3 所建立的机械系统的微分方程，就是忽略了干摩擦、齿轮传动中的间隙等非线性因素，其微分方程才是线性的。

2. 小偏差法（或切线法、增量线性化法）

小偏差线性化的方法是基于这样一种假设，就是在控制系统的调节过程中，各个元件的输入量和输出量只是在平衡点附近作微小变化。这一假设是符合许多控制系统的实际工作情况的。因为对闭环控制系统而言，一有偏差就会产生控制作用，来减小或消除偏差，所以各元件只能工作在平衡点（包括原点）附近。

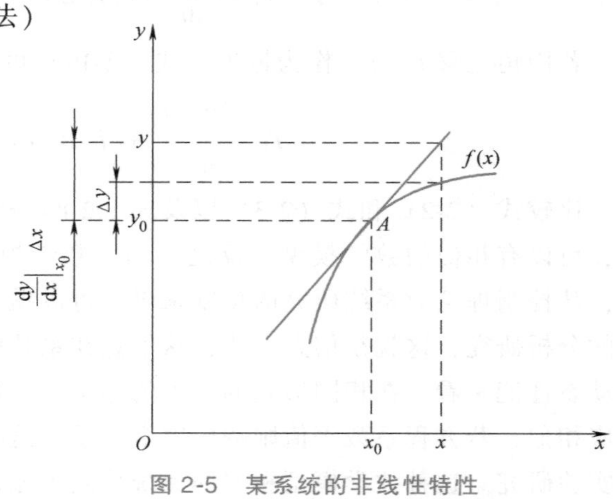

图 2-5　某系统的非线性特性

设某系统的非线性特性如图 2-5 所示，其运动方程为 $y=f(x)$，图中 $y(t)$ 为输出量，$x(t)$ 为输入量。如果函数在平衡点 $A(x_0, y_0)$ 处连续可微，且 A 点为系统工作点，在工作点附近可把非线性函数 $y=f(x)$ 展开成泰勒级数，即

$$y=y_0+\left.\frac{\mathrm{d}y}{\mathrm{d}x}\right|_{x_0}(x-x_0)+\left.\frac{1}{2!}\frac{\mathrm{d}^2y}{\mathrm{d}x^2}\right|_{x_0}(x-x_0)^2+\cdots$$

或

$$y-y_0=\left.\frac{\mathrm{d}y}{\mathrm{d}x}\right|_{x_0}(x-x_0)+\left.\frac{1}{2!}\frac{\mathrm{d}^2y}{\mathrm{d}x^2}\right|_{x_0}(x-x_0)^2+\cdots$$

由于（$x-x_0$）很小，略去上式中二阶以上的高阶项，得

$$y-y_0=\left.\frac{\mathrm{d}y}{\mathrm{d}x}\right|_{x_0}(x-x_0)$$

或

$$\Delta y=\left.\frac{\mathrm{d}y}{\mathrm{d}x}\right|_{x_0}\Delta x \tag{2-21}$$

这样就得到了一个以增量为变量的线性化方程。$\left.\frac{\mathrm{d}y}{\mathrm{d}x}\right|_{x_0}$ 是函数 $y=f(x)$ 在点（x_0，y_0）处的导数，$\left.\frac{\mathrm{d}y}{\mathrm{d}x}\right|_{x_0}\Delta x$ 表示当 x 由点 x_0 移到其附近点 x 时切线的增量，如图 2-5 所示。

由此可见，该线性化方程是以切线的增量近似代替曲线的增量。因此，从几何意义上来说，小偏差线性化的方法就是在工作点附近的一个小范围内，用切线来代替曲线。

如果把坐标原点取在平衡点 A 处，这时就变成了研究相对于平衡点的输入、输出的变化，系统的初始条件就等于零了。这不但便于求解方程式，而且为以后研究自动控制系统时把初始条件取为零提供了依据，为了书写方便，常略去增量符号“Δ”，直接用变量符号代表增量。但是，应该理解到，线性化的微分方程是从平衡点算起的增量方程。

对于二元函数 $y=f(x_1, x_2)$，在系统工作点（x_{10}，x_{20}，y_0）附近，也可将其展开成泰勒级数，即

$$y=y_0+\frac{\partial y}{\partial x_1}\bigg|_0(x_1-x_{10})+\frac{\partial y}{\partial x_2}\bigg|_0(x_2-x_{20})$$
$$+\frac{1}{2!}\left[\frac{\partial^2 y}{\partial x_1^2}\bigg|_0(x_1-x_{10})^2+2\frac{\partial^2 y}{\partial x_1\partial x_2}(x_1-x_{10})(x_2-x_{20})\right.$$
$$\left.+\frac{\partial^2 y}{\partial x_2^2}\bigg|_0(x_2-x_{20})^2\right]+\cdots$$

其中，

$$y-y_0=\Delta y$$
$$x_1-x_{10}=\Delta x_1$$
$$x_2-x_{20}=\Delta x_2$$

略去高次项得

$$\Delta y=\frac{\partial y}{\partial x_1}\bigg|_0\Delta x_1+\frac{\partial y}{\partial x_2}\bigg|_0\Delta x_2 \tag{2-22}$$

这样就得到了二元函数的线性化方程。其中$\frac{\partial y}{\partial x_1}\Big|_0$为函数$y=f(x_1, x_2)$在工作点处对$x_1$的偏导数，$\frac{\partial y}{\partial x_2}\Big|_0$为在工作点处对$x_2$的偏导数。

例 2-5　在液压系统中，通过滑阀节流口的流量公式为非线性方程

$$q=C_d\omega x_v\sqrt{\frac{2}{\rho}p} \tag{2-23}$$

式中，C_d为流量系数；ω为滑阀的面积梯度；ρ为油液的密度；x_v为阀芯位移量；p为节流口压力降。流量q取决于两个变量x_v和p，试将上式线性化。

解　设滑阀的工作点为（x_{v0}，p_0，q_0），由式（2-22）可得

$$\Delta q=\frac{\partial q}{\partial x_v}\bigg|_0\Delta x_v+\frac{\partial q}{\partial p}\bigg|_0\Delta p \tag{2-24}$$

令

$$K_q=\frac{\partial q}{\partial x_v}\bigg|_0=C_d\omega\sqrt{\frac{2}{\rho}p}\bigg|_0=C_d\omega\sqrt{\frac{2}{\rho}p_0}$$
$$K_C=\frac{\partial q}{\partial p}\bigg|_0=C_d\omega x_v\sqrt{\frac{2}{\rho}}\frac{1}{2}\frac{1}{\sqrt{p}}\bigg|_0=\frac{C_d\omega x_{v0}}{2}\sqrt{\frac{2}{\rho p_0}}$$

则式（2-24）可写成

$$\Delta q=K_q\Delta x_v+K_c\Delta p \tag{2-25}$$

最后，必须指出，线性化处理应注意下列几点。

1）必须确定系统处于平衡状态时各组成元件的工作点。因为在不同的工作点，线性化方程的系数值有所不同，即非线性曲线上各点的斜率是不同的。

2）线性化是以直线代替曲线，略去了泰勒级数展开式中二阶以上的无穷小项，这是一种近似处理。如果系统输入量工作在较大范围内，所建立的线性化数学模型势必会带来较大的误差。所以，非线性模型的线性化是有条件的。

3）对于某些典型的本质非线性，如继电器特性、间隙、死区、摩擦特性等，其非线性特性是不连续的，则在不连续点附近不能得出收敛的泰勒级数，这时就不能进行线性化处

理。当它们对系统影响很小时，可以简化而忽略不计；当它们不能不考虑时，则只能作为非线性问题处理，这需要应用非线性理论。

第三节　拉氏变换与反变换

控制工程研究过程中所涉及的数学理论较多，在研究控制理论的问题时，经常要解算一些线性微分方程。按照一般方法解算微分方程比较麻烦，如果用拉普拉斯变换求解线性微分方程，就可将经典数学中的微积分运算转化为代数运算，又能够单独地表明初始条件的影响，并有变换表可查找，因而这是一种较为简单的工程数学方法。更重要的是，采用拉氏变换的方法，就能够把描述系统运动状态的微分方程很方便地转换为系统的传递函数，并由此发展出用传递函数的零极点、频率特性等间接地分析和设计控制系统的工作方法。

一、拉氏变换的定义

若 $f(t)$ 为实变量 t 的单值函数，且 $t<0$ 时，$f(t)=0$；当 $t\geqslant 0$ 时，$f(t)$ 在任一有限区间上是连续的或是分段连续的，则函数 $f(t)$ 的拉氏变换定义为

$$F(s)=L[f(t)]=\int_0^{\infty} f(t)\mathrm{e}^{-st}\mathrm{d}t \tag{2-26}$$

式中，s 为复变量，$s=\sigma+\mathrm{j}\omega$（$\sigma$、$\omega$ 均为实数）；$\int_0^{\infty}\mathrm{e}^{-st}\mathrm{d}t$ 称为拉氏积分式；$F(s)$ 是函数 $f(t)$ 的拉氏变换，它是一个复变函数，通常也称 $F(s)$ 为 $f(t)$ 的像函数，而 $f(t)$ 为 $F(s)$ 的原函数；L 是表示拉氏变换的符号。

拉氏反变换为

$$f(t)=L^{-1}[F(s)]=\frac{1}{2\pi\mathrm{j}}\int_{\sigma-\mathrm{j}\omega}^{\sigma+\mathrm{j}\omega}F(s)\mathrm{e}^{st}\mathrm{d}s \tag{2-27}$$

式中，L^{-1} 是表示拉氏反变换的符号。

式（2-26）表明：拉氏变换是这样一种变换，即在一定的条件下，它能把一实数域中的实变函数变换为一个在复数域内与之等价的复变函数 $F(s)$；反之亦然。

二、几种典型函数的拉氏变换

1. 单位阶跃函数 $1(t)$ 的拉氏变换

单位阶跃函数是控制理论中最常用的典型输入信号之一，常以它作为评价系统性能的标准输入，定义这一函数的数学表达式为

$$1(t)=\begin{cases}0 & (t<0)\\ 1 & (t\geqslant 0)\end{cases} \tag{2-28}$$

它表示在 $t=0$ 时刻突然作用于系统一个不变的给定量或扰动量。单位阶跃函数的拉氏变换式为

$$F(s)=L[1(t)]=\int_0^{\infty}1(t)\mathrm{e}^{-st}\mathrm{d}t=-\frac{1}{s}\mathrm{e}^{-st}\Big|_0^{\infty}$$

当 $\mathrm{Re}(s)>0$ 时，则 $\lim\limits_{t\to\infty} \mathrm{e}^{-st}=0$，所以

$$F(s)=L[1(t)]=-\frac{1}{s}\mathrm{e}^{-st}\Big|_0^{\infty}=\left[0-\left(-\frac{1}{s}\right)\right]=\frac{1}{s} \tag{2-29}$$

其拉氏反变换为

$$f(t)=L^{-1}\left(\frac{1}{s}\right)=1(t) \quad (t\geqslant 0) \tag{2-30}$$

若阶跃函数的幅值为 K，则

$$L[K1(t)]=\frac{K}{s} \tag{2-31}$$

2. 指数函数 $f(t)=\mathrm{e}^{-at}$ 的拉氏变换

$$\begin{aligned} F(s) &= L(\mathrm{e}^{-at}) = \int_0^{\infty} \mathrm{e}^{-st}\mathrm{e}^{-at}\mathrm{d}t = \int_0^{\infty} \mathrm{e}^{-(s+a)t}\mathrm{d}t \\ &= -\frac{1}{s+a}\mathrm{e}^{-(s+a)t}\Big|_0^{\infty} = \frac{1}{s+a} \end{aligned} \tag{2-32}$$

其拉氏反变换为

$$f(t)=L^{-1}[F(s)]=L^{-1}\left(\frac{1}{s+a}\right)=\mathrm{e}^{-at} \quad (t\geqslant 0) \tag{2-33}$$

3. 正弦函数和余弦函数的拉氏变换

设 $f_1(t)=\sin\omega t$，$f_2(t)=\cos\omega t$，则

$$F_1(s)=L(\sin\omega t)=\int_0^{\infty}\sin\omega t\mathrm{e}^{-st}\mathrm{d}t$$

由欧拉公式

$$\sin\omega t=\frac{\mathrm{e}^{\mathrm{j}\omega t}-\mathrm{e}^{-\mathrm{j}\omega t}}{2\mathrm{j}} \qquad \cos\omega t=\frac{\mathrm{e}^{\mathrm{j}\omega t}+\mathrm{e}^{-\mathrm{j}\omega t}}{2\mathrm{j}}$$

可得

$$\begin{aligned} F_1(s) &= \frac{1}{2\mathrm{j}}\left[\int_0^{\infty}\mathrm{e}^{\mathrm{j}\omega t}\mathrm{e}^{-st}\mathrm{d}t - \int_0^{\infty}\mathrm{e}^{-\mathrm{j}\omega t}\mathrm{e}^{-st}\mathrm{d}t\right] \\ &= \frac{1}{2\mathrm{j}}\left[\int_0^{\infty}\mathrm{e}^{-(s-\mathrm{j}\omega)t}\mathrm{d}t - \int_0^{\infty}\mathrm{e}^{-(s+\mathrm{j}\omega)t}\mathrm{d}t\right] \\ &= \frac{1}{2\mathrm{j}}\left[-\frac{1}{s-\mathrm{j}\omega}\mathrm{e}^{-(s-\mathrm{j}\omega)t}\Big|_0^{\infty} + \frac{1}{s+\mathrm{j}\omega}\mathrm{e}^{-(s+\mathrm{j}\omega)t}\Big|_0^{\infty}\right] \\ &= \frac{1}{2\mathrm{j}}\left(\frac{1}{s-\mathrm{j}\omega}-\frac{1}{s+\mathrm{j}\omega}\right) = \frac{\omega}{s^2+\omega^2} \end{aligned} \tag{2-34}$$

同理可得

$$F_2(s)=L(\cos\omega t)=\frac{s}{s^2+\omega^2} \tag{2-35}$$

它们的拉氏反变换为

$$f_1(t)=L^{-1}\left(\frac{\omega}{s^2+\omega^2}\right)=\sin\omega t \ (t\geqslant 0) \tag{2-36}$$

$$f_2(t)=L^{-1}\left(\frac{s}{s^2+\omega^2}\right)=\cos\omega t \ (t\geqslant 0) \tag{2-37}$$

4. 单位脉冲函数 δ(t) 的拉氏变换

单位脉冲函数的数学表达式为

$$\delta(t)=\begin{cases}0 & (t<0 \text{ 和 } t>\varepsilon)\\ \lim\limits_{\varepsilon\to 0}\dfrac{1}{\varepsilon} & (0<t<\varepsilon)\end{cases}$$

其拉氏变换式为

$$\Delta(s)=L[\delta(t)]=\int_0^\infty \lim_{\varepsilon\to 0}\frac{1}{\varepsilon}\mathrm{e}^{-st}\mathrm{d}t=\lim_{\varepsilon\to 0}\frac{1}{\varepsilon}\int_0^\infty \mathrm{e}^{-st}\mathrm{d}t$$

因为 $t>\varepsilon$ 时，$\delta(t)=0$，故积分限度为 $0\to\varepsilon$。所以

$$\begin{aligned}\Delta(s)&=\lim_{\varepsilon\to 0}\frac{1}{\varepsilon}\left(\frac{-\mathrm{e}^{-st}}{s}\right)\bigg|_0^\varepsilon=\lim_{\varepsilon\to 0}\frac{1}{\varepsilon s}(1-\mathrm{e}^{-\varepsilon s})\\&=\lim_{\varepsilon\to 0}\frac{1}{\varepsilon s}\left[1-\left(1-\varepsilon s+\frac{\varepsilon^2 s^2}{2!}-\cdots\right)\right]\\&=\lim_{\varepsilon\to 0}\frac{1}{\varepsilon s}\left(\varepsilon s-\frac{\varepsilon^2 s^2}{2!}+\cdots\right)=1\end{aligned}\tag{2-38}$$

则 1 的拉氏反变换为

$$L^{-1}(1)=\delta(t),\ t\geqslant 0\tag{2-39}$$

5. 单位速度函数（或单位斜坡函数）的拉氏变换

单位速度函数的数学表达式为

$$f(t)=\begin{cases}0 & (t<0)\\ t & (t\geqslant 0)\end{cases}$$

其拉氏变换式为

$$\begin{aligned}F(s)&=\int_0^\infty t\mathrm{e}^{-st}\mathrm{d}t=-\frac{t}{s}\mathrm{e}^{-st}\bigg|_0^\infty-\int_0^\infty\left(-\frac{1}{s}\mathrm{e}^{-st}\right)\mathrm{d}t\\&=0+\frac{1}{s}\int_0^\infty \mathrm{e}^{-st}\mathrm{d}t=-\frac{1}{s^2}\mathrm{e}^{-st}\Big|_0^\infty=\frac{1}{s^2}\end{aligned}\tag{2-40}$$

其拉式反变换为

$$f(t)=L^{-1}\left(\frac{1}{s^2}\right)=t\tag{2-41}$$

6. 单位加速度函数的拉氏变换

单位加速度函数的数学表达式为

$$f(t)=\begin{cases}0 & (t<0)\\ \dfrac{1}{2}t^2 & (t\geqslant 0)\end{cases}$$

其拉氏变换式为

$$F(s)=L\left(\frac{1}{2}t^2\right)=\int_0^\infty \frac{1}{2}t^2\mathrm{e}^{-st}\mathrm{d}t=\frac{1}{s^3}\tag{2-42}$$

其拉氏反变换为

$$f(t)=L^{-1}\left(\frac{1}{s^3}\right)=\frac{1}{2}t^2\tag{2-43}$$

7. **t的幂函数**

t 的幂函数的数学表达式为

$$f(t)=t^n,\ t\geqslant 0$$

其拉氏变换式为

$$F(s)=L(t^n)=\int_0^\infty t^n \mathrm{e}^{-st}\mathrm{d}t=-\frac{t^n}{s}\mathrm{e}^{-st}\Big|_0^\infty+\frac{n}{s}\int_0^\infty t^{n-1}\mathrm{e}^{-st}\mathrm{d}t$$

$$=\frac{n}{s}\int_0^\infty t^{n-1}\mathrm{e}^{-st}\mathrm{d}t=\frac{n}{s}L(t^{n-1})$$

继续上面的运算可得

$$F(s)=L(t^n)=\frac{n}{s}\ \frac{n-1}{s}\cdots\frac{2}{s}\ \frac{1}{s}L(t^0)=\frac{n!}{s^{n+1}} \tag{2-44}$$

则其拉氏反变换为

$$f(t)=L^{-1}\left(\frac{n!}{s^{n+1}}\right)=t^n \tag{2-45}$$

以上列举了几个简单函数的拉氏变换运算过程，但在实际计算中，象函数和原函数一般不根据定义求解，而从 $F(s)$、$f(t)$ 对应表中查出，表 2-2 给出了一些常用简单函数的拉氏变换和反变换。

表 2-2　拉氏变换表

序号	原函数 $f(t)$	象函数 $F(s)$
1	$\delta(t)$	1
2	$1(t)$	$\frac{1}{s}$
3	t	$\frac{1}{s^2}$
4	$t^n(n=1,2,3,\cdots)$	$\frac{n!}{s^{n+1}}$
5	e^{-at}	$\frac{1}{s+a}$
6	$t\mathrm{e}^{-at}$	$\frac{1}{(s+a)^2}$
7	$\sin\omega t$	$\frac{\omega}{s^2+\omega^2}$
8	$\cos\omega t$	$\frac{s}{s^2+\omega^2}$
9	$t^n\mathrm{e}^{-at}(n=1,2,3,\cdots)$	$\frac{n!}{(s+a)^{n+1}}$
10	$\frac{1}{b-a}(\mathrm{e}^{-at}-\mathrm{e}^{-bt})$	$\frac{1}{(s+a)(s+b)}$
11	$\frac{1}{b-a}(b\mathrm{e}^{-bt}+a\mathrm{e}^{-at})$	$\frac{s}{(s+a)(s+b)}$
12	$\frac{1}{ab}\left[1+\frac{1}{a-b}(b\mathrm{e}^{-at}-a\mathrm{e}^{-bt})\right]$	$\frac{1}{s(s+a)(s+b)}$
13	$\mathrm{e}^{-at}\sin\omega t$	$\frac{\omega}{(s+a)^2+\omega^2}$
14	$\mathrm{e}^{-at}\cos\omega t$	$\frac{s+a}{(s+a)^2+\omega^2}$
15	$\frac{1}{a^2}(at-1+\mathrm{e}^{-at})$	$\frac{1}{s^2(s+a)}$

（续）

序号	原函数 $f(t)$	象函数 $F(s)$
16	$\frac{\omega_n}{\sqrt{1-\zeta^2}}e^{-\zeta\omega_n t}\sin\sqrt{1-\zeta^2}\,\omega_n t \quad (\zeta<1)$	$\frac{\omega_n^2}{s^2+2\zeta\omega_n s+\omega_n^2}$
17	$-\frac{1}{\sqrt{1-\zeta^2}}e^{-\zeta\omega_n t}\sin(\sqrt{1-\zeta^2}\,\omega_n t-\theta)$ $\theta=\arctan\frac{\sqrt{1-\zeta^2}}{\zeta}(\zeta<1)$	$\frac{s}{s^2+2\zeta\omega_n s+\omega_n^2}$
18	$1-\frac{1}{\sqrt{1-\zeta^2}}e^{-\zeta\omega_n t}\sin(\sqrt{1-\zeta^2}\,\omega_n t+\theta)$ $\theta=\arctan\frac{\sqrt{1-\zeta^2}}{\zeta}(\zeta<1)$	$\frac{\omega_n^2}{s(s^2+2\zeta\omega_n s+\omega_n^2)}$

三、拉氏变换的主要定理

以上讨论了拉氏变换的定义和一些简单函数的拉氏变换，根据定义求解或查表就能对一些简单的函数进行拉氏变换和反变换，但要自如地运用拉氏变换，还必须掌握拉氏变换的运算定理。下面介绍一些常用定理。

1. 叠加性质（线性性质）

拉氏变换服从线性函数的齐次性和叠加性。

（1）齐次性　设 $L[f(t)]=F(s)$，则

$$L[af(t)]=aF(s) \qquad (a\text{ 为常数})$$

（2）叠加性　设 $L[f_1(t)]=F_1(s)$，$L[f_2(t)]=F_2(s)$，则

$$L[f_1(t)+f_2(t)]=F_1(s)+F_2(s)$$

所以

$$L[af_1(t)+bf_2(t)]=aF_1(s)+bF_2(s) \tag{2-46}$$

2. 微分定理

设 $L[f(t)]=F(s)$，则

$$L\left[\frac{df(t)}{dt}\right]=sF(s)-f(0)$$

式中，$f(0)$ 是函数 $f(t)$ 在 $t=0$ 时刻的值，即初始值。

同理，可得 $f(t)$ 的各阶导数的拉氏变换

$$\begin{cases} L\left[\dfrac{d^2f(t)}{dt^2}\right]=s^2F(s)-sf(0)-f'(0) \\ L\left[\dfrac{d^3f(t)}{dt^3}\right]=s^3F(s)-s^2f(0)-sf'(0)-f''(0) \\ \vdots \\ L\left[\dfrac{d^nf(t)}{dt^n}\right]=s^nF(s)-s^{n-1}f(0)-s^{n-2}f'(0)-\cdots-f^{n-1}(0) \end{cases} \tag{2-47}$$

式中，$f'(0)$，$f''(0)$，…是原函数各阶导数在 $t=0$ 时刻的值。

如果函数$f(t)$及其各阶导数在$t=0$时刻的值（初始值）均为零（称为零初始条件），则各阶导数的拉氏变换可以写成

$$\begin{cases}L[f'(t)]=sF(s)\\L[f''(t)]=s^2F(s)\\\vdots\\L[f^n(t)]=s^nF(s)\end{cases}\tag{2-48}$$

3. 积分定理

设$L[f(t)]=F(s)$，则

$$L\left[\int f(t)\mathrm{d}t\right]=\frac{1}{s}F(s)+\frac{1}{s}f^{(-1)}(0)$$

式中，$f^{(-1)}$（0）是积分$\int f(t)\mathrm{d}t$在$t=0$时刻的值。

当初始条件为零时

$$L\left[\int f(t)\mathrm{d}t\right]=\frac{1}{s}F(s)\tag{2-49}$$

对于多重积分

$$L\left[\underbrace{\int\int}_{n次}f(t)\mathrm{d}t\right]=\frac{1}{s^n}F(s)+\frac{1}{s^n}f^{(-1)}(0)+\cdots+\frac{1}{s}f^{(-n)}(0)$$

当初始条件为零时，则有

$$\left[L\underbrace{\int\int}_{n次}f(t)\mathrm{d}t\right]=\frac{1}{s^n}F(s)\tag{2-50}$$

4. 延迟定理

设$L[f(t)]=F(s)$，且$t<0$时，$f(t)=0$则

$$L[f(t-T)]=\mathrm{e}^{-sT}F(s)\tag{2-51}$$

式中，函数$f(t-T)$为原函数$f(t)$沿时间轴平移得到的函数，如图2-6所示。

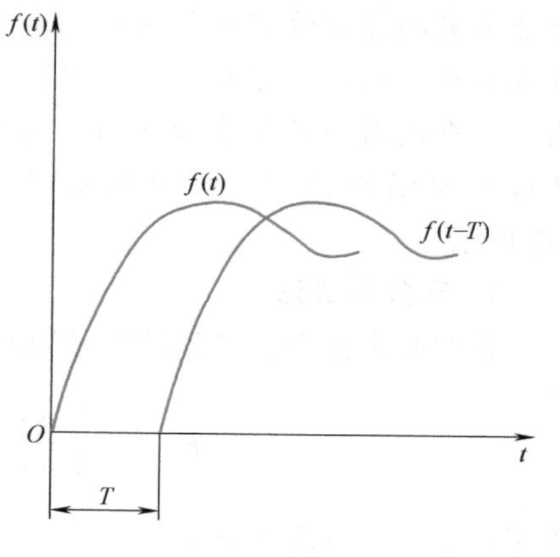

图2-6　平移函数

5. 位移定理

在控制工程理论中，经常会遇到形式如$\mathrm{e}^{-at}f(t)$的函数，它的象函数只需把s用（$s+a$）代替即可：设$L[f(t)]=F(s)$，则

$$L[\mathrm{e}^{-at}f(t)]=F(s+a)\tag{2-52}$$

位移定理在工程上很有用处，它可以简化一些复杂的拉氏变换运算。例如$\cos\omega t$的象函数$L(\cos\omega t)=\frac{s}{s^2+\omega^2}$，则$\mathrm{e}^{-at}\cos\omega t$的象函数为

$$L(\mathrm{e}^{-at}\cos\omega t)=\frac{s+a}{(s+a)^2+\omega^2}$$

6. 初值定理

设$L[f(t)]=F(s)$，$\lim\limits_{s\to\infty}sF(s)$存在，则

$$f(0^+)=\lim_{t\to 0}f(t)=\lim_{s\to\infty}sF(s) \tag{2-53}$$

即原函数的初值等于 s 乘以象函数的终值，用于确定原函数在 $t=0^+$时的数值。

7. 终值定理

设 $L[f(t)]=F(s)$，且 $\lim\limits_{t\to\infty}f(t)$ 存在，则

$$f(\infty)=\lim_{t\to\infty}f(t)=\lim_{s\to 0}sF(s) \tag{2-54}$$

即原函数的终值等于 s 乘以象函数的初值，用于确定原函数在 $t\to\infty$ 时的数值。这一定理对于求瞬态响应的稳态值是很有用的。

8. 相似定理

设 $L[f(t)]=F(s)$，则有

$$L\left[f\left(\frac{t}{a}\right)\right]=aF(as) \tag{2-55}$$

式中，a 为实常数。

四、应用拉氏变换解线性微分方程

应用拉氏变换解微分方程时，一般有如下两个步骤。

1）通过对线性微分方程中每一项进行拉氏变换，使微分方程变为 s 的代数方程，然后整理代数方程，得到有关变量的拉氏变换表达式。

2）用拉氏反变换得到微分方程的时域解。

根据定义求解拉氏反变换时，需要进行复变函数积分，一般很难直接计算，因此通常采用部分分式展开法将复杂函数展开成有理分式函数之和，然后由拉氏变换表一一查出对应的反变换函数，进而得到所求的原函数 $f(t)$。整个求解过程如图 2-7 所示。

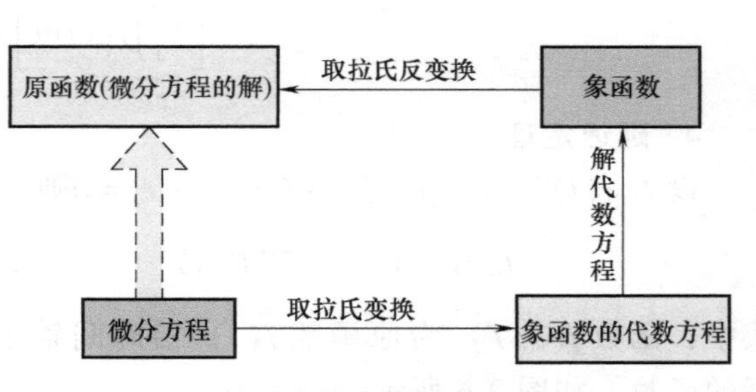

图 2-7　拉氏变换求解微分方程示意图

1. 部分分式法

在控制理论中，遇到的象函数经常是 s 的有理分式，即

$$F(s)=\frac{B(s)}{A(s)}=\frac{b_m s^m+b_{m-1}s^{m-1}+\cdots+b_1 s+b_0}{a_n s^n+a_{n-1}s^{n-1}+\cdots+a_1 s+a_0},n\geqslant m \tag{2-56}$$

为了将 $F(s)$ 写成部分分式，首先对 $F(s)$ 的分母进行因式分解，则有

$$F(s)=\frac{b_m s^m+b_{m-1}s^{m-1}+\cdots+b_1 s+b_0}{(s+p_1)(s+p_2)\cdots(s+p_n)} \tag{2-57}$$

式中，p_1，p_2，…，p_n 是 $A(s)=0$ 的根的负值，$A(s)=0$的根称为 $F(s)$的极点。按照这些根的性质，可以分为以下几种情况来讨论。

（1）$F(s)$ 的极点为各不相同的实数时

$$F(s)=\frac{B(s)}{A(s)}=\frac{b_m s^m+b_{m-1}s^{m-1}+\cdots+b_1 s+b_0}{(s+p_1)(s+p_2)\cdots(s+p_n)}$$

$$= \frac{A_1}{s+p_1} + \frac{A_2}{s+p_2} + \cdots + \frac{A_n}{s+p_n} = \sum_{i=1}^{n} \frac{A_i}{s+p_i} \tag{2-58}$$

式中，A_i 是待定系数，它的求法为

$$A_i = \lim_{s \to -p_i} [(s+p_i)F(s)] = [F(s)(s+p_i)]_{s=-p_i} \tag{2-59}$$

再根据拉氏反变换的叠加定理，求原函数

$$f(t) = L^{-1}[F(s)] = L^{-1}\left[\sum_{i=1}^{n} \frac{A_i}{s+p_i}\right] = \sum_{i=1}^{n} A_i e^{-p_i t} \tag{2-60}$$

例 2-6　求 $F(s)=\dfrac{5s+3}{(s+1)(s+2)(s+3)}$的原函数。

解　将 $F(s)$ 写成部分分式形式，有

$$F(s)=\frac{5s+3}{(s+1)(s+2)(s+3)}=\frac{A_1}{s+1}+\frac{A_2}{s+2}+\frac{A_3}{s+3}$$

$$A_1=\lim_{s\to -1}[F(s)(s+1)]=\lim_{s\to -1}\frac{5s+3}{(s+1)(s+2)(s+3)}(s+1)=-1$$

$$A_2=\lim_{s\to -2}[F(s)(s+2)]=\lim_{s\to -2}\frac{5s+3}{(s+1)(s+2)(s+3)}(s+2)=7$$

$$A_3=\lim_{s\to -3}[F(s)(s+3)]=\lim_{s\to -3}\frac{5s+3}{(s+1)(s+2)(s+3)}(s+3)=-6$$

所以

$$F(s)=\frac{-1}{s+1}+\frac{7}{s+2}+\frac{-6}{s+3}$$

$$f(t)=L^{-1}[F(s)]=-e^{-t}+7e^{-2t}-6e^{-3t}$$

例 2-7　求 $F(s)=\dfrac{s^2-s+2}{s(s^2-s-6)}$的原函数。

解　首先将 $F(s)$ 的分母进行因式分解，有

$$F(s)=\frac{s^2-s+2}{s(s^2-s-6)}=\frac{s^2-s+2}{s(s-3)(s+2)}=\frac{A_1}{s}+\frac{A_2}{s-3}+\frac{A_3}{s+2}$$

$$A_1=\lim_{s\to 0}[F(s)s]=\lim_{s\to 0}\left[\frac{s^2-s+2}{s(s-3)(s+2)}s\right]=-\frac{1}{3}$$

$$A_2=\lim_{s\to 3}[F(s)(s-3)]=\lim_{s\to 3}\left[\frac{s^2-s+2}{s(s-3)(s+2)}(s-3)\right]=\frac{8}{15}$$

$$A_3=\lim_{s\to -2}[F(s)(s+2)]=\lim_{s\to -2}\left[\frac{s^2-s+2}{s(s-3)(s+2)}(s+2)\right]=\frac{4}{5}$$

所以

$$F(s)=\frac{-\frac{1}{3}}{s}+\frac{\frac{8}{15}}{s-3}+\frac{\frac{4}{5}}{s+2}$$

$$f(t)=L^{-1}[F(s)]=-\frac{1}{3}+\frac{8}{15}e^{3t}+\frac{4}{5}e^{-2t}$$

(2) $F(s)$ 含有共轭复数极点时　如果 $F(s)$ 有一对共轭极点 $-p_1$、$-p_2$，其余极点均为各不相同的实数极点。将 $F(s)$ 展开成

$$F(s)=\frac{b_m s^m+b_{m-1}s^{m-1}+\cdots+b_1 s+b_0}{(s+p_1)(s+p_2)(s+p_3)\cdots(s+p_n)}$$

$$=\frac{A_1 s+A_2}{(s+p_1)(s+p_2)}+\frac{A_3}{s+p_3}+\cdots+\frac{A_n}{s+p_n} \tag{2-61}$$

式中，A_1 和 A_2 通过用 $(s+p_1)$ $(s+p_2)$ 乘以式 (2-61) 的两边，并令 $s=-p_1$ (或 $s=-p_2$) 而求得，即

$$[F(s)(s+p_1)(s+p_2)]_{\substack{s=-p_1\\ \text{或}s=-p_2}}=$$

$$\left[\frac{A_1 s+A_2}{(s+p_1)(s+p_2)}+\frac{A_3}{s+p_3}+\cdots+\frac{A_n}{s+p_n}\right](s+p_1)(s+p_2)\bigg|_{\substack{s=-p_1\\ \text{或}s=-p_2}}$$

即

$$F(s)(s+p_1)(s+p_2)\Big|_{\substack{s=-p_1\\ \text{或}s=-p_2}}=A_1 s+A_2\Big|_{\substack{s=-p_1\\ \text{或}s=-p_2}} \tag{2-62}$$

因为 $-p_1$ (或 $-p_2$) 是一个复数，故式 (2-62) 两边都应是复数，令等号两边的实部、虚部分别相等，得到两个方程式，联列求解，即可求得常数 A_1、A_2。

例 2-8　求 $F(s)=\dfrac{s+1}{s(s^2+s+1)}$ 的原函数。

解　将 $F(s)$ 的分母因式分解，得

$$F(s)=\frac{s+1}{s\left(s+\frac{1}{2}+\mathrm{j}\frac{\sqrt{3}}{2}\right)\left(s+\frac{1}{2}-\mathrm{j}\frac{\sqrt{3}}{2}\right)}=\frac{A_0}{s}+\frac{A_1 s+A_2}{s^2+s+1}$$

$$A_0=\lim_{s\to 0}[F(s)s]=\lim_{s\to 0}\left[\frac{s+1}{s(s^2+s+1)}s\right]=1$$

根据式 (2-61)，有

$$\frac{s+1}{s(s^2+s+1)}(s^2+s+1)\bigg|_{s=-\frac{1}{2}-\mathrm{j}\frac{\sqrt{3}}{2}}=A_1 s+A_2\bigg|_{s=-\frac{1}{2}-\mathrm{j}\frac{\sqrt{3}}{2}}$$

$$\frac{-\frac{1}{2}-\mathrm{j}\frac{\sqrt{3}}{2}+1}{-\frac{1}{2}-\mathrm{j}\frac{\sqrt{3}}{2}}=A_1\left(-\frac{1}{2}-\mathrm{j}\frac{\sqrt{3}}{2}\right)+A_2$$

利用方程两边实部、虚部分别相等得

$$\begin{cases}-\dfrac{1}{2}(A_1+A_2)=\dfrac{1}{2}\\[2mm] \dfrac{\sqrt{3}}{2}(A_1-A_2)=-\dfrac{\sqrt{3}}{2}\end{cases}$$

解之得

$$A_1=-1,\ A_2=0$$

所以

$$F(s)=\frac{s+1}{s(s^2+s+1)}=\frac{1}{s}-\frac{s}{s^2+s+1}$$

查表 2-2，可得 $\zeta=\frac{1}{2}$，$\omega_n=1$，则

$$\begin{aligned}
f(t)&=L^{-1}[F(s)]=L^{-1}\left(\frac{1}{s}-\frac{s}{s^2+s+1}\right)\\
&=L^{-1}\left(\frac{1}{s}\right)-L^{-1}\left(\frac{s}{s^2+2\times\frac{1}{2}\times 1\times s+1^2}\right)\\
&=1-\frac{-1}{\sqrt{1-\left(\frac{1}{2}\right)^2}}e^{-\frac{1}{2}t}\sin\left[\sqrt{1-\left(\frac{1}{2}\right)^2}t-\arctan\frac{\sqrt{1-\left(\frac{1}{2}\right)^2}}{\frac{1}{2}}\right]\\
&=1+\frac{2}{\sqrt{3}}e^{-\frac{1}{2}t}\sin\left(\frac{\sqrt{3}}{2}t-\arctan\sqrt{3}\right)\\
&=1+\frac{2}{3}\sqrt{3}\,e^{-\frac{1}{2}t}\sin\left(\frac{\sqrt{3}}{2}t-\frac{\pi}{3}\right)\quad(t\geqslant 0)
\end{aligned}$$

也可写成

$$f(t)=1-e^{-\frac{1}{2}t}\cos\frac{\sqrt{3}}{2}t+\frac{\sqrt{3}}{3}e^{-\frac{1}{2}t}\sin\frac{\sqrt{3}}{2}t\quad(t\geqslant 0)$$

（3）$F(s)$ 中含有重极点时　设 $A(s)=0$ 有 r 个为 $-p_0$ 的重根

$$F(s)=\frac{b_m s^m+b_{m-1}s^{m-1}+\cdots+b_1 s+b_0}{(s+p_0)^r(s+p_{r+1})\cdots(s+p_n)}$$

将上式展开成部分分式

$$F(s)=\frac{A_{01}}{(s+p_0)^r}+\frac{A_{02}}{(s+p_0)^{r-1}}+\cdots+\frac{A_{0r}}{s+p_0}+\frac{A_{r+1}}{s+p_{r+1}}+\cdots+\frac{A_n}{s+p_n}$$

式中，A_{r+1}，A_{r+2}，…，A_n 的求法与全实数极点时的求法相同。A_{01}，A_{02}，…，A_{0r} 的求法如下

$$\begin{aligned}
A_{01}&=F(s)(s+p_0)^r\big|_{s=-p_0}\\
A_{02}&=\frac{d}{ds}[F(s)(s+p_0)^r]\bigg|_{s=-p_0}\\
A_{03}&=\frac{1}{2!}\left\{\frac{d^2}{ds^2}[F(s)(s+p_0)^r]\right\}\bigg|_{s=-p_0}\\
&\vdots\\
A_{0r}&=\frac{1}{(r-1)!}\left\{\frac{d^{(r-1)}}{ds^{(r-1)}}[F(s)(s+p_0)^r]\right\}\bigg|_{s=-p_0}
\end{aligned}$$

因为

$$L^{-1}\left[\frac{1}{(s+p_0)^n}\right]=\frac{1}{(n-1)!}t^{n-1}e^{-p_0t} \tag{2-63}$$

则

$$f(t)=L^{-1}[F(s)]=\left[\frac{A_{01}}{(r-1)!}t^{(r-1)}+\frac{A_{02}}{(r-2)!}t^{(r-2)}+\cdots+A_{0r}\right]e^{-p_0t}$$
$$+A_{r+1}e^{-p_{r+1}t}+\cdots+A_ne^{-p_nt}\quad(t\geqslant0) \tag{2-64}$$

例 2-9　求 $F(s)=\dfrac{s+3}{(s+2)^2(s+1)}$的原函数 $f(t)$。

解　将 $F(s)$ 展开成部分分式

$$F(s)=\frac{A_{01}}{(s+2)^2}+\frac{A_{02}}{(s+2)}+\frac{A_3}{(s+1)}$$

上式中各项系数为

$$A_{01}=\frac{s+3}{(s+2)^2(s+1)}(s+2)^2\bigg|_{s=-2}=-1$$

$$A_{02}=\frac{d}{ds}\left[\frac{s+3}{(s+2)^2(s+1)}(s+2)^2\right]\bigg|_{s=-2}$$
$$=\frac{(s+1)-(s+3)}{(s+1)^2}\bigg|_{s=-2}=-2$$

$$A_3=\lim_{s\to-1}\left[\frac{s+3}{(s+2)^2(s+1)}(s+1)\right]=2$$

所以

$$F(s)=-\frac{1}{(s+2)^2}-\frac{2}{s+2}+\frac{2}{s+1}$$

则

$$f(t)=-te^{-2t}-2e^{-2t}+2e^{-t}=-(t+2)e^{-2t}+2e^{-t}\quad(t\geqslant0)$$

2. 用拉氏变换求解线性微分方程

在分析系统的瞬态响应时，常常要对微分方程求解，用拉氏变换方法求解就显得很方便。

例 2-10　设某控制系统的微分方程为

$$\frac{d^2y(t)}{dt^2}+5\frac{dy(t)}{dt}+6y(t)=x(t)$$

若 $x(t)=1(t)$，初始条件分别为 $y'(0)$ 和 $y(0)$，试求 $y(t)$。

解　对微分方程左边进行拉氏变化，由微分定理和线性性质得

$$L\left[\frac{d^2y(t)}{dt^2}\right]=s^2Y(s)-sy(0)-y'(0)$$

$$L\left[5\frac{dy(t)}{dt}\right]=5sY(s)-5y(0)$$

$$L[6y(t)]=6Y(s)$$

所以

$$L\left[\frac{d^2y(t)}{dt^2}+5\frac{dy(t)}{dt}+6y(t)\right]$$
$$=s^2Y(s)-sy(0)-y'(0)+5sY(s)-5y(0)+6Y(s)$$
$$=(s^2+5s+6)Y(s)-[y(0)s+5y(0)+y'(0)]$$

因为

$$L[x(t)]=L[1(t)]=\frac{1}{s}$$

所以

$$(s^2+5s+6)Y(s)-[y(0)s+5y(0)+y'(0)]=\frac{1}{s}$$

$$Y(s)=\frac{y(0)s^2+[5y(0)+y'(0)]s+1}{s(s^2+5s+6)}$$

写成一般形式为

$$Y(s)=\frac{M(s)}{D(s)}$$

式中，$D(s)=s(s^2+5s+6)$。$D(s)=s(s^2+5s+6)=0$ 是微分方程的特征方程，也是系统的特征方程。

利用部分分式法将 $Y(s)$ 展开为

$$Y(s)=\frac{y(0)s^2+[5y(0)+y'(0)]s+1}{s(s+2)(s+3)}=\frac{A_1}{s}+\frac{A_2}{s+2}+\frac{A_3}{s+3}$$

求待定系数 A_1、A_2、A_3

$$A_1=\lim_{s\to0}\left[\frac{y(0)s^2+[5y(0)+y'(0)]s+1}{s(s+2)(s+3)}s\right]=\frac{1}{6}$$

$$A_2=\lim_{s\to-2}\left[\frac{y(0)s^2+[5y(0)+y'(0)]s+1}{s(s+2)(s+3)}(s+2)\right]=3y(0)+y'(0)-\frac{1}{2}$$

$$A_3=\lim_{s\to-3}\left[\frac{y(0)s^2+[5y(0)+y'(0)]s+1}{s(s+2)(s+3)}(s+3)\right]=-2y(0)-y'(0)+\frac{1}{3}$$

代入原式得

$$Y(s)=\frac{\frac{1}{6}}{s}+\frac{3y(0)+y'(0)-\frac{1}{2}}{s+2}+\frac{-2y(0)-y'(0)+\frac{1}{3}}{s+3}$$

则

$$y(t)=\frac{1}{6}+\left[3y(0)+y'(0)-\frac{1}{2}\right]e^{-2t}-\left[2y(0)+y'(0)-\frac{1}{3}\right]e^{-3t}\quad(t\geqslant0)$$

当初始条件为零时，得

$$y(t)=\frac{1}{6}-\frac{1}{2}e^{-2t}+\frac{1}{3}e^{-3t}\quad(t\geqslant0)$$

该解由两部分组成：稳态分量，即终值 $y(\infty)=\frac{1}{6}$；瞬态分量为$-\frac{1}{2}e^{-2t}+\frac{1}{3}e^{-3t}$。

由例 2-10 可见，用拉氏变换方法求解微分方程的步骤是：

1）对微分方程进行拉氏变换。

2）作因变量的拉氏反变换，求出微分方程的时间域的解。

第四节　传递函数

在控制工程中，直接求解系统的微分方程是研究和分析系统的基本方法。根据系统方程的解的表达式，可以分析系统的动态特性，绘出输出响应曲线，使系统的动态过程直观地反映出来。但是由于求解过程较为繁琐，计算复杂费时，而且难以直接应用微分方程本身去研究和判断系统的动态性能，因此，这种方法有很大的局限性。仅用微分方程这一数学模型来进行系统分析和设计，显得十分不方便。

对于线性定常系统，传递函数是常用的一种数学模型，它是在拉氏变换的基础上建立的。用传递函数描述系统可以免去求解微分方程的麻烦，间接地分析系统结构及参数与系统性能的关系，并且可以根据传递函数在复平面上的曲线形状，直接判断系统的动态性能，找出改善系统品质的方法。因此，传递函数是经典控制理论的基础，是一个极其重要的基本概念。

一、传递函数的概念和定义

传递函数是以拉氏变换为基础的，以系统本身的参数描述的线性定常系统输入量与输出量的关系式，它表达了系统内在的固有特性，而与输入量无关。它可以是无量纲的，也可以是有量纲的，视系统的输入输出量而定。它不能表明系统的物理特性和物理结构，许多物理特性不同的系统有着相同的传递函数，正如一些不同的物理现象可以用相同的微分方程描述。

对于线性定常系统，在零初始条件下，系统输出量的拉氏变换 $C(s)$ 与引起该输出的输入量的拉氏变换 $R(s)$ 之比，称为系统的传递函数 $G(s)$，即

$$G(s)=\frac{C(s)}{R(s)} \tag{2-65}$$

设线性定常系统的微分方程的一般形式为

$$\begin{aligned}&a_n\frac{\mathrm{d}^n}{\mathrm{d}t^n}c(t)+a_{n-1}\frac{\mathrm{d}^{n-1}}{\mathrm{d}t^{n-1}}c(t)+\cdots+a_1\frac{\mathrm{d}}{\mathrm{d}t}c(t)+a_0c(t)\\&=b_m\frac{\mathrm{d}^m}{\mathrm{d}t^m}r(t)+b_{m-1}\frac{\mathrm{d}^{m-1}}{\mathrm{d}t^{m-1}}r(t)+\cdots+b_1\frac{\mathrm{d}}{\mathrm{d}t}r(t)+b_0r(t)\quad(n\geqslant m)\end{aligned} \tag{2-66}$$

式中，$c(t)$ 为系统的输出量；$r(t)$ 为系统的输入量；a_0，a_1，…，a_n 及 b_0，b_1，…，b_m 为系统的结构参数所决定的实常数。

设初始条件为零，对式（2-66）进行拉氏变换，可得到系统的传递函数的一般形式为

$$G(s)=\frac{C(s)}{R(s)}=\frac{b_ms^m+b_{m-1}s^{m-1}+\cdots+b_1s+b_0}{a_ns^n+a_{n-1}s^{n-1}+\cdots+a_1s+a_0}=\frac{B(s)}{A(s)}\quad(n\geqslant m) \tag{2-67}$$

若令 $s=0$，则有

$$G(0)=\frac{b_0}{a_0}=K \tag{2-68}$$

即为系统的放大系数，也称系统的增益。从微分方程式（2-66）看，$s=0$ 相当于所有导数项为 0，方程变为静态方程，b_0/a_0 恰好为输出输入的静态比值。

二、特征方程、零点和极点

根据多项式定理，系统传递函数的一般形式即式（2-67）可以写成

$$G(s)=\frac{C(s)}{R(s)}=\frac{b_m(s-z_1)(s-z_2)\cdots(s-z_m)}{a_n(s-p_1)(s-p_2)\cdots(s-p_n)}=\frac{B(s)}{A(s)} \tag{2-69}$$

式中，$s=z_i$（$i=1$，2，…，m）为传递函数分子多项式 $B(s)$ 等于零的根，称为传递函数的零点；$s=p_i$（$i=1$，2，…，n）为传递函数分母多项式 $A(s)$ 等于零的根，称为传递函数的极点。显然，零点和极点的数值完全取决于系统参数 b_0，b_1，…，b_m 和 a_0，a_1，…，a_n，即取决于系统的结构参数。一般地说，零点和极点可为实数或复数，也可为零。若为复数，必共轭成对出现，这是因为系统结构参数均为正实数的缘故。将传递函数的零点和极点同时表示在复平面上的图形，就叫传递函数的零、极点分布图。零点和极点是控制理论中重要的概念，它们在控制系统的分析与设计中有着重要的作用。

若令系统传递函数的分母等于零，则有

$$a_n s^n+a_{n-1}s^{n-1}+\cdots+a_1 s+a_0=0 \tag{2-70}$$

或

$$(s-p_1)(s-p_2)\cdots(s-p_n)=0 \tag{2-71}$$

式（2-70）、式（2-71）称为系统的特征方程。显然，系统传递函数的极点实质上就是该系统的特征根。特征方程或者说特征根决定了系统从一个稳态过渡到另一个稳态的过渡过程，即动态过程。

三、关于传递函数的几点说明

1）传递函数是拉氏变换后导出的，而拉氏变换是一种线性积分运算，因此传递函数的概念只适用于线性定常系统。

2）传递函数中的各项系数和相应微分方程中的各项系数对应相等，完全取决于系统的结构参数。如前所述，传递函数是系统在复数域中的动态数学模型，即传递函数本身是 s 的复变函数。

3）传递函数是在零初始条件下定义的，即在零时刻之前，系统相对所给定的平衡工作点是保持静止的。因此，传递函数原则上不能反映系统在非零初始条件下的全部运动规律。

4）一个传递函数只能表示一个输入对一个输出的关系，至于信号传递通道中的中间变量，同一传递函数无法全面反映。

5）传递函数分子多项式的阶次总是不多于分母多项式的阶次，即 $m \leqslant n$。这是由于系统总包含着惯性元件，以及受到能源的限制。

四、典型环节及其传递函数

物理系统总是由若干元件以一定的形式连接而成的，这些元件的物理结构和作用原理可以是多种多样的。但从数学表达式来看，物理本质和作用原理不同的元件可以有完全相同的数学模型，也会具有相同的动态性能。控制工程中，常常将具有某种运动规律的元件或元件

的一部分或几个元件一起称为一个环节，经常遇到的环节则称为典型环节。这样，任何复杂的系统都是由几种典型环节所组成的，这为建立数学模型、研究系统的动态特性带来极大的方便，可使问题简化。

式（2-67）描述的是线性定常系统（或元件）运动特性的传递函数的一般形式，若将分子和分母的多项式分别进行分解因式，则常遇到的因式有八种，称之为八种典型环节，见表 2-3。

表 2-3　典型环节表

序号	环节名称	数学表达式
1	比例环节	K
2	积分环节	$\frac{1}{s}$
3	微分环节	s
4	惯性环节	$\frac{K}{Ts+1}$
5	振荡环节	$\frac{\omega_n^2}{s^2+2\zeta\omega_n s+\omega_n^2}$
6	一阶微分环节	$Ts+1$
7	二阶微分环节	$\frac{s^2}{\omega_n^2}+2\zeta\frac{s}{\omega_n}+1$
8	延迟环节	$e^{-\tau s}$

下面分别介绍机电系统中常用的上述典型环节。

1. 比例环节

比例环节的输出是以一定的比例复现输入量，毫无失真和时间延迟，其运动方程为

$$c(t)=Kr(t) \tag{2-72}$$

式中，$c(t)$ 为输出量；$r(t)$ 为输入量；K 为比例系数。比例环节的传递函数为

$$G(s)=\frac{C(s)}{R(s)}=K \tag{2-73}$$

比例环节的实例很多。在理想情况下，机械传动中的齿轮与其转速之间的关系、电压放大器的输出电压与输入电压之间的关系、液压传动中液压缸输出速度与输入流量之间的关系，这些关系都成某常数系数的比例关系，故都可看做比例环节。

测速发电机在控制系统中常作为速度传感器，提供与转速成一定比例的电压信号，其方程为

$$u(t)=K_i\omega(t)$$

式中，$u(t)$ 为输出电压；$\omega(t)$ 为转轴角速度；K_i 为测速发电机系数。其传递函数为

$$G(s)=\frac{U(s)}{\Omega(s)}=K_i$$

这也是一个比例环节。

2. 积分环节

积分环节的微分方程为

$$c(t)=K\int_0^t r(t)\,\mathrm{d}t \tag{2-74}$$

其传递函数为

$$G(s)=\frac{C(s)}{R(s)}=\frac{K}{s} \tag{2-75}$$

式中，K 为常数。

如图 2-8a 所示的齿轮齿条传动，齿条的位移 $y(t)$ 与齿轮转速 $n(t)$ 的关系为

$$y(t)=\int_0^t \pi Dn(t)\mathrm{d}t$$

式中，D 为齿轮节圆直径。其传递函数为

$$G(s)=\frac{Y(s)}{N(s)}=\frac{\pi D}{s}=\frac{K}{s}$$

式中，$K=\pi D$ 为常数。

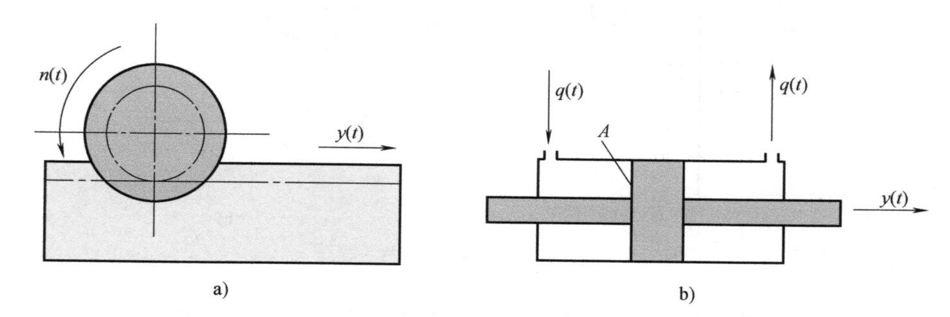

图 2-8 积分环节

如图 2-8b 所示的液压缸，在不考虑油液的压缩性和液压缸缸体的变形及内、外泄漏时，其输入量 $q(t)$ 和液压缸的输出位移 $y(t)$ 的关系为

$$y(t)=\int_0^t \frac{q(t)}{A}\mathrm{d}t$$

式中，A 为液压缸的工作面积。其传递函数为

$$G(s)=\frac{Y(s)}{Q(s)}=\frac{1/A}{s}=\frac{K}{s}$$

式中，$K=\dfrac{1}{A}$为常数。

在电路中，电容器的充电电流 $i(t)$ 和电容电压 $u_c(t)$ 之间的关系，也可视为一积分环节。

3. 微分环节

凡输出量与输入量的微分成正比的环节称为微分环节，其运动方程为

$$c(t)=K\frac{\mathrm{d}r(t)}{\mathrm{d}t} \tag{2-76}$$

传递函数为

$$G(s)=\frac{C(s)}{R(s)}=Ks \tag{2-77}$$

式中，K 为常数。

如图 2-9a 所示的离心测速计的飞锤的位置 $y(t)$ 与其角位移 $\theta(t)$ 的关系为

$$y(t)=K\frac{\mathrm{d}\theta(t)}{\mathrm{d}t}$$

其传递函数为

$$G(s)=\frac{Y(s)}{\Theta(s)}=Ks$$

式中，K 为常数。

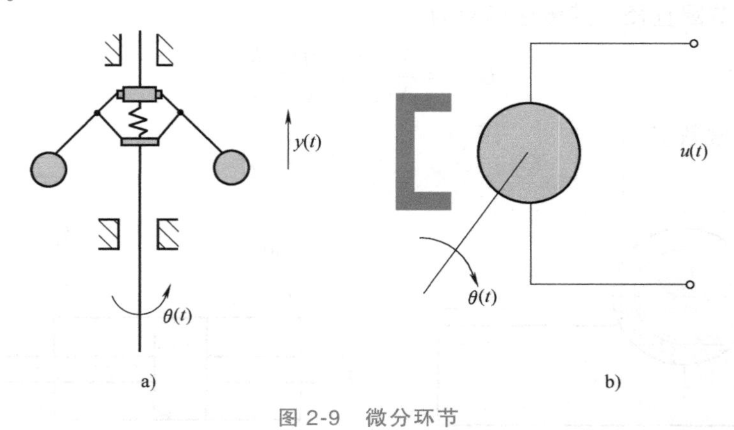

图 2-9　微分环节

如图 2-9b 所示的测速发电机（实质上是直流发电机），当以电枢电压 $u(t)$ 作为输出量，发电机的转角 $\theta(t)$ 作为输入量时，其运动方程为

$$u(t)=K\frac{\mathrm{d}\theta(t)}{\mathrm{d}t}$$

传递函数为

$$G(s)=\frac{U(s)}{\Theta(s)}=Ks$$

式中，K 为常数。

微分环节的输出是输入的微分，当输入为单位阶跃函数时，输出应是脉冲函数，这在实际中是不可能的，工程上也无法制造传递函数为微分环节的元件和装置，所以微分环节在系统中不会单独出现。但有些元件当其惯性很小时，其传递函数可以近似地看成微分环节，如上述测速发电机和离心测速器等。另外电路中电感元件的输入电流与其两端电压之间的关系也可近似看成是一微分环节。

4. 惯性环节

凡运动微分方程为一阶微分方程，即

$$T\frac{\mathrm{d}c(t)}{\mathrm{d}t}+c(t)=Kr(t) \tag{2-78}$$

形式的环节为惯性环节，其传递函数为

$$G(s)=\frac{C(s)}{R(s)}=\frac{K}{Ts+1} \tag{2-79}$$

式中，K 为常数（环节增益）；T 为时间常数，它表征了环节的惯性，和环节结构参数有关。

如图 2-10a 所示的弹簧 k 和阻尼器 B 组成的环节，其输出位移 $y(t)$ 和输入位移 $x(t)$ 之间的关系为

$$k[x(t)-y(t)]=B\frac{\mathrm{d}y(t)}{\mathrm{d}t}$$

传递函数为

$$G(s)=\frac{Y(s)}{X(s)}=\frac{1}{\frac{B}{k}s+1}=\frac{1}{Ts+1}$$

式中，$T=B/k$ 为惯性环节的时间常数。

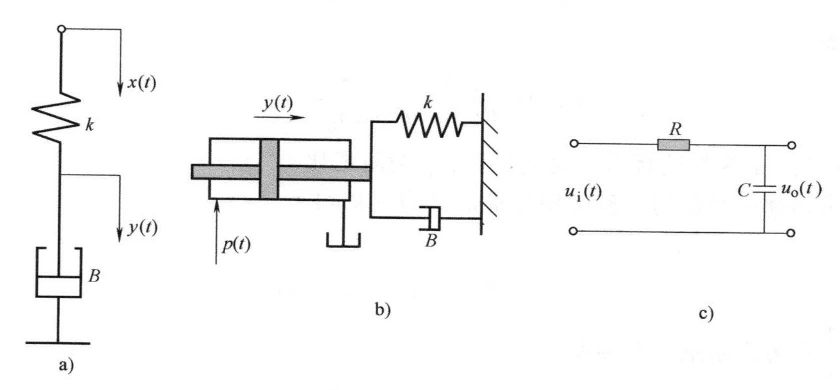

图 2-10　惯性环节

如图 2-10b 所示的液压缸，要驱动系统为 k 的弹性负载和系数为 B 的黏性阻尼负载。当流入液压缸的油液压力 $p(t)$ 为输入量，活塞的位移 $y(t)$ 为输出量时，液压缸的运动方程为

$$B\frac{\mathrm{d}y(t)}{\mathrm{d}t}+ky(t)=Ap(t)$$

式中，A 为液压缸的工作面积。其传递函数为

$$G(s)=\frac{Y(s)}{P(s)}=\frac{A/k}{\frac{B}{k}s+1}=\frac{A/k}{Ts+1}$$

式中，$T=B/k$ 为惯性环节的时间常数。

如图 2-10c 所示的 RC 无源滤波电路，其输出电压 $u_o(t)$ 与输入电压 $u_i(t)$、电路中的电流 $i(t)$ 的关系为

$$u_i(t)=i(t)R+\frac{1}{C}\int i(t)\mathrm{d}t$$

而

$$u_o(t)=\frac{1}{C}\int i(t)\mathrm{d}t$$

式中，R 为电路中的电阻；C 为电路中的电容。

拉氏变换并消去中间变量 $I(s)$，得到该电路的传递函数为

$$G(s)=\frac{U_o(s)}{U_i(s)}=\frac{1}{RCs+1}=\frac{1}{Ts+1}$$

式中，$T=RC$ 为该电路的时间常数。

惯性环节的特点是该环节描述的元件或系统中有一个储能元件，所以当输入量突然变化时，输出量不能跟着突变，而是按指数规律逐渐变化，惯性环节的名称就由此而来，惯性环节又称为非周期环节。

5. 振荡环节

振荡环节含有两个独立的储能元件，并且所储存的能量能够互相转换，从而导致输出带有振荡的性质，这种环节的微分方程为

$$T^2\frac{\mathrm{d}^2c(t)}{\mathrm{d}t^2}+2\zeta T\frac{\mathrm{d}c(t)}{\mathrm{d}t}+c(t)=Kr(t) \tag{2-80}$$

其传递函数为

$$G(s)=\frac{C(s)}{R(s)}=\frac{K}{T^2s^2+2\zeta Ts+1} \tag{2-81}$$

式中，K 为常数；T 为振荡环节的时间常数；ζ 为阻尼比。

振荡环节传递函数的另一种常用标准形式为（$K=1$）

$$G(s)=\frac{C(s)}{R(s)}=\frac{\omega_n^2}{s^2+2\zeta\omega_ns+\omega_n^2} \tag{2-82}$$

式中，$\omega_n=\dfrac{1}{T}$称为无阻尼固有频率。

如例 2-1 所示的质量-阻尼-弹簧系统，对式（2-2）进行拉氏变换得

$$(ms^2+Bs+k)Y(s)=F(s)$$

传递函数为

$$G(s)=\frac{Y(s)}{F(s)}=\frac{1}{ms^2+Bs+k}=\frac{\dfrac{1}{k}}{\dfrac{m}{k}s^2+\dfrac{B}{k}s+1}=\frac{K}{T^2s^2+2\zeta Ts+1}$$

式中，$T=\sqrt{\dfrac{m}{k}}$；$\zeta=\dfrac{B}{2\sqrt{mk}}$；$K=\dfrac{1}{k}$。

又如例 2-2 所示的无源 RLC 电路，对式（2-3）进行拉氏变换，可得传递函数

$$G(s)=\frac{U_o(s)}{U_i(s)}=\frac{1}{LCs^2+RCs+1}=\frac{1}{T^2s^2+2\zeta Ts+1}$$

式中，$T=\sqrt{LC}$；$\zeta=\dfrac{RC}{2\sqrt{LC}}$。

必须指出，当 $0<\zeta<1$ 时，二阶微分方程才有共轭复根，这时二阶系统才能称为振荡环节；当 $\zeta\geqslant1$ 时，二阶微分方程有两个（或两个相等的）实数根，因而该二阶系统成为两个惯性环节的串联。

6. 一阶微分环节

一阶微分环节的微分方程为

$$c(t)=K\left[T\frac{\mathrm{d}r(t)}{\mathrm{d}t}+r(t)\right] \tag{2-83}$$

其传递函数为

$$G(s)=\frac{C(s)}{R(s)}=K(Ts+1) \tag{2-84}$$

式中，K 为增益常数；T 为时间常数。

如图 2-11 所示 RC 电路，其输入量为 $u_{\mathrm{i}}(t)$，输出量为电流 $i(t)$，则有

$$i(t)=i_1(t)+i_2(t)=C\frac{\mathrm{d}u_{\mathrm{i}}(t)}{\mathrm{d}t}+\frac{u_{\mathrm{i}}(t)}{R}$$

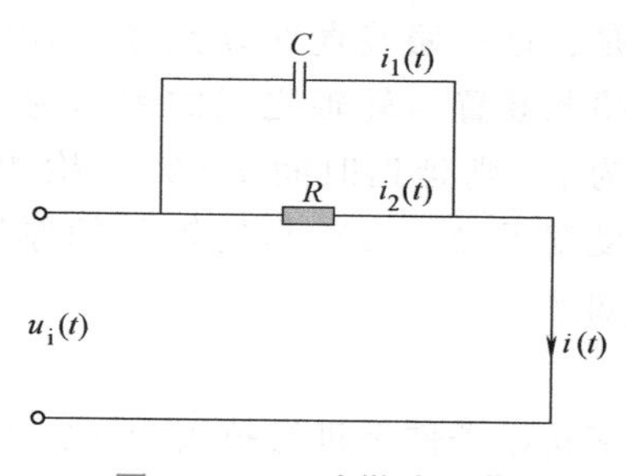

图 2-11　一阶微分环节

传递函数为

$$G(s)=\frac{I(s)}{U_{\mathrm{i}}(s)}Cs+\frac{1}{R}=\frac{1}{R}(RCs+1)=K(Ts+1)$$

式中，$K=\frac{1}{R}$；$T=RC$。

与微分环节一样，一阶微分环节在系统中通常也不会单独出现，它往往与其他典型环节组合在一起描述元件或系统的运动特性。

7. 二阶微分环节

二阶微分环节的运动方程为

$$c(t)=K\left[T^2\frac{\mathrm{d}^2r(t)}{\mathrm{d}t^2}+2\zeta T\frac{\mathrm{d}r(t)}{\mathrm{d}t}+r(t)\right] \tag{2-85}$$

其传递函数为

$$G(s)=\frac{C(s)}{R(s)}=K[T^2s^2+2\zeta Ts+1] \tag{2-86}$$

式（2-86）表明，二阶微分环节的输出不但和输入及其一阶微分有关，同时还与输入的二阶微分有关。该环节的特性由 K、T 和 ζ 所决定，其中 T 和 ζ 两个量表示环节微分的特性。同时应该指出，只有当方程式（2-86）具有复根时，才称其为二阶微分环节。如果只具有实根，则可以认为这个环节是两个一阶微分环节串联而成的。

二阶微分环节传递函数的另一种常用标准形式（$K=1$）为

$$G(s)=\frac{C(s)}{R(s)}=\frac{s^2}{\omega_n^2}+2\zeta\frac{s}{\omega_n}+1 \tag{2-87}$$

式中，$\omega_n=\frac{1}{T}$称为无阻尼固有频率。

在控制系统中引入二阶微分环节主要用于改善系统的动态性能。

8. 延迟环节

延迟环节是指对系统施加输入量以后，输出量在等待一段时间 τ 后才能不失真地复现输入的环节。它不单独存在，一般与其他环节同时出现。

延迟环节的输入量 $r(t)$ 与输出量 $c(t)$ 之间的关系为

$$c(t)=r(t-\tau) \tag{2-88}$$

式中，τ 为纯延迟时间，$r(t-\tau)$ 是 $r(t)$ 的延迟函数，或称平移函数。

延迟环节是线性环节，其传递函数为

$$G(s)=\frac{L[c(t)]}{L[r(t)]}=\frac{L[r(t-\tau)]}{L[r(t)]}=e^{-\tau s} \quad (2\text{-}89)$$

如图 2-12 所示为钢板厚度检测仪工作原理示意图。钢板在轧辊处的厚度偏差为 $\Delta a_1(t)$，但是，这一偏差直到 B 点才被检测仪检测出来。若检测装置与轧辊之间的距离为 l，钢板运动速度为 v，则延迟时间 $\tau=l/v$。检测仪检测的钢板厚度偏差 $\Delta a_2(t)$ 与轧辊处的厚度偏差 $\Delta a_1(t)$ 有如下关系

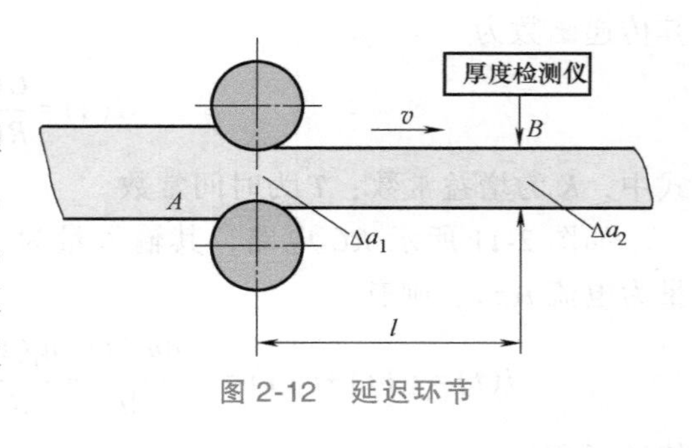

图 2-12　延迟环节

$$\Delta a_2(t)=\Delta a_1(t-\tau)$$

在零初始条件下进行拉氏变换，可求得传递函数为

$$G(s)=e^{-\tau s}$$

该检测环节是用延迟环节描述其运动特性的一个实例。但在控制系统中，单纯的延迟环节是很少的，延时环节往往和其他环节一起出现。

综上所述，环节是根据微分方程划分的，是表示元件或系统运动特性的数学模型，并不是具体的元件。一个环节不一定代表一个元件，也许是几个元件的运动特性的组合才形成一个环节。此外，同一个元件在不同的系统中作用不同，输入输出的物理量不同，可起到不同环节的作用。

第五节　系统框图和传递函数的运算

框图是系统中各个环节的功能和信号的转换和传输关系的一种图形表示。框图包含了与系统动态特性有关的信息，是系统动态特性的图形描述，也是系统的一个数学模型，故框图又称为动态结构图。

框图也是求取系统传递函数的一种有效手段。利用框图简化法则，或者借助于梅逊公式，都能够比较方便地从框图中求得系统的传递函数。

一、框图符号

1. 框图单元

系统框图是由描述元器件或环节的输入输出关系的框图单元构成的，框图单元（又简称方块）用图 2-13 所示的符号表示。框图单元包含如下信息。

信号流向：在框图中，信号的传递方向用箭头表示，在控制系统的框图中，信号只沿单向传送。

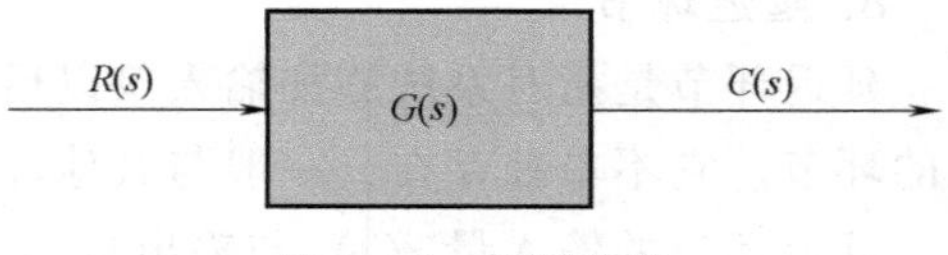

R(s)　G(s)　C(s)

图 2-13　框图单元

输入信号：箭头指向方块的信号代表输入信号，如图 2-13 中的 $R(s)$。

输出信号：箭头离开方块的信号代表输出信号，如图 2-13 中的 $C(s)$。

输入输出关系：如图 2-13 所示的框图单元表示的输入输出关系为

$$C(s)=G(s)R(s) \tag{2-90}$$

式中，$G(s)$ 为框图单元所描述的该环节的传递函数。

2. 加法点

加法点又称为比较点，其代表符号如图 2-14 所示。图 2-14a 的含义是

$$C(s)=R(s)+B(s) \tag{2-91}$$

图 2-41b 的含义是

$$C(s)=R(s)-B(s) \tag{2-92}$$

很明显，与加法点相连的各个信号必须具有相同的量纲。

3. 引出点

引出点又称分支点，用图 2-15 所示的符号表示，与引出点相连的各个信号量纲相同，大小相等。

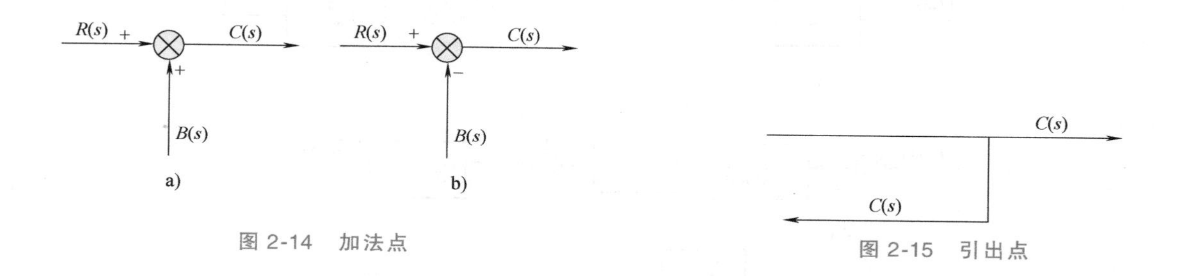

图 2-14 加法点

图 2-15 引出点

二、系统框图的绘制

绘制系统的框图，一般按如下步骤进行。

1）列写系统各组成部分的微分方程。

2）在零初始条件下，对各方程进行拉氏变换，并整理成输入输出关系式。

3）将每一个输入输出关系式用框图单元表示。

4）将各框图单元中相同的信号连接起来，并将系统的输入画在左侧，输出画在右侧，得到系统框图。

下面举例说明。

例 2-11 试绘制例 2-4 所述电枢控制式直流电动机的框图。

解 由例 2-4，列出该直流电动机的微分方程

$$\begin{cases} L_a \dfrac{di_a(t)}{dt}+R_a i_a+e(t)=u_a(t) \\ T_m(t)=C_m i_a(t) \\ e(t)=C_e \omega_m(t) \\ J_m \dfrac{d\omega_m(t)}{dt}+B\omega_m(t)+T_1(t)=T_m(t) \end{cases}$$

对上述各式在零初始条件下进行拉氏变换，可得各部分的输入输出关系为

$$\begin{cases}L_a sI_a(s)+R_aI_a(s)+E(s)=U_a(s)\\T_m(s)=C_mI_a(s)\\E(s)=C_e\Omega_m(s)\\J_m s\Omega_m(s)+B\Omega_m(s)+T_1(s)=T_m(s)\end{cases}$$

根据以上各式可得到如图 2-16a、b、c、d 所示的框图单元，由框图单元可得到该直流电动机的框图，如图 2-16e 所示。

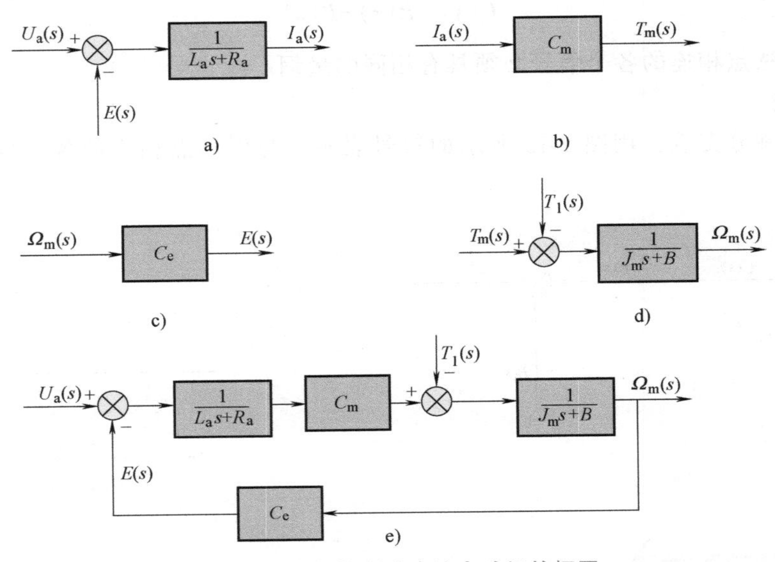

图 2-16 电枢控制式直流电动机的框图

例 2-12 试绘制图 2-17 所示无源电路的框图。

解 先列写该电路的微分方程

$$\begin{cases}u_o(t)=u_i(t)-R_1i_2(t)\\R_1i_2(t)=\dfrac{1}{C}\displaystyle\int i_1(t)\,dt\\i_1(t)+i_2(t)=i(t)\\R_2i(t)=u_o(t)\end{cases}$$

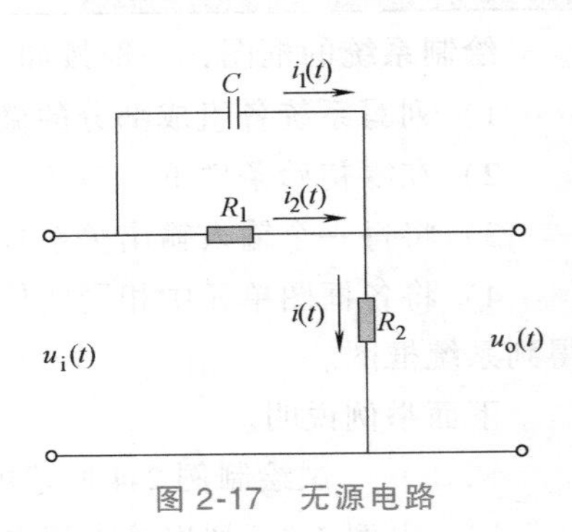

图 2-17 无源电路

在零初始条件下，对上述各式分别进行拉氏变换

$$\begin{cases}U_o(s)=U_i(s)-R_1I_2(s)\\R_1I_2(s)=\dfrac{1}{Cs}I_1(s)\\I_1(s)+I_2(s)=I(s)\\R_2I(s)=U_o(s)\end{cases}$$

作适当变换，消去中间变量 $I_1(s)$ 和 $I_2(s)$，可得

$$U_o(s)=U_i(s)-\frac{R_1}{1+R_1Cs}I(s)$$

$$I(s)=\frac{1}{R_2}U_o(s)$$

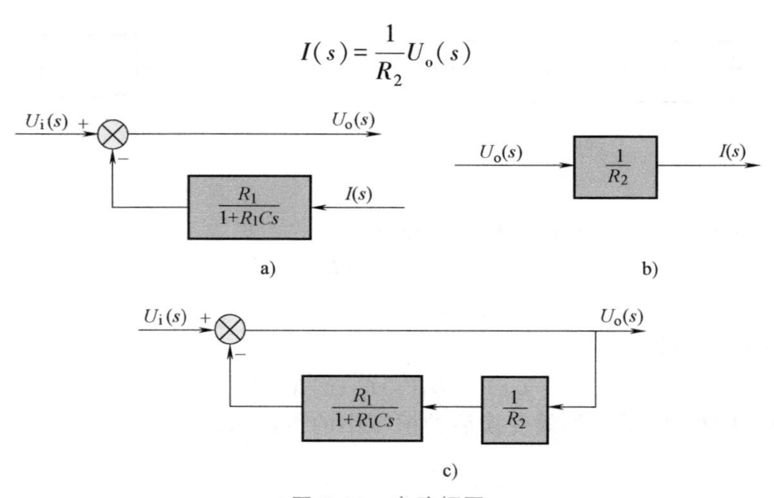

图 2-18　电路框图

根据这两个关系式，可画出它们的框图单元，如图 2-18a、b 所示。再根据信号流向，将各框图单元连接起来，便可得到该无源电路的框图，如图 2-18c 所示。

值得指出的是，一个元件、一个电路或者一个系统，其框图不一定是唯一的，可能有多种不同的形式，但求出的总传递函数经过变换后应该是完全相同的。

例 2-12 所示电路的框图还可用图 2-19 表示。

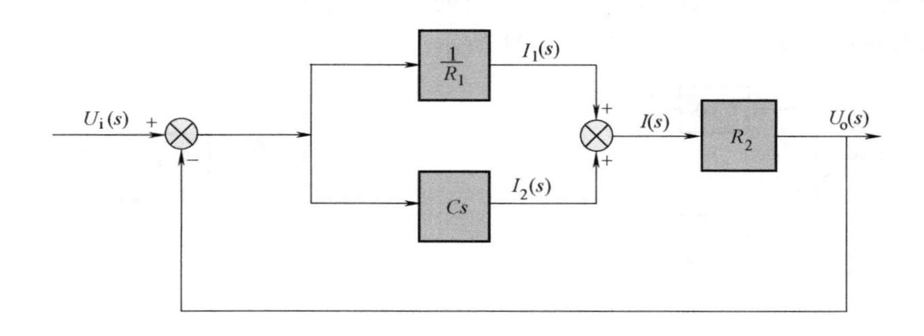

图 2-19　例 2-12 电路框图的另一形式

三、框图的等效变换

为了分析控制系统的动态性能，需要对系统的框图进行运算和变换，以便于求出总的传递函数。框图的运算和变换应按等效原则进行。所谓等效，即对框图的任一部分进行变换时，变换前、后输入输出之间的数学关系应保持不变。显然，变换的实质相当于对所描述系统的方程组进行消元，求出系统输入与输出的总关系式。

在控制系统中，系统环节之间一般有三种基本连接方式，即串联、并联和反馈连接。应用一定的运算法则，便可得出等效的框图。

1. 串联

串联的特点是，前一个环节的输出量是后一个环节的输入量。图 2-20 表示了两个环节串联的等效变换。

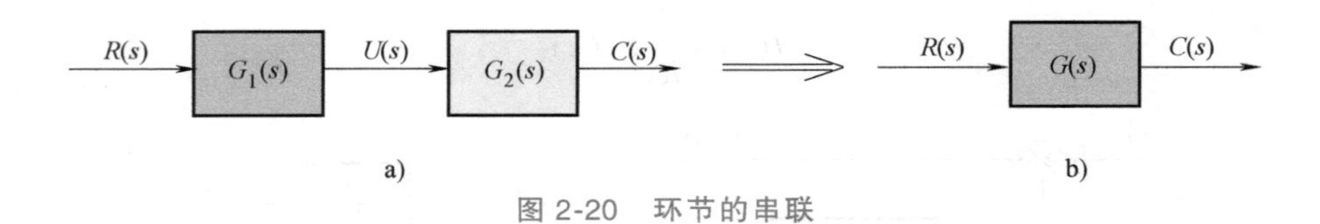

图 2-20　环节的串联

如图 2-20a 所示框图表示的输入输出关系为

$$U(s)=G_1(s)R(s)$$
$$C(s)=G_2(s)U(s)$$

消去中间变量 $U(s)$，可得

$$C(s)=G_1(s)G_2(s)R(s)$$

由此可见，如图 2-20b 所示的等效变换后的框图中的传递函数为

$$G(s)=\frac{C(s)}{R(s)}=G_1(s)G_2(s)$$

由此可推出，将多个串联环节等效变换为一个框图单元时，等效传递函数等于所有相串联的环节的传递函数的乘积，即有

$$G(s)=\prod_{i=1}^{n}G_i(s) \tag{2-93}$$

式中，n 为串联的环节数。

2. 并联

并联的特点是，所有环节的输入量是共同的，连接后的输出量为各环节输出量的代数和。两个环节并联连接的等效变换如图 2-21 所示。

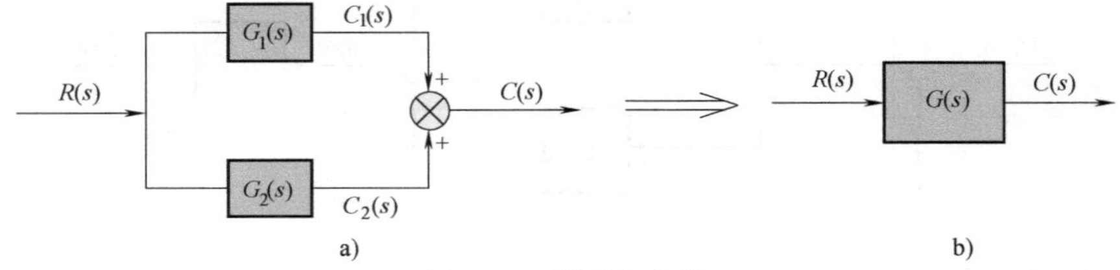

图 2-21　环节的并联

如图 2-21a 所示框图表示的输入输出关系为

$$C_1(s)=G_1(s)R(s)$$
$$C_2(s)=G_2(s)R(s)$$
$$C(s)=C_1(s)+C_2(s)=[G_1(s)+G_2(s)]R(s)$$

于是得如图 2-21b 所示等效变换后的框图的传递函数

$$G(s)=\frac{C(s)}{R(s)}=G_1(s)+G_2(s)$$

由此可推出，并联等效变换后的等效传递函数等于所有并联环节传递函数的代数和，即

$$G(s)=\sum_{i=1}^{n}G_i(s) \tag{2-94}$$

式中，n 为并联环节的个数。

3. 反馈连接

反馈连接的一般形式如图 2-22a 所示。

由图 2-22a 所示框图中的信号传递的关系，可得

$$C(s)=G(s)E(s)$$

$$B(s)=H(s)C(s)$$

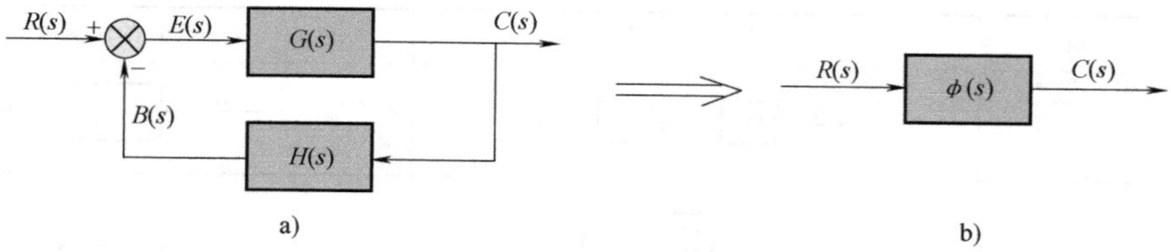

a)　　　　　　　　b)

图 2-22　环节的反馈连接

$$E(s)=R(s)-B(s)$$

消去 $E(s)$、$B(s)$，得

$$C(s)=G(s)[R(s)-H(s)C(s)]$$

整理求得图 2-22b 中的等效传递函数为

$$\Phi(s)=\frac{C(s)}{R(s)}=\frac{G(s)}{1+G(s)H(s)} \tag{2-95}$$

$\Phi(s)$ 也称为闭环传递函数。

图 2-22a 中反馈端的“−”号表示系统为负反馈连接；若为“+”号，则为正反馈连接。式（2-94）的分母中的加号对应于负反馈；正反馈时应为减号。

反馈通道的传递函数 $H(s)=1$ 时的反馈连接，即为单位反馈，此时

$$\Phi(s)=\frac{G(s)}{1+G(s)} \tag{2-96}$$

对于简单系统的框图，利用上述三种等效变换法则，就可以方便地求出系统的闭环传递函数。例如，求如图 2-18 所示电路框图的传递函数即为

$$\frac{U_o(s)}{U_i(s)}=\frac{1}{1+\frac{R_1}{1+R_1Cs}\frac{1}{R_2}}=\frac{1+R_1Cs}{R_1Cs+\frac{R_1+R_2}{R_2}}$$

同样，利用等效变换法则，可求得如图 2-19 所示框图的传递函数

$$\frac{U_o(s)}{U_i(s)}=\frac{\left(\frac{1}{R_1}+Cs\right)R_2}{1+\left(\frac{1}{R_1}+Cs\right)R_2}=\frac{1+R_1Cs}{R_1Cs+\frac{R_1+R_2}{R_2}}$$

可以看出，虽然图 2-18 和图 2-19 的框图形式不同，但求出的传递函数是相同的。

由于实际系统一般较为复杂，在系统框图中常出现传输信号相互交叉的情况，这样，就不能直接应用上述三种等效变换法则对系统简化了。此时就需要移动比较点或引出点，以消除信号的相互交叉。在对比较点或引出点作移动时，同样需要遵守等效变换法则。

表 2-4 列出了框图的等效变换基本法则。表中没有给出比较点和引出点交换的法则，因为它们的交换往往会使框图变得复杂，所以在一般的情况下，两者不宜交换位置。

表 2-4　框图的等效变换基本法则

序号	法则	原来的框图	等效的法则
1	串联	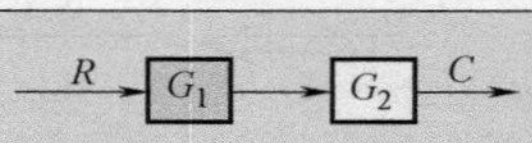 R, G_1, G_2, C	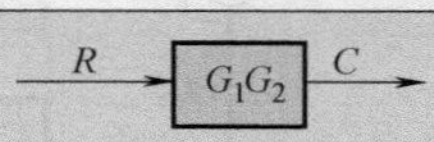 R, G_1G_2, C
2	并联	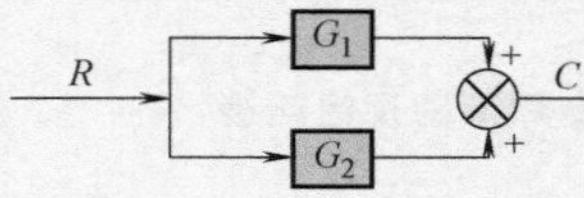 R, G_1, G_2, $+$, $+$, C	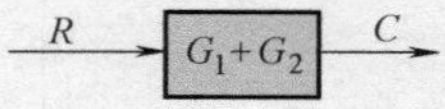 R, G_1+G_2, C
3	比较点后移	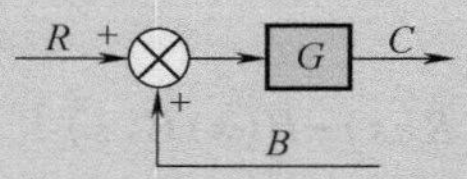 R, $+$, G, C, $+$, B	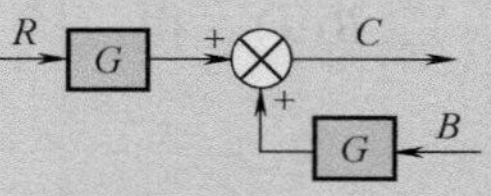 R, G, $+$, C, $+$, G, B
4	比较点前移	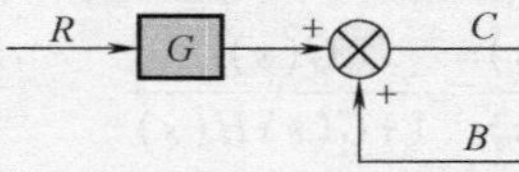 R, G, $+$, C, $+$, B	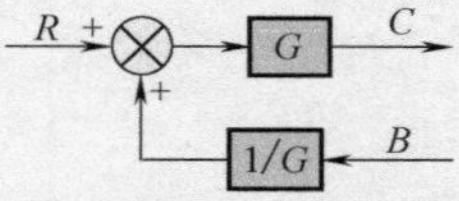 R, $+$, G, C, $+$, $1/G$, B
5	比较点变换	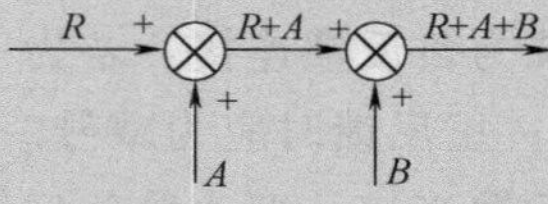 R, $+$, $R+A$, $R+A+B$, $+$, A, B	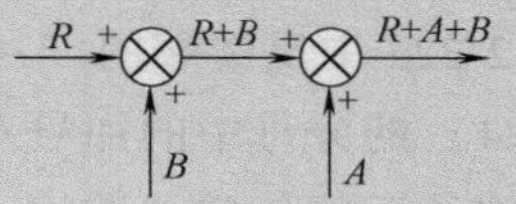 R, $+$, $R+B$, $R+A+B$, $+$, B, A
6	引出点后移	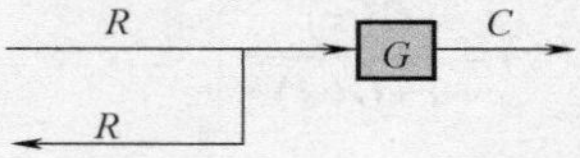 R, G, C, R	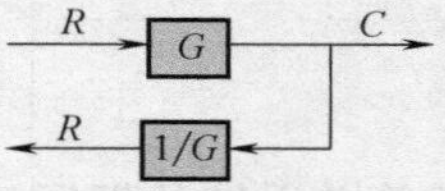 R, G, C, R, $1/G$
7	引出点前移	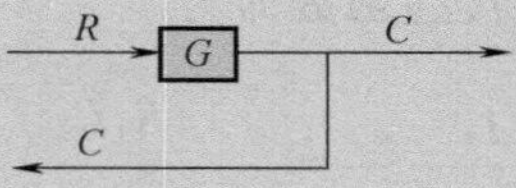 R, G, C, C	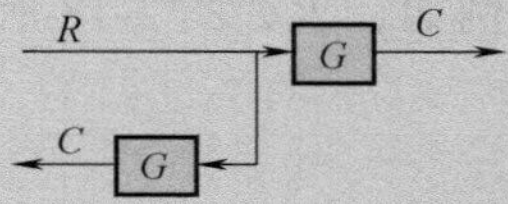 R, G, C, C, G
8	引出点交换	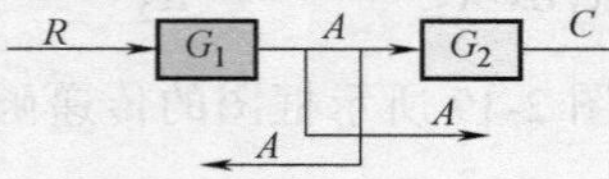 R, G_1, A, G_2, C, A	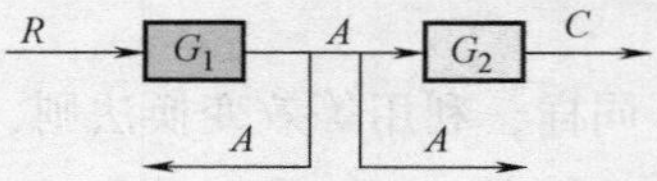 R, G_1, A, G_2, C, A, A
9	反馈回路	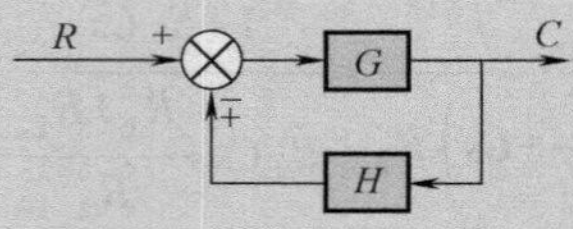 R, $+$, G, C, $\mp$, H	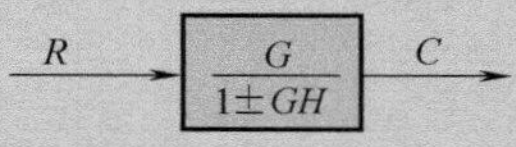 R, $\frac{G}{1\pm GH}$, C
10	等效单位反馈	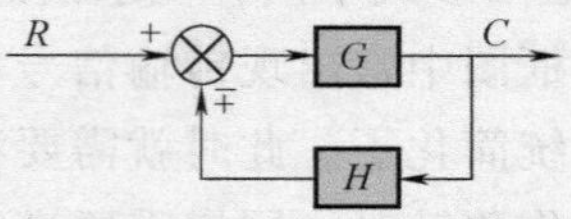 R, $+$, G, C, $\mp$, H	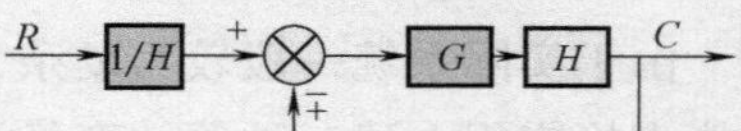 R, $1/H$, $+$, G, H, C, $\mp$

例 2-13 用简化框图的方法，求图 2-23a 所示系统的传递函数。

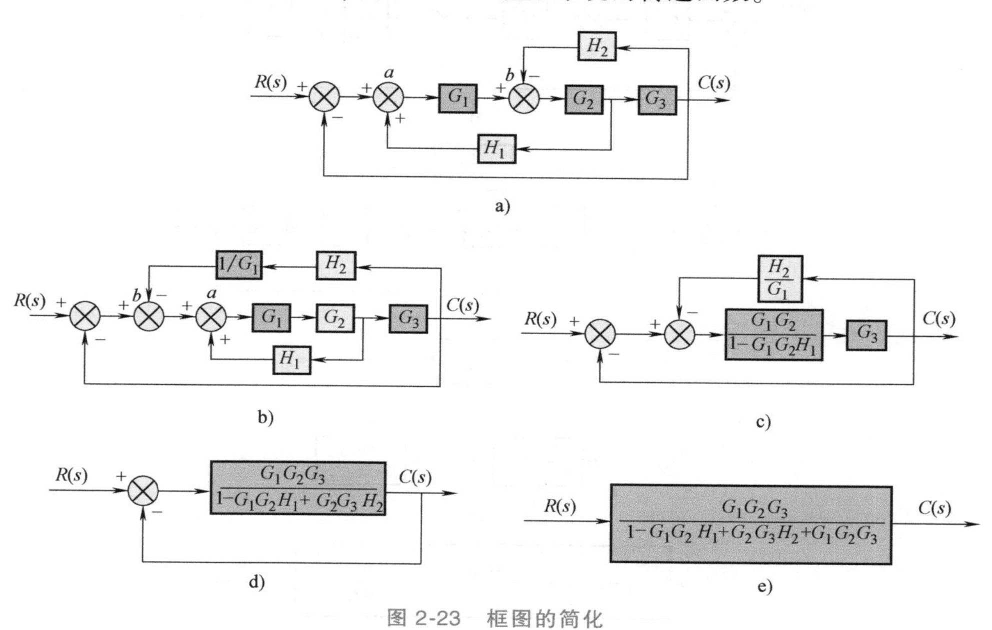

图 2-23 框图的简化

解 本题的解法之一是把图中的比较点 b 向前移到比较点 a 之前，如图 2-23b 所示。然后从内环到外环逐步简化，最后求得该系统的传递函数为

$$\frac{C(s)}{R(s)}=\frac{G_1G_2G_3}{1-G_1G_2H_1+G_2G_3H_2+G_1G_2G_3}$$

上式对应于一种通式，即

$$\Phi(s)=\frac{P}{1-\sum_{i=1}^{n}L_i} \tag{2-97}$$

式中，n 为反馈回路数；P 为前向通道传递函数，即从输入到输出的通道上各传递函数之积；L_i 为第 i 条反馈回路的传递函数。注意，负反馈时 L_i 为负值。

但是，应该指出，该公式只适用于有一条前向通道，且所有反馈回路都相互接触时的场合。

例 2-14 用简化框图的方法，求图 2-24a 所示系统的传递函数。

解 对于本题，将比较点 a 跨越方块 G_1 左移，将引出点 b 跨越方块 G_4 右移，得到图 2-24b；再将两个串联的单位反馈分别进行等效变换，得到图 2-24c；最后根据串联和反馈等效的法则，简化得到如图 2-24d 所示框图，该系统的总的传递函数为

$$\frac{C(s)}{R(s)}=\frac{G_1G_2G_3G_4}{1+G_1G_2+G_2G_3+G_3G_4+G_1G_2G_3G_4}$$

本例的系统不能用式（2-96）直接求出它的总的传递函数，其原因在于这个系统中有两个互相不接触的反馈回路 G_1G_2 和 G_3G_4，这种系统的传递函数可以利用梅逊公式直接求解。

四、梅逊公式

对于连接关系比较复杂的系统框图，用上述简化方法求取总的传递函数有时还是比较复

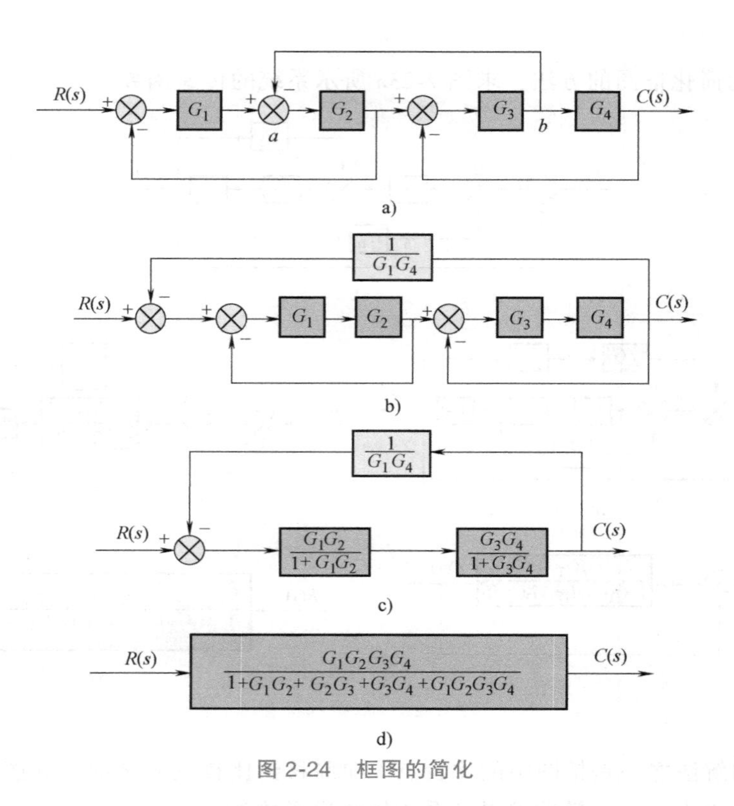

图 2-24　框图的简化

杂的。此时就可以利用梅逊公式直接由框图求取系统的传递函数，而不用对框图进行化简。

梅逊公式可表示为

$$G(s)=\frac{C(s)}{R(s)}=\frac{1}{\Delta(s)}\sum P_k(s)\Delta_k(s) \tag{2-98}$$

式中，$G(s)$ 为系统的传递函数；$\Delta(s)$ 为特征式，

$$\Delta(s)=1-\sum L_a+\sum L_b L_c-\sum L_d L_e L_f+\cdots$$

L_a 为反馈回路传递函数（负反馈时为负值）；$L_b L_c$ 为两个反馈回路相互不接触时，该两反馈回路的传递函数之积；$L_d L_e L_f$ 为三个反馈回路相互不接触时，该三反馈回路的传递函数之积；$P_k(s)$ 为第 k 条前向通道传递函数；$\Delta_k(s)$ 为从 Δ（s）中去掉与第 k 条前向通道相接触的相关项后的余项。

例 2-15　利用梅逊公式，求如图 2-25 所示系统的传递函数。

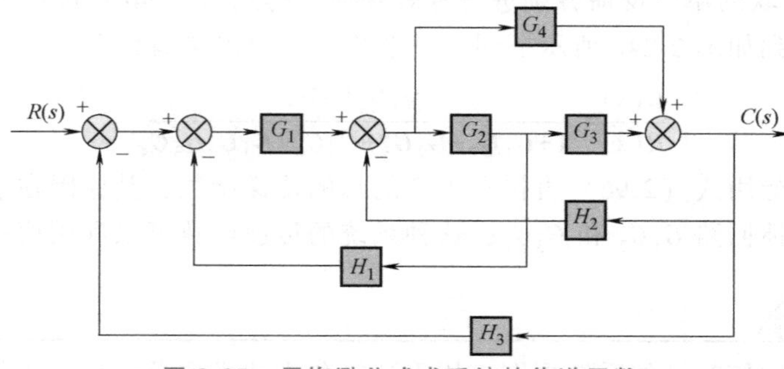

图 2-25　用梅逊公式求系统的传递函数

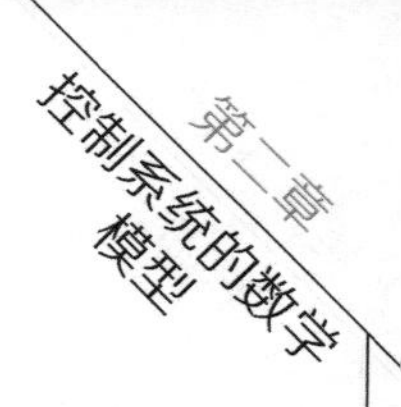

解　本系统有两条前向通道，即

$$P_1=G_1G_2G_3 \qquad P_2=G_1G_4$$

该系统有五个反馈回路，其传递函数分别为：$L_1=-G_1G_2H_1$，$L_2=-G_2G_3H_2$，$L_3=-G_1G_2G_3H_3$，$L_4=-G_1G_4H_3$，$L_5=-G_4H_2$。上述这五个反馈回路均相互接触，所以没有互不接触的反馈回路，即

$$\Delta(s)=1+G_1G_2H_1+G_2G_3H_2+G_1G_2G_3H_3+G_1G_4H_3+G_4H_2$$

又因为所有五个反馈回路均与两条前向通道接触，所以

$$\Delta_1(s)=1,\Delta_2(s)=1$$

则由式（2-98）可求得该系统的传递函数为

$$G(s)=\frac{C(s)}{R(s)}=\frac{G_1G_2G_3+G_1G_4}{1+G_1G_2H_1+G_2G_3H_2+G_1G_2G_3H_3+G_1G_4H_3+G_4H_2}$$

例 2-16　利用梅逊公式计算例 2-14 中系统的总的传递函数。

解　该系统有一条前向通道，即 $P_1=G_1G_2G_3G_4$；有三个反馈回路：$L_1=-G_1G_2$，$L_2=-G_2G_3$，$L_3=-G_3G_4$。这三个回路中 L_1 和 L_3 相互不接触，所以该回路中

$$\begin{aligned}\Delta(s)&=1-(-G_1G_2-G_2G_3-G_3G_4)+(-G_1G_2)(-G_3G_4)\\&=1+G_1G_2+G_2G_3+G_3G_4+G_1G_2G_3G_4\end{aligned}$$

又因为所有三个反馈回路均与前向通道接触，所以 $\Delta_1(s)=1$，则根据式（2-98）可求得该系统的传递函数为

$$G(s)=\frac{C(s)}{R(s)}=\frac{G_1G_2G_3G_4}{1+G_1G_2+G_2G_3+G_3G_4+G_1G_2G_3G_4}$$

例 2-17　利用梅逊公式求如图 2-26 所示系统的传递函数

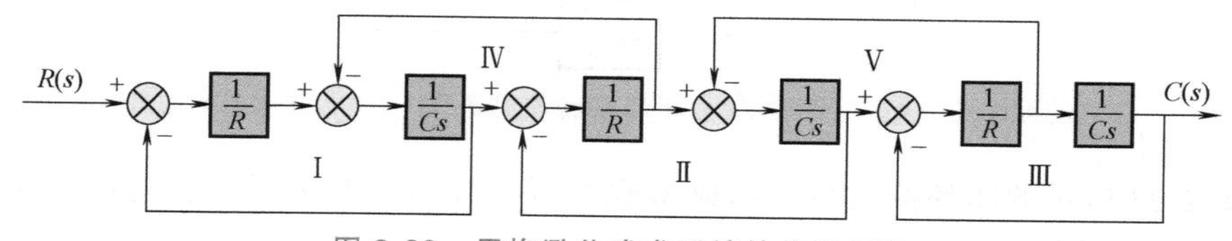

图 2-26　用梅逊公式求系统的传递函数

解　该系统只有一条前向通道，其传递函数为

$$P_1=\frac{1}{R^3C^3s^3}$$

该系统有五个反馈回路，其传递函数均为$-\frac{1}{RCs}$，故

$$\sum L_a=-\frac{5}{RCs}$$

在这五个反馈回路中，有六对彼此不接触的回路。这六对回路是：回路Ⅰ与回路Ⅱ、回路Ⅰ与回路Ⅲ、回路Ⅰ与回路Ⅴ、回路Ⅱ与回路Ⅲ、回路Ⅲ与回路Ⅳ和回路Ⅴ与回路Ⅳ。这六对彼此不接触的回路，每对回路的传递函数之积都是 $1/(R^2C^2s^2)$。故

$$\sum L_bL_C=\frac{6}{R^2C^2s^2}$$

在这五个反馈回路中，只有一组三个互不接触的回路，它们是回路Ⅰ、回路Ⅱ和回路Ⅲ，故

$$\sum L_d L_e L_f = -\frac{1}{R^3C^3s^3}$$

在这五个反馈回路中，不存在四个以上互不接触的回路，故

$$\Delta(s)=1+\frac{5}{RCs}+\frac{6}{R^2C^2s^2}+\frac{1}{R^3C^3s^3}$$

又因为五个反馈回路均与前向通道接触，故 $\Delta_1(s)=1$，则根据式（2-98）可求得该系统的传递函数为

$$G(s)=\frac{C(s)}{R(s)}=\frac{1}{R^3C^3s^3+5R^2C^2s^2+6RCs+1}$$

五、控制系统的传递函数

如图 2-27 所示为一个在参考输入和干扰共同作用下的系统框图。作用在输入端的 $R(s)$ 称为参考输入或给定值。系统还受到了干扰 $N(s)$ 的作用。干扰一般作用在受控对象上。系统的输出 $C(s)$ 是参考输入和干扰对系统共同作用的结果。

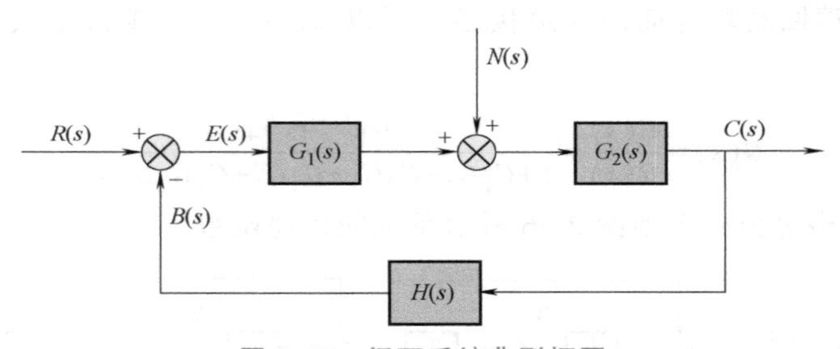

图 2-27　闭环系统典型框图

从如图 2-27 所示的闭环控制系统的典型框图可以导出一些关系式，这些关系式在系统性能分析时经常要用到。

1. 前向通道传递函数

从参考输入到输出的通道称为前向通道，前向通道上的各传递函数之积称为前向通道传递函数。对如图 2-27 所示系统，前向通道传递函数即为

$$G(s)=G_1(s)G_2(s) \tag{2-99}$$

2. 开环传递函数

系统的开环传递函数定义为前向通道传递函数 $G(s)$ 与反馈通道传递函数 $H(s)$ 的乘积。对如图 2-27 所示系统，开环传递函数即为

$$G_K(s)=G(s)H(s)=G_1(s)G_2(s)H(s) \tag{2-100}$$

应当指出，系统的开环传递函数不是指开环系统的传递函数。在分析闭环系统的性能时，并不一定要求取系统的闭环传递函数，在许多场合，可以利用开环传递函数 $G(s)H(s)$ 来分析闭环系统的性能。

3. 在参考输入 $R(s)$ 作用下的闭环传递函数

当仅考虑参考输入 $R(s)$ 与输出的关系时，可令 $N(s)=0$，$C_R(s)$ 为在 $R(s)$ 作用下的

输出。于是由图 2-27 可知，在参考输入 $R(s)$ 作用下的闭环传递函数为

$$\frac{C_R(s)}{R(s)}=\frac{G_1(s)G_2(s)}{1+G_1(s)G_2(s)H(s)}=\frac{G(s)}{1+G(s)H(s)} \tag{2-101}$$

4. 在干扰 $N(s)$ 作用下的闭环传递函数

当仅考虑干扰 $N(s)$ 与输出的关系时，可令 $R(s)=0$。这时可将图 2-27 画成如图 2-28 所示的形式。$C_N(s)$ 表示由干扰引起的系统输出。于是可得到干扰作用下的闭环传递函数为

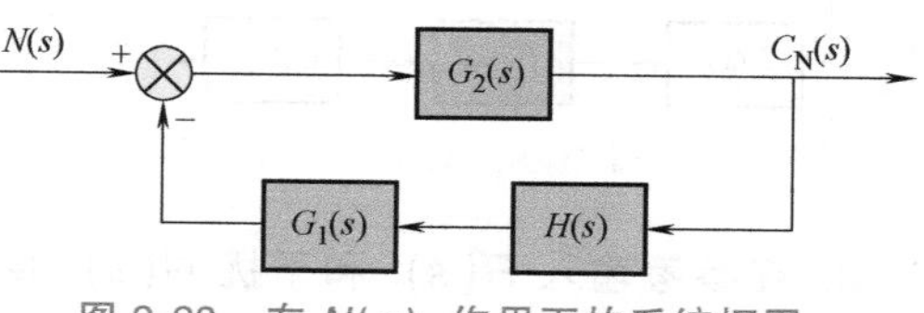

图 2-28 在 $N(s)$ 作用下的系统框图

$$\frac{C_N(s)}{N(s)}=\frac{G_2(s)}{1+G_1(s)G_2(s)H(s)}=\frac{G_2(s)}{1+G(s)H(s)} \tag{2-102}$$

5. 在参考输入 $R(s)$ 和干扰 $N(s)$ 同时作用下的系统输出

因为我们所讨论的系统均为线性定常系统，故可根据叠加原理求得在参考输入 $R(s)$ 和干扰 $N(s)$ 同时作用下的输出，即

$$C(s)=C_R(s)+C_N(s)$$

由式（2-101）可得

$$C_R(s)=\frac{G_1(s)G_2(s)}{1+G(s)H(s)}R(s)$$

由式（2-102）可得

$$C_N(s)=\frac{G_2(s)}{1+G(s)H(s)}N(s)$$

所以

$$C(s)=\frac{1}{1+G(s)H(s)}[G_1(s)G_2(s)R(s)+G_2(s)N(s)] \tag{2-103}$$

6. 在参考输入 $R(s)$ 作用下系统的偏差传递函数

系统的偏差信号 $E(s)$ 是指参考输入信号 $R(s)$ 与反馈信号 $B(s)$ 之差，即 $E(s)=R(s)-B(s)$。$E(s)$ 与 $R(s)$ 之比称为在参考输入作用下系统的偏差传递函数。为求这一传递函数，可令 $N(s)=0$，此时可将图 2-27 画成如图 2-29 所示的形式，由此可求出偏差传递函数为

$$\frac{E(s)}{R(s)}=\frac{1}{1+G(s)H(s)} \tag{2-104}$$

7. 在干扰 $N(s)$ 作用下系统的偏差传递函数

在干扰 $N(s)$ 作用下系统的偏差传递函数定义为 $E(s)$ 与 $N(s)$ 之比。求取这一传递函数时，可令 $R(s)=0$，故可将图 2-27 的框图画成如图 2-30 所示形式，由图可求得偏差传递函数为

$$\frac{E(s)}{N(s)}=\frac{-G_2(s)H(s)}{1-[-G_1(s)G_2(s)H(s)]}=\frac{-G_2(s)H(s)}{1+G_1(s)G_2(s)H(s)} \tag{2-105}$$

在恒值控制系统中，参考输入是常量，系统的误差主要是由干扰引起的，因而式（2-105）在分析恒值控制系统性能时经常用来分析系统的误差。

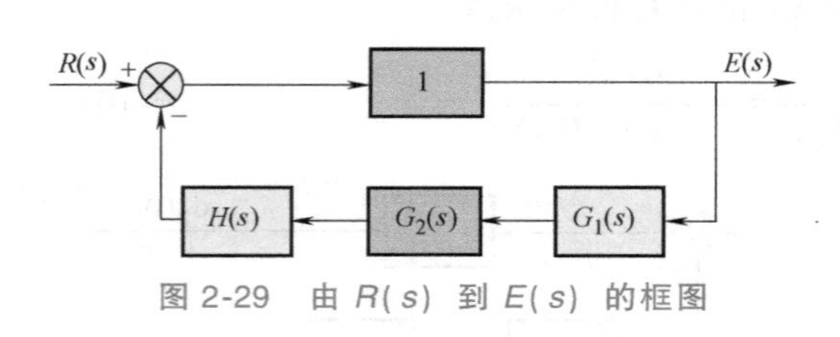

图 2-29　由 $R(s)$ 到 $E(s)$ 的框图

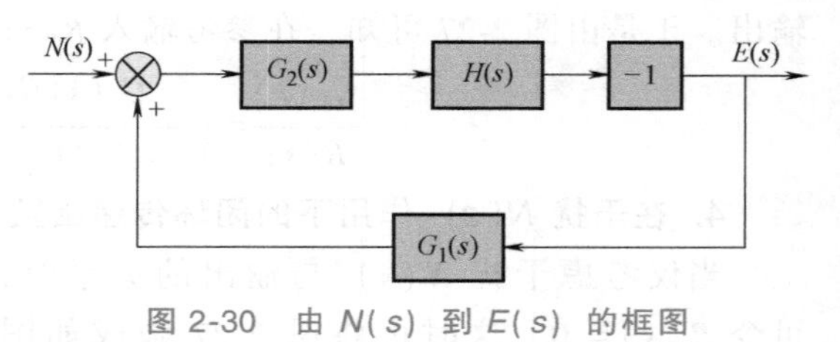

图 2-30　由 $N(s)$ 到 $E(s)$ 的框图

8. 在参考输入 $R(s)$ 和干扰 $N(s)$ 共同作用下系统的偏差传递函数

在参考输入 $R(s)$ 和干扰 $N(s)$ 共同作用下系统的偏差传递函数可以根据叠加原理由式（2-104）和式（2-105）求得

$$E(s)=\frac{1}{1+G(s)H(s)}[R(s)-G_2(s)H(s)N(s)] \tag{2-106}$$

从以上求出的$\frac{C_R(s)}{R(s)}$、$\frac{C_N(s)}{N(s)}$、$\frac{E(s)}{R(s)}$和$\frac{E(s)}{N(s)}$表达式，可以发现一个共同的规律，即它们的分母是相同的，都等于$1+G(s)H(s)$，而分子分别等于对应所求的闭环传递函数的输入信号到输出信号所经过的传递函数的乘积。

习　题

2-1　试建立如图 2-31 所示各系统的动态微分方程，并说明这些动态微分方程之间有什么联系。图中，电压 $u_i(t)$ 和位移 $x(t)$ 为系统的输入量，电压 $u_o(t)$ 和位移 $y(t)$ 为系统的输出量；R、R_1、R_2 为电阻，C 为电容，k、k_1、k_2 为弹簧刚度系数，B 为黏性阻尼系数。

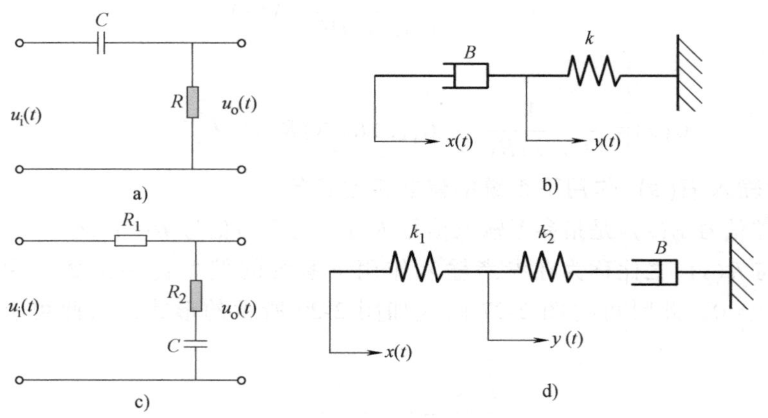

图 2-31　题 2-1 图

2-2　试建立如图 2-32 所示机械系统的运动微分方程。图中，力 $f(t)$ 为系统的输入，位移 $y(t)$ 为系

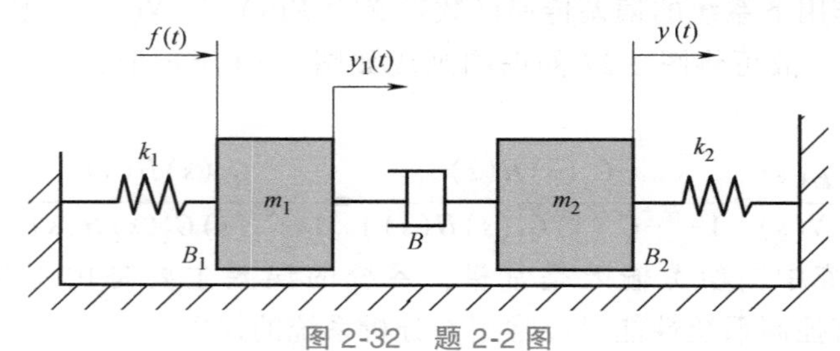

图 2-32　题 2-2 图

统的输出；m_1 和 m_2 为质量，$y_1(t)$ 为 m_1 位移，k_1、k_2 为弹簧刚度系数，B、B_1、B_2 为黏性阻尼系数。

2-3　求下列函数的拉氏反变换。

（1）$G(s)=\dfrac{s}{(s+a)(s+b)}$

（2）$G(s)=\dfrac{6s+1}{s(s+2)(s+3)}$

（3）$G(s)=\dfrac{s+2}{s(s+3)(s+1)^2}$

（4）$G(s)=\dfrac{3s^2+2s+8}{s(s+2)(s^2+2s+4)}$

（5）$G(s)=\dfrac{5s+3}{(s+1)(s+2)(s+3)}$

（6）$G(s)=\dfrac{s^2+a_1s+a_0}{s^2(s+a)}$

2-4　用拉氏变换法求解下列方程。

（1）$\dfrac{d^2x(t)}{dt^2}+6\dfrac{dx(t)}{dt}+8x(t)=1(t)$，其中 $x(0)=1$，$\left.\dfrac{dx(t)}{dt}\right|_{t=0}=0$。

（2）$\dfrac{dx(t)}{dt}+10x(t)=2$，其中 $x(0)=0$。

（3）$\dfrac{d^2x(t)}{dt^2}+4\dfrac{dx(t)}{d(t)}+3x(t)=e^{-t}$，其中 $x(0)=\left.\dfrac{dx(t)}{dt}\right|_{t=0}=1$。

2-5　某系统的微分方程$3\dfrac{dy(t)}{dt}+2y(t)=2\dfrac{dx(t)}{dt}+3x(t)$。已知其初始条件为零，求该系统的极点和零点各为多少。若该系统的输入 $x(t)$ 为单位阶跃函数，求其输出 $y(t)$，并求当 $t\to\infty$ 时的值。

2-6　某系统的数学模型为 $y=x^2$，求其线性化方程。并求 x 在 10 附近时的线性化方程，同时求将此线性化方程用于 $x=11$ 时 y 的误差。

2-7　如图 2-33 所示液压缸负载系统，当其输入量为油液压力 $p(t)$，液压缸右腔排油压力为零，输出为位移 $y(t)$ 时，求其传递函数。图中，m 为质量，B 为黏性阻尼系数，k 为弹簧刚度系数。

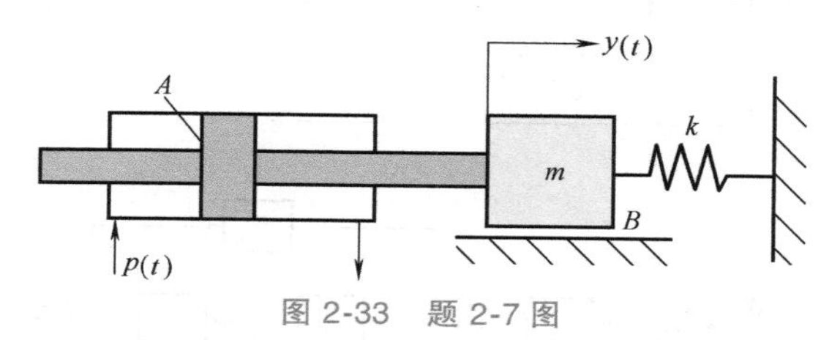

图 2-33　题 2-7 图

2-8　试分析当反馈环节 $H(s)=1$时，前向通道传递函数 $G(s)$ 分别为惯性环节、积分环节和振荡环节时，输入、输出的闭环传递函数是什么？

2-9　证明如图 2-34 所示电气系统与机械系统相似，即证明两者的传递函数具有相同的形式。

2-10　如图 2-35 所示机械系统中，$T_m(t)$ 为电动机输出转矩，$\theta_r(t)$ 为电动机轴角位移，z_1、z_2 分别为齿轮的齿数，J_1、J_2 分别为各轴上总的转动惯量，B_1、B_2 分别为各轴的黏性阻尼系数，k_1、k_2 为各轴的转矩刚度，m 为工作台直线运动部分质量，B 是直线运动黏性阻尼系数，k 是丝杠螺母副及螺母座的轴向刚度，丝杠导程为 l。试求以 $\theta_r(t)$ 为输入量，工作台直线位移 $y(t)$ 为输出量时系统的传递函数。

2-11　某系统在输入 $x(t)=1(t)$时，输出为 $y(t)=1-\dfrac{3}{2}e^{-t}+\dfrac{1}{2}e^{-3t}$，求该系统的传递函数。

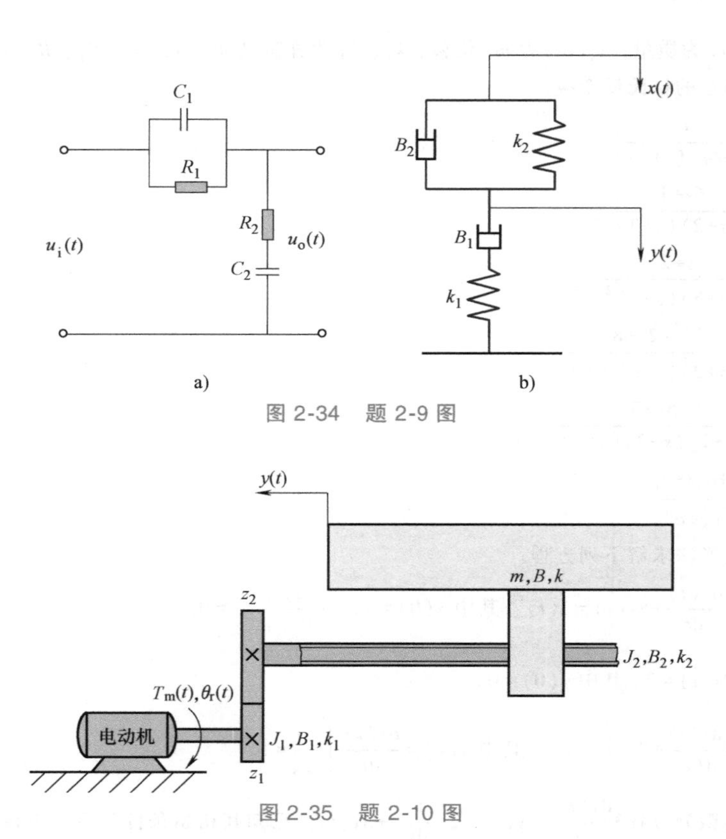

图 2-34　题 2-9 图

图 2-35　题 2-10 图

2-12　基于框图简化法则，求如图 2-36 所示框图对应系统的传递函数。

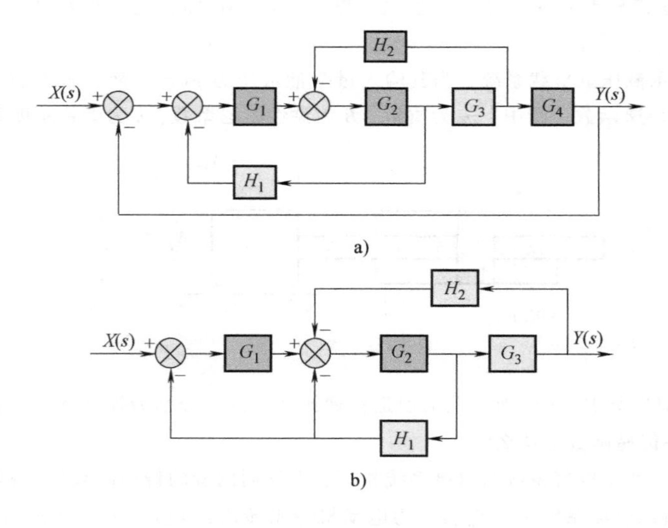

图 2-36　题 2-12 图

2-13　简化如图 2-37 所示系统，求其传递函数。

2-14　对于如图 2-38 所示系统，求$\frac{Y(s)}{X_{01}(s)}$和$\frac{Y(s)}{X_{02}(s)}$。

2-15　用梅逊公式求如图 2-39 所示系统的传递函数。

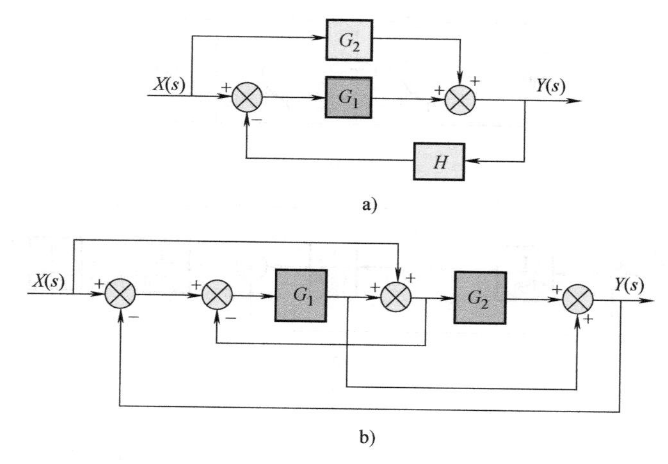

图 2-37　题 2-13 图

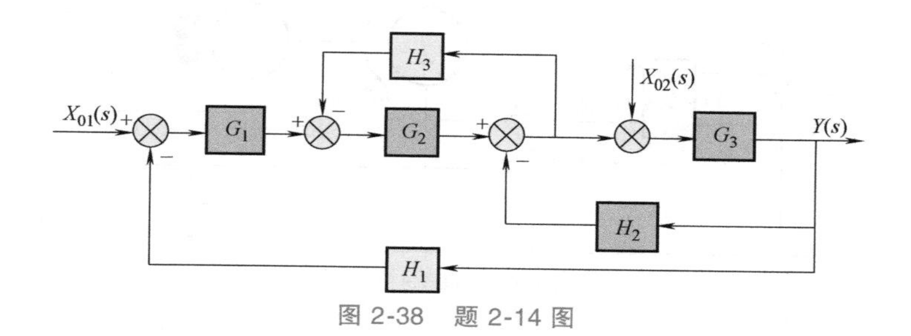

图 2-38　题 2-14 图

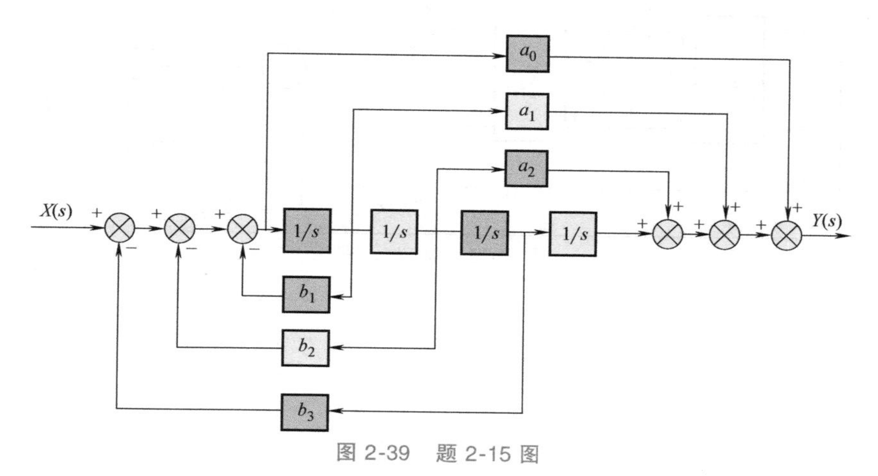

图 2-39　题 2-15 图

2-16　如图 2-40 所示，图 b 为图 a 系统的框图，试用梅逊公式求其传递函数。

2-17　某生产机械的恒速控制系统如图 2-41 所示，系统中除速度反馈外，还设置了电流反馈，以补偿负载变化影响，试列出各部分的微分方程，画出系统框图并求出传递函数$\dfrac{N(s)}{U_r(s)}$和$\dfrac{N(s)}{T_L(s)}$。提示：$\Delta u=u_r-u_F+u_R$。

2-18　直流位置伺服控制系统如图 2-42 所示，试画出系统框图，并求出各部分的微分方程及系统的传递函数$\dfrac{\theta_1(s)}{\theta_1(s)}$。提示：$u_\theta=k_\theta(\theta_1-\theta_2)$。

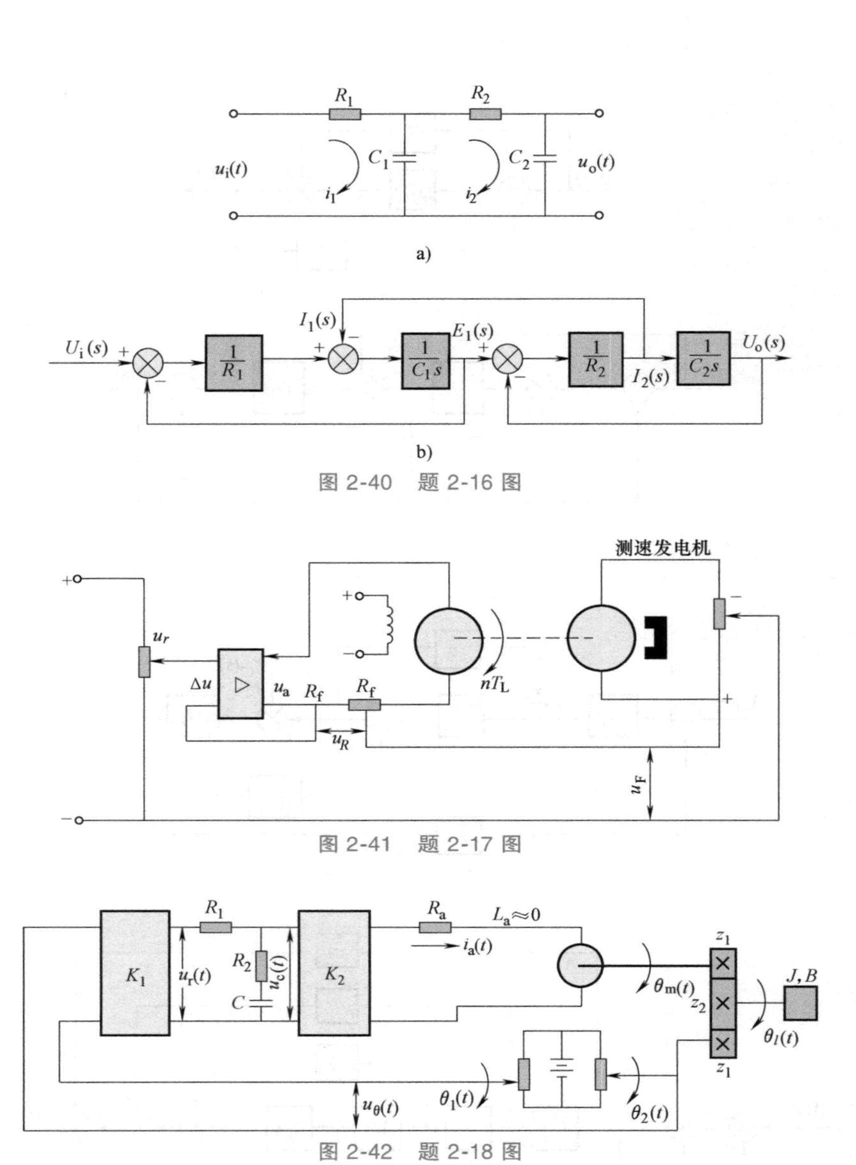

图 2-40　题 2-16 图

图 2-41　题 2-17 图

图 2-42　题 2-18 图

第三章 控制系统的时域分析

对于一个实际的控制系统，在建立数学模型之后，就可以采用不同的方法、通过系统的数学模型来分析控制系统的动态性能和稳态性能，从而得出改进系统性能的方法。对于线性定常系统，常用的分析方法有时域分析法、根轨迹法和频域分析法。

本章主要介绍线性定常系统的时域分析法。所谓时域分析法，就是根据系统的微分方程，以拉普拉斯变换为数学工具，直接解出系统的时间响应，然后根据响应的表达式和曲线来分析系统的性能，如准确性、稳定性、快速性等。时域分析法是一种直接分析法，易于接受，而且是一种比较准确的方法，可以提供时间响应的全部信息。

第一节　典型输入信号与系统性能指标

一、典型输入信号

控制系统的时间响应既取决于系统本身的结构和参数，又与输入信号有关。而实际控制系统的输入信号往往有随机性，事先无法预知，并且很难用解析的方法准确地表示出来，这给系统的分析和设计工作带来了很多困难。为了便于进行分析和设计，同时也为了对各种控制系统的性能进行比较，设定了一些基本的输入函数形式，这些基本函数称为典型输入信号，或称为典型试验信号。

典型输入信号一般应具备三个条件：①试验信号应该具有典型性，并且能够反映系统工作的大部分实际情况；②信号的数学表达式要简单，以便于进行数学上的分析和处理；③这些信号易于在实验室中获得，以便通过实验来验证控制系统的设计结果。常用的典型信号有阶跃函数、斜坡（速度）函数、抛物线（加速度）函数、脉冲函数和正弦函数，见表 3-1。

表 3-1　典型输入信号

输入信号	数学表达式	拉氏变换法	图　形
单位阶跃函数	$r(t)=\begin{cases}0(t<0)\\1(t\geqslant 0)\end{cases}$	$R(s)=\dfrac{1}{s}$	$r(t)$, 1, O, t
单位斜坡函数	$r(t)=\begin{cases}0(t<0)\\t(t\geqslant 0)\end{cases}$	$R(s)=\dfrac{1}{s^2}$	$r(t)$, O, t
单位抛物线函数	$r(t)=\begin{cases}0(t<0)\\\dfrac{1}{2}t^2(t\geqslant 0)\end{cases}$	$R(s)=\dfrac{1}{s^3}$	$r(t)$, O, t

（续）

输入信号	数学表达式	拉氏变换法	图形
单位脉冲函数	$r(t)=\begin{cases}\frac{1}{\varepsilon}(0<t<\varepsilon)\\0(t<0 \text{ 或 } t>\varepsilon)\end{cases}$	$R(s)=1$	
正弦函数	$r(t)=A\sin\omega t$	$R(s)=\frac{A\omega}{s^2+\omega^2}$	

二、控制系统的时域性能指标

任何一个控制系统，对输入信号的时间响应都应由瞬态响应和稳态响应两部分组成。瞬态响应是指系统的输出量从初始状态到稳定状态的响应过程，又称动态过程；稳态响应是指时间 t 趋向无穷大时，系统的输出状态。瞬态响应描述系统的动态性能；而稳态响应反映系统的稳态精度。

通常以阶跃响应来衡量系统控制性能的优劣和定义时域性能指标。这是因为：①产生单位阶跃输入比较容易，而且根据系统对单位阶跃输入的响应可容易地求得任何输入的响应；②在实际中许多输入与单位阶跃输入相似，而且单位阶跃输入又往往是实际中最不利的输入情况。

常用的性能指标有：延迟时间 t_d，上升时间 t_r，峰值时间 t_p，超调量 M_p 和调整时间 t_s，如图 3-1 所示。

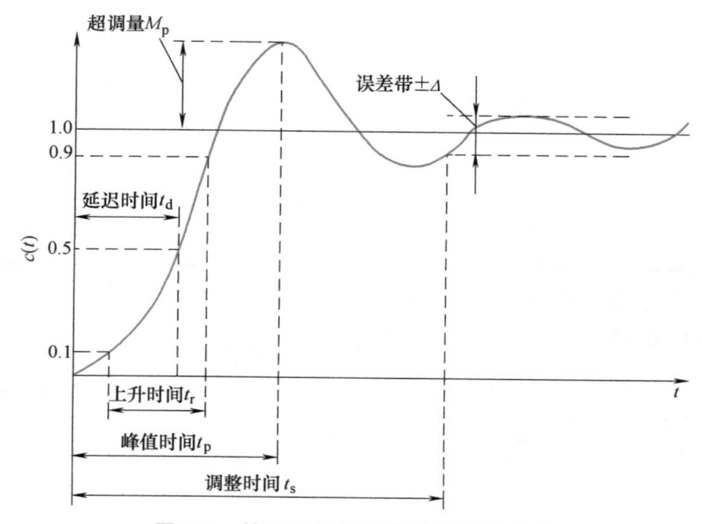

图 3-1 控制系统的典型单位阶跃响应

(1) 延迟时间 t_d　响应曲线从零上升到稳态希望值的50%所需要的时间。

(2) 上升时间 t_r　对于欠阻尼（$0<\xi<1$）系统，响应曲线从零上升到稳态希望值所需要的时间。对于过阻尼（$\xi>1$）系统，系统的响应曲线没有振荡，一般将响应曲线从稳态希望值的10%上升到90%所需的时间定义为上升时间。

(3) 峰值时间 t_p　响应曲线到达第一个峰值所需要的时间。

(4) 超调量 M_p　响应曲线上超出稳态希望值的最大偏离量与稳态希望值之比。通常用百分数来表示，即

$$M_p=\frac{c(t_p)-c_0(\infty)}{c_0(\infty)}\times100\% \tag{3-1}$$

式中，$c(t_p)$ 为响应曲线的峰值；$c_0(\infty)$ 为稳态希望值，在图3-1中，$c_0(\infty)=1$。

(5) 调整时间 t_s　理论上，系统的输入量完全达到稳定状态需要无限长的时间。实际工作中，允许输出量有一个误差范围，系统的输出量与稳态希望值之差进入这一范围就认为系统进入了稳定状态。在响应曲线的稳态希望值附近取 $\pm\Delta$（一般为0.05或0.02）作为误差带，响应曲线达到并不再超出误差带范围所需要的时间称为调整时间。

(6) 稳态误差 e_{ss}　稳态误差表示系统进入稳态后，输出量的稳态希望值与实际值之差。如图3-1所示，输出量的稳态希望值为1，则稳态误差为

$$e_{ss}=1-c(\infty) \tag{3-2}$$

式中，$c(\infty)$ 为输出量在稳定状态下的实际值。

上述六项性能指标中，延迟时间 t_d、上升时间 t_r 和峰值时间 t_p 均表示系统在初始阶段响应的快慢；调整时间 t_s 表示系统动态过程持续的时间，从总体反映了系统的快速性；超调量 M_p 反映了系统响应过程的平稳性；稳态误差 e_{ss} 是系统控制精度的度量。

应当指出，一方面，上述各动态性能指标之间互有联系，因此，对于一个控制系统，通常没有必要列举出所有动态性能指标。另一方面，正是由于它们彼此有联系，在设计系统时不可能对所有指标都提出要求，因为这些指标可能彼此矛盾，在调整系统参数时常常会顾此失彼。目前，我国工程界常用超调量 M_p 和调整时间 t_s 这两项作为系统动态性能的主要指标。

第二节　一阶系统的时间响应

一、一阶系统的数学模型

凡是可用一阶微分方程描述的系统称为一阶系统。

典型一阶系统的框图如图3-2所示。其闭环传递函数为

$$\Phi(s)=\frac{C(s)}{R(s)}=\frac{1}{\frac{1}{K}s+1}=\frac{1}{Ts+1} \tag{3-3}$$

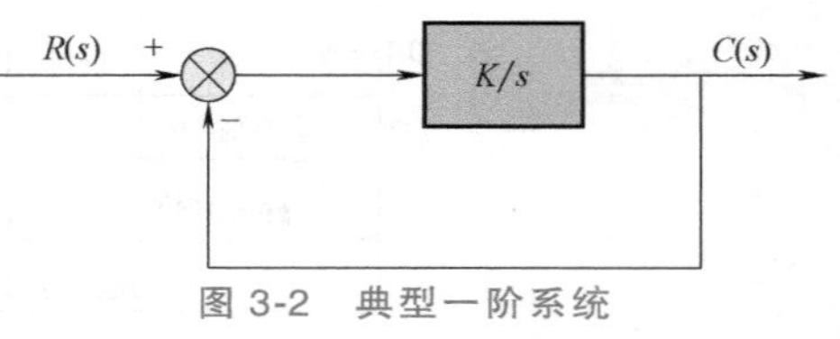

图3-2　典型一阶系统

式中，T 是一阶系统的时间常数，是表示系统惯性的主要参数。对于不同的系统，时间常数

T 具有不同的物理意义，但它总具有时间单位秒的量纲。

二、一阶系统的单位阶跃响应

设一阶系统的输入信号为单位阶跃函数 $r(t)=1(t)$，$R(s)=\frac{1}{s}$，则系统输出量的拉氏变换为

$$C(s)=\frac{1}{Ts+1}\ \frac{1}{s}=\frac{1}{s}-\frac{1}{s+\frac{1}{T}} \tag{3-4}$$

取 $C(s)$ 的拉氏反变换，得到系统的单位阶跃响应

$$c(t)=L^{-1}\left(\frac{1}{Ts+1}\ \frac{1}{s}\right)=L^{-1}\left(\frac{1}{s}-\frac{1}{s+\frac{1}{T}}\right)$$

$$c(t)=1-\mathrm{e}^{-\frac{t}{T}}\quad (t\geqslant 0) \tag{3-5}$$

式中，1 是输出量的稳态分量，它等于单位阶跃函数的幅值；$-\mathrm{e}^{-\frac{t}{T}}$ 为输出量的瞬态分量，当 t 趋于无穷时，瞬态分量趋于零。比较式（3-3）、式（3-4）和式（3-5），可知 $R(s)$ 的极点形成的响应是系统响应的稳态分量，传递函数的极点形成的响应是系统响应的瞬态分量。这一结论不仅适用于一阶线性定常系统，而且也适用于高阶线性定常系统。

一阶系统的单位阶跃响应曲线是一条指数曲线，如图 3-3 所示，该指数曲线具有如下特点。

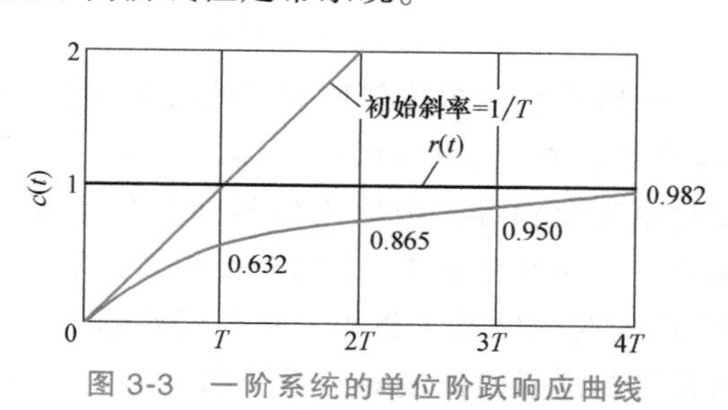

图 3-3　一阶系统的单位阶跃响应曲线

1）该指数曲线的初始斜率等于 $\frac{1}{T}$。因为

$$\left.\frac{\mathrm{d}c(t)}{\mathrm{d}t}\right|_{t=0}=\left.\frac{1}{T}\mathrm{e}^{-\frac{t}{T}}\right|_{t=0}=\frac{1}{T}$$

利用这一特性可在单位阶跃响应曲线上确定时间常数 T。

2）可用时间常数 T 量度系统输出量的值。当 $t=T$，$2T$，$3T$，$4T$ 时，$c(t)=0.632$，0.865，0.950，0.982。根据 T 与输出量的这一确定关系，可用实验法确定待测系统是否为一阶系统。

3）响应曲线是一条由 0 开始，按指数规律上升并最终趋向于 1 的曲线。响应曲线具有非振荡特征，故又称为非周期响应。由于一阶系统的阶跃响应没有超调量，所以其性能指标主要是调节时间。由于 $t=3T$ 时，输出响应可达到稳态希望值的 95%；$t=4T$ 时，输出响应可达到稳态值希望的 98%，故

$$t_s=3T\qquad（误差范围为 5\%） \tag{3-6}$$

$$t_s=4T\qquad（误差范围为 2\%） \tag{3-7}$$

可见，时间常数 T 反映了一阶系统的固有特性，其值越小，系统的惯性越小，调整时间越短，系统的响应也就越快。

一阶系统单位阶跃响应的稳态误差

$$e_{ss}=1-c(\infty)=1-\lim_{t\to\infty}(1-e^{-\frac{t}{T}})=1-1=0$$

三、一阶系统的单位斜坡响应

若一阶系统的输入信号为单位斜坡函数 $r(t)=t$，$R(s)=\frac{1}{s^2}$，则有

$$C(s)=\frac{1}{Ts+1}\frac{1}{s^2}$$

对上式进行拉氏反变换

$$c(t)=L^{-1}\left(\frac{1}{Ts+1}\frac{1}{s^2}\right)=L^{-1}\left(\frac{1}{s^2}-\frac{T}{s}+\frac{T^2}{Ts+1}\right)$$

得一阶系统的单位斜坡响应，即

$$c(t)=(t-T)+Te^{-\frac{t}{T}}\quad(t\geqslant 0)\tag{3-8}$$

式中，$(t-T)$ 为输出量的稳态分量；$Te^{-\frac{t}{T}}$为输出量的瞬态分量，当时间 t 趋向于无穷时衰减为零。

显然，一阶系统的单位斜坡响应具有稳态误差。以输入信号 t 为输出量的期望值，则稳态误差

$$e_{ss}=\lim_{t\to\infty}[t-c(t)]=\lim_{t\to\infty}[t-(t-T+Te^{-\frac{t}{T}})]=T$$

一阶系统的单位斜坡响应曲线如图 3-4 所示。由图 3-4 也可以看出，在稳态时，系统的输入、输出信号的变化率完全相等，但输出信号在数值上要与输入信号相差一个时间常数 T，在时间上也要滞后一个时间常数 T。因此时间常数 T 越小，稳态误差越小，输出量对输入信号的滞后时间越短，系统的响应速度越快。

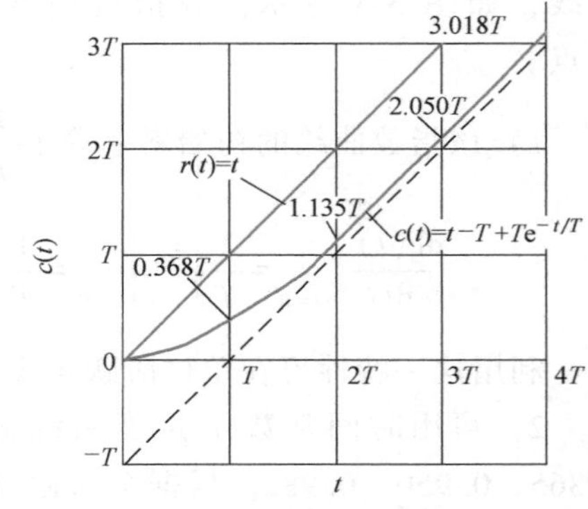

图 3-4　一阶系统的单位斜坡响应

一阶系统的单位斜坡响应的初始斜率

$$\left.\frac{dc(t)}{dt}\right|_{t=0}=1-e^{-\frac{t}{T}}\bigg|_{t=0}=0$$

上式表明，在初始状态下，系统输出速度与输入速度之间的误差最大。

比较图 3-3 和图 3-4 可以发现：在阶跃响应曲线中，输出量和输入量之间的位置误差随时间的增大而减小，最终趋近于零。而在初始状态下，位置误差最大，响应曲线的斜率也最大。在斜坡响应曲线中，输出量与输入量之间的位置误差随时间的增大而增大，最后趋于时间常数 T。而在初始状态下，响应曲线的斜率和位置误差均等于零。

一阶系统跟踪斜坡输入信号，所产生的位置误差是原理上的，只能通过减小时间常数 T 来减小，而不能最终消除它。

四、一阶系统的单位脉冲响应

当输入信号为单位脉冲函数 $\delta(t)$ 时，因为 $R(s)=1$，所以一阶系统单位脉冲响应的拉

普拉斯变换为

$$C(s)=\frac{1}{Ts+1}$$

它就是一阶系统的闭环传递函数。取拉普拉斯反变换，得到一阶系统的单位脉冲响应

$$c(t)=L^{-1}\left(\frac{1}{Ts+1}\right)=\frac{1}{T}e^{-\frac{t}{T}}\quad(t\geqslant 0)\tag{3-9}$$

一阶系统的单位脉冲响应曲线如图 3-5 所示。

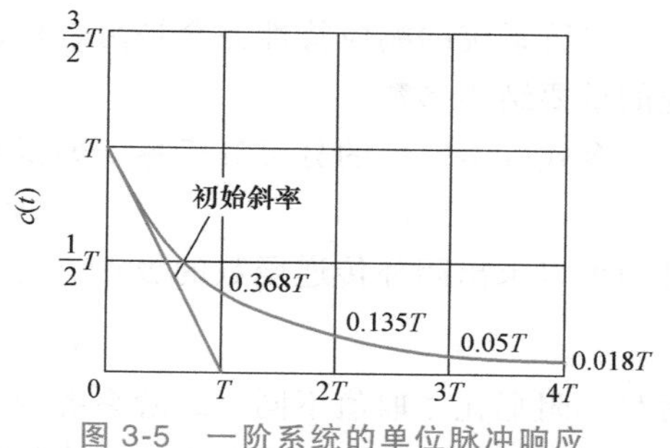

图 3-5　一阶系统的单位脉冲响应

响应曲线是一条单调下降的指数曲线。输出量的初始值为$\frac{1}{T}$，当时间 t 趋于无穷时，输出量趋近于零，所以不存在稳态分量。

响应曲线的初始斜率为

$$\left.\frac{dc(t)}{dt}\right|_{t=0}=\left.-\frac{1}{T^2}e^{-\frac{t}{T}}\right|_{t=0}=-\frac{1}{T^2}$$

在初始条件为零的情况下，一阶系统的闭环传递函数与脉冲响应函数之间包含着相同的瞬态响应信息。这一点同样适用于其他各阶线性定常系统。因此常以单位脉冲输入信号作用于系统，根据被测定系统的单位脉冲响应，可得到被测系统的闭环传递函数。

五、三种响应之间的关系

比较一阶系统对单位脉冲、单位阶跃和单位斜坡输入信号的响应，可以发现这三种输入信号之间有以下关系

$$\delta(t)=\frac{d}{dt}[1(t)]=\frac{d^2}{dt^2}[t1(t)]\tag{3-10}$$

相应的时间响应之间也有对应的关系

$$c_{\delta(t)}(t)=\frac{d}{dt}c_{1(t)}(t)=\frac{d^2}{dt^2}c_{t1(t)}(t)\tag{3-11}$$

即系统对输入信号导数的响应，等于系统对该输入信号响应的导数。或者说，系统对输入信号积分的响应，等于系统对该输入信号响应的积分。这一重要特性适用于任意阶线性定常系统，但不适用于线性时变系统和非线性系统。

第三节　二阶系统的时间响应

一、二阶系统的数学模型

凡可用二阶微分方程描述的系统，称为二阶系统。二阶系统的响应特性常被视为一种基准，许多高阶系统在一定的条件下常被近似地作为二阶系统来研究。因此详细讨论和分析二阶系统的响应特性具有重要意义。

典型的二阶系统的结构图如图 3-6 所示。其闭环传递函数为

$$\Phi(s)=\frac{C(s)}{R(s)}=\frac{\omega_n^2}{s^2+2\zeta\omega_n s+\omega_n^2} \quad (3\text{-}12)$$

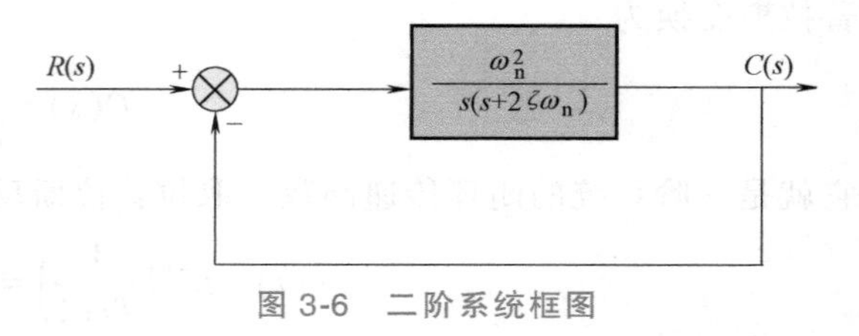

图 3-6 二阶系统框图

式中，ζ 为系统阻尼比；ω_n 为系统的无阻尼固有频率。

二阶系统的响应特性完全是由 ζ 和 ω_n 这两个特征量来确定的，所以说 ζ 和 ω_n 是二阶系统的重要结构参数。

令式（3-12）的分母等于零，即得到二阶系统的特征方程

$$s^2+2\zeta\omega_n s+\omega_n^2=0 \quad (3\text{-}13)$$

进而可以求出闭环传递函数的极点（特征方程的特征根）

$$s_1, s_2=-\zeta\omega_n\pm\omega_n\sqrt{\zeta^2-1} \quad (3\text{-}14)$$

可见，阻尼比 ζ 取值不同，二阶系统的极点也会不同，下面逐一加以说明。

1）当 $0<\zeta<1$ 时，系统具有一对实部为负的共轭复数极点

$$s_1, s_2=-\zeta\omega_n\pm j\omega_n\sqrt{1-\zeta^2}$$

极点在复平面［s］上的分布如图 3-7a 所示，此时称系统处于欠阻此状态。欠阻尼关态下系统的时间响应具有振荡特性。

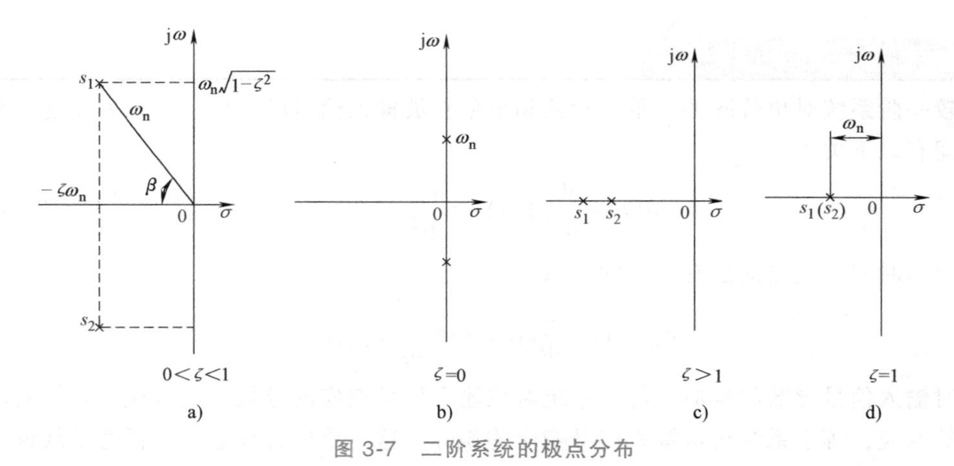

图 3-7 二阶系统的极点分布

2）当 $\zeta=0$ 时，系统具有两个共轭纯虚极点

$$s_1, s_2=\pm j\omega_n$$

在复平面上的分布如图 3-7b 所示，此时称系统处于无阻尼状态。无阻尼系统的时间响应为等幅振荡。

3）当 $\zeta>1$ 时，系统具有两个不等的实极点

$$s_1, s_2=-\zeta\omega_n\pm\omega_n\sqrt{\zeta^2-1}$$

在复平面上的分布如图 3-7c 所示，此时称系统处于过阻尼状态。过阻尼系统的时间响应不振荡。

4）当 $\zeta=1$ 时，系统具有两个重合的实极点

$$s_1, s_2 = -\omega_n$$

在复平面上的分布如图 3-7d 所示，此时称系统处于临界阻尼状态。临界阻尼系统的时间响应不振荡。

二、二阶系统的单位阶跃响应

下面分别研究二阶系统在欠阻尼、无阻尼、过阻尼和临界阻尼状态下的单位阶跃响应。

若系统的输入信号为单位阶跃函数，即

$$r(t) = 1(t)$$

$$L[1(t)] = \frac{1}{s} = R(s)$$

则二阶系统的单位阶跃响应函数的拉氏变换为

$$C(s) = \frac{\omega_n^2}{s^2 + 2\zeta\omega_n s + \omega_n^2} \frac{1}{s} \tag{3-15}$$

1）当 $0<\zeta<1$ 时，令 $\omega_d = \omega_n\sqrt{1-\zeta^2}$，则系统的共轭复极点为

$$s_1, s_2 = -\zeta\omega_n \pm j\omega_d$$

式中，ω_d 称为有阻尼振荡频率。

由式（3-15），可得

$$C(s) = \frac{\omega_n^2}{s(s^2 + 2\zeta\omega_n s + \omega_n^2)} \frac{1}{s} = \frac{1}{s} - \frac{s+\zeta\omega_n}{(s+\zeta\omega_n)^2 + \omega_d^2} - \frac{\zeta\omega_n}{(s+\zeta\omega_n)^2 + \omega_d^2}$$

将上式进行拉氏反变换，即可求出欠阻尼二阶系统的单位阶跃响应为

$$c(t) = L^{-1}[C(s)] = 1 - e^{-\zeta\omega_n t}\left(\cos\omega_d t + \frac{\zeta}{\sqrt{1-\zeta^2}}\sin\omega_d t\right) \quad (t \geqslant 0) \tag{3-16}$$

也可写成

$$c(t) = 1 - \frac{1}{\sqrt{1-\zeta^2}} e^{-\zeta\omega_n t} \sin(\omega_d t + \beta) \quad (t \geqslant 0) \tag{3-17}$$

式中，$\beta = \arctan\frac{\sqrt{1-\zeta^2}}{\zeta}$。

由式（3-17）可知，欠阻尼二阶系统的单位阶跃响应由两部分组成。其稳态响应为 1，表明二阶系统在单位阶跃函数作用下不存在稳态误差；瞬态分量是一个随时间增加而衰减的振荡过程，振荡频率为 ω_d，其衰减的快慢取决于 ω_n 和 ζ；指数 $\zeta\omega_n$ 称为衰减指数。

2）当 $\zeta=0$ 时，由式（3-16）可得

$$c(t) = 1 - \cos\omega_d t \quad (t \geqslant 0) \tag{3-18}$$

由式（3-18）可知，二阶系统在无阻尼状态下的单位阶跃顺应为一条平均值为 1 的等幅余弦振荡曲线。

$0<\zeta<1$ 和 $\zeta=0$ 时的单位阶跃响应曲线如图 3-8 所示。

3）当 $\zeta>1$ 时，系统处于过阻尼状态，系统有两个不相等的负实根

$$s_1, s_2 = -\zeta\omega_n \pm \omega_n\sqrt{\zeta^2-1}$$

令 $T_1=-\dfrac{1}{s_1}=\dfrac{1}{\omega_n(\zeta-\sqrt{\zeta^2-1})}$，$T_2=-\dfrac{1}{s_2}=\dfrac{1}{\omega_n(\zeta+\sqrt{\zeta^2-1})}$，显然 $T_1>T_2$，$\dfrac{1}{T_1T_2}=\omega_n^2$，此时系统的输出的拉氏变换为

$$C(s)=\frac{\frac{1}{T_1T_2}}{s\left(s+\frac{1}{T_1}\right)\left(s+\frac{1}{T_2}\right)}=\frac{1}{s}+\frac{a_1}{s+\frac{1}{T_1}}+\frac{a_2}{s+\frac{1}{T_2}} \tag{3-19}$$

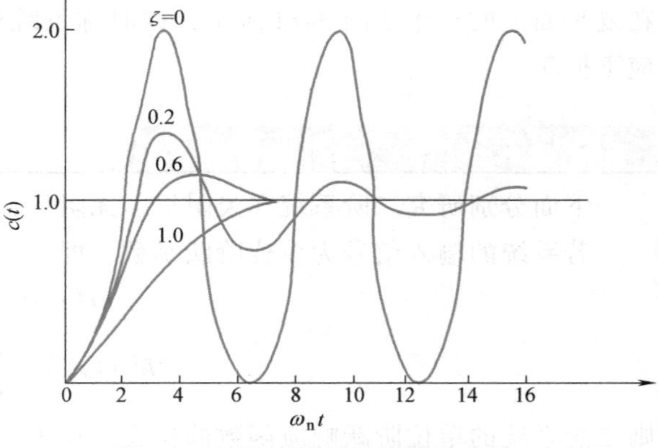

图 3-8　二阶系统的单位阶跃响应

解得 $a_1=\dfrac{T_1}{T_2-T_1}$，$a_2=\dfrac{T_2}{T_1-T_2}$。

对式（3-19）求拉氏反变换，可得过阻尼条件下二阶系统的单位阶跃响应为

$$c(t)=L^{-1}[C(s)]=1+\frac{T_1}{T_2-T_1}e^{-\frac{t}{T_1}}+\frac{T_2}{T_1-T_2}e^{-\frac{t}{T_2}}\quad(t\geqslant0) \tag{3-20}$$

也可写成

$$c(t)=1+\frac{\omega_n}{2\sqrt{\zeta^2-1}}\left(\frac{1}{s_1}e^{s_1t}-\frac{1}{s_2}e^{s_2t}\right)\quad(t\geqslant0) \tag{3-21}$$

式（3-21）表明，响应的稳态分量为 1，瞬态分量由两个单调衰减的指数项相减组成，它们随着时间的增大而趋于零。所以该系统不存在稳态误差，其响应曲线如图 3-9 所示。

上述响应曲线与一阶系统的单位阶跃响应曲线的不同之处在于，其起始响应速度为零，然后逐渐增大到某个值后又减小，直至趋于零。因此响应曲线在开始段有一个拐点，究其原因在于此二阶系统是由两个惯性环节串联而成。

计算表明，当 $\zeta>1.5$ 时，在式（3-21）的两个衰减指数项中，e^{s_2t} 项比 e^{s_1t} 项衰减快得多，因此可忽略 e^{s_2t} 项，于是

$$c(t)\approx1+\frac{\omega_n}{2\sqrt{\zeta^2-1}}\frac{1}{s_1}e^{s_1t} \tag{3-22}$$

当 $\zeta>1.4$ 时，$(2\sqrt{\zeta^2-1})s_1\approx-\omega_n$，所以

$$c(t)\approx1-e^{s_1t} \tag{3-23}$$

此时的二阶系统退化为一阶系统。

4）当 $\zeta=1$ 时，此时系统有两个相等的负实根，即

$$s_1=s_2=-\omega_n$$

这时，系统单位阶跃响应的拉氏变换为

$$C(s)=\frac{\omega_n}{s(s^2+2\omega_ns+\omega_n^2)}=\frac{1}{s}-\frac{\omega_n}{(s+\omega_n)^2}-\frac{1}{s+\omega_n}$$

不难求出临界阻尼系统的单位阶跃响应为

$$c(t)=1-(1+\omega_n t)e^{-\omega_n t} \quad (t\geqslant 0) \tag{3-24}$$

响应曲线如图 3-9 所示，其变化规律与 $\zeta>1$ 时相同，整个响应过程中不出现振荡。

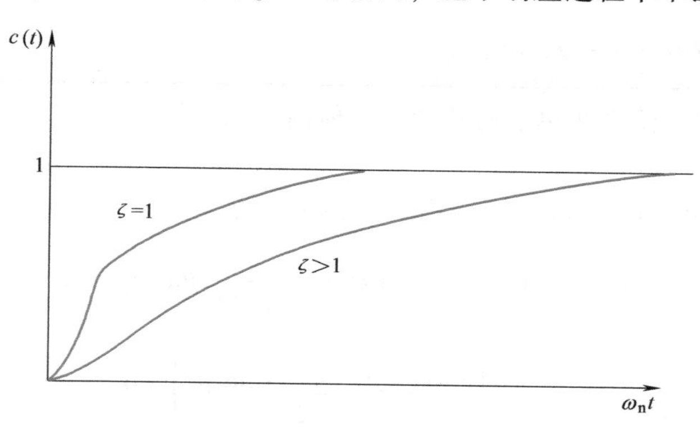

图 3-9　二阶系统的单位阶跃响应

二阶系统的单位阶跃响应通用曲线如图 3-10 所示。图中画出了对应于不同阻尼比 ζ 的一族曲线，其横坐标采用无因次时间 $\omega_n t$，因此，曲线只是 ζ 的函数。

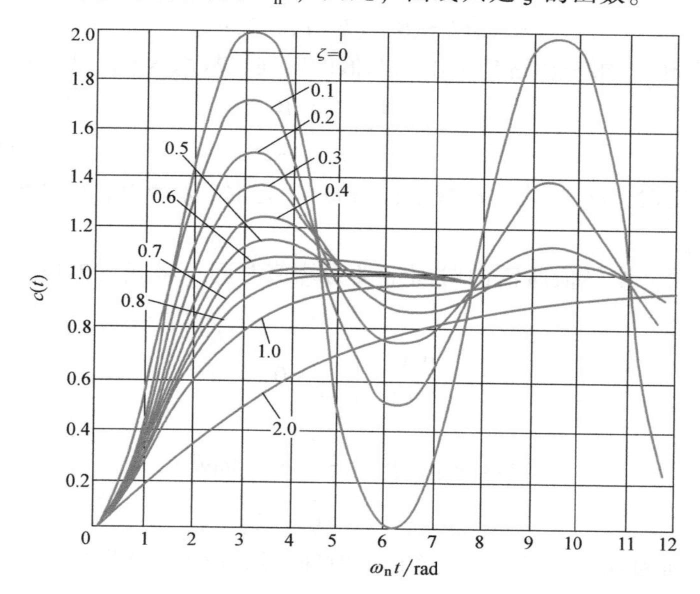

图 3-10　二阶系统单位阶跃响应的通用曲线

由图 3-10 可见，二阶系统单位阶跃响应的瞬态过程随着 ζ 的减小，其振荡特性表现得愈加强烈，但仍为衰减振荡。当 $\zeta=0$ 时达到等幅振荡。在 $\zeta=1$ 和 $\zeta>1$ 时，二阶系统的瞬态过程具有单调上升的特性。从瞬态过程持续时间 t_s 来看，在无振荡单调上升的曲线中，以 $\zeta=1$ 时的调整时间 t_s 为最短。在欠阻尼系统中，当 $0.4\leqslant\zeta\leqslant0.8$ 时，不仅瞬态过程的调整时间短（与 $\zeta=1$ 时相比），而且振荡也不太严重。因此，一般希望实际二阶系统在 $0.4\leqslant\zeta\leqslant0.8$ 的欠阻尼状态下工作，以便系统又“快”又“稳”地跟踪输入信号。

在根据给定性能指标设计系统时，将一阶系统与二阶系统相比，通常选用二阶系统。因为二阶系统容易得到较短的调整时间，并且也能满足对振荡性能的要求。合理地设计实际系统，就是选择合适的特征参数 ω_n 和 ζ 的值。

二阶系统的单位脉冲响应、单位斜坡响应，可由单位阶跃响应求微分、积分获得。

三、二阶系统响应的性能指标

下面讨论欠阻尼二阶系统单位阶跃响应性能指标的计算。

1. 上升时间 t_r

根据定义，当 $t=t_r$ 时，$c(t_r)=1$，由式（3-16）得

$$c(t_r)=1-e^{-\zeta\omega_n t_r}\left(\cos\omega_d t_r+\frac{\zeta}{\sqrt{1-\zeta^2}}\sin\omega_d t_r\right)=1$$

即

$$e^{-\zeta\omega_n t_r}\left(\cos\omega_d t_r+\frac{\zeta}{\sqrt{1-\zeta^2}}\sin\omega_d t_r\right)=0$$

若要使上式成立，只有

$$\cos\omega_d t_r+\frac{\zeta}{\sqrt{1-\zeta^2}}\sin\omega_d t_r=0 \quad \tan\omega_d t_r=-\frac{\sqrt{1-\zeta^2}}{\zeta}=-\tan\beta$$

所以

$$\omega_d t_r=k\pi-\beta \quad (k=1,2,3,\cdots)$$

因为上升时间 t_r 是 $c(t)$ 第一次达到输出稳态值的时间，故取 $K=1$，则 $\omega_d t_r=\pi-\beta$，即

$$t_r=\frac{\pi-\beta}{\omega_d}=\frac{\pi-\beta}{\omega_n\sqrt{1-\zeta^2}} \tag{3-25}$$

由此可知，当 ζ 一定时，ω_n 增大，t_r 减小；当 ω_n 一定时，ζ 增大，t_r 也增大。

2. 峰值时间 t_p

响应曲线到达第一个峰值所需的时间定义为峰值时间。将式（3-16）对时间 t 求导数，令其等于 0，可得

$$\left.\frac{dc(t)}{dt}\right|_{t=t_p}=0$$

整理得

$$\tan(\omega_d t_p+\beta)=\frac{\sqrt{1-\zeta^2}}{\zeta}=\tan\beta$$

所以

$$\omega_d t_p=n\pi \quad (n=0,1,2,\cdots)$$

根据定义，峰值时间为响应出现第一个峰值的时间，取 $n=1$，因此有

$$t_p=\frac{\pi}{\omega_d}=\frac{\pi}{\omega_n\sqrt{1-\zeta^2}} \tag{3-26}$$

式（3-26）表明，峰值时间是有阻尼振荡频率所对应周期 $2\pi/\omega_d$ 的一半，其值随 ω_n 和 ζ 变化的情况与上升时间 t_r 相似。

3. 超调量 M_p

将 $t=t_p=\pi/\omega_d$ 代入式（3-6）可得 $c(t_p)$，再代入超调量公式，可得

$$M_p=\frac{c(t_p)-1}{1}\times100\%=-e^{-\zeta\omega_n\pi/\omega_d}\left(\cos\pi+\frac{\zeta}{\sqrt{1-\zeta^2}}\sin\pi\right)\times100\%$$

即

$$M_p=e^{-\zeta\pi/\sqrt{1-\zeta^2}}\times100\% \tag{3-27}$$

式（3-27）表明，超调量 M_p 只与阻尼比有关，而与无阻尼固有频率 ω_n 无关。所以 M_p 的大小直接反映了系统的阻尼特性。也就是说，当二阶系统的阻尼比 ζ 确定后，即可求得与其相对应的超调量 M_p。反过来，若给出了系统所要求的 M_p，也可由此确定相对应的阻尼比 ζ。超调量与阻尼比的关系曲线如图 3-11 所示。通常，取阻尼比 $\zeta=0.4\sim0.8$，响应的超调量 $M_p=25\%\sim1.5\%$。

4. 调整时间 t_s

根据定义，由式（3-17）得

$$\left|\frac{e^{-\zeta\omega_n t_s}}{\sqrt{1-\zeta^2}}\sin(\sqrt{1-\zeta^2}\,\omega_n t_s+\beta)\right|\leqslant\Delta$$

根据上式不易求出 t_s，但是可以求出无因次调整时间 $\omega_n t_s$ 与阻尼比 ζ 之间的关系曲线，如图 3-12 所示。由图可见，当 ω_n 一定时，t_s 随 ζ 增大而逐步减小，达到最小值后转而增大。当 $\Delta=0.02$ 时，在 $\zeta=0.76$ 处 t_s 达到最小值；当 $\Delta=0.05$ 时，在 $\zeta=0.68$ 处，t_s 达到最小值。当 $\zeta>0.8$ 时，t_s 不但不减小，反而会增大，这是因为系统的阻尼过大会造成响应迟缓。所以在二阶系统的设计中，一般取 $\zeta=0.707$ 作为最佳阻尼比，在此情况下不仅调整时间 t_s 小，而且超调量 M_p 也不大，使系统同时兼顾了快速性和平稳性两方面的要求。

如图 3-12 所示曲线表现出不连续性是由于 ζ 值的微小变化可引起调整时间显著变化。

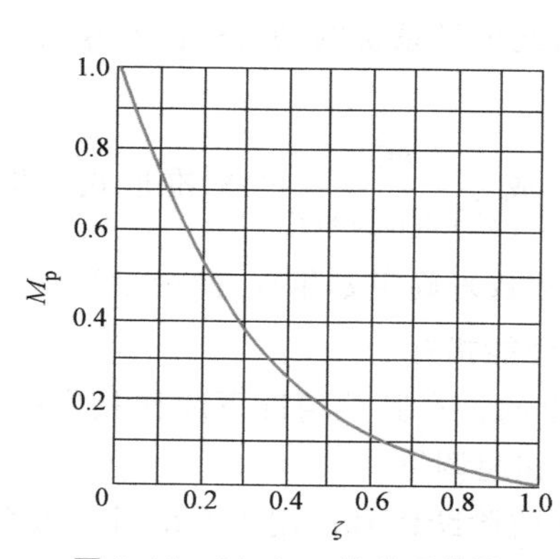

图 3-11 M_p 与 ζ 的关系曲线

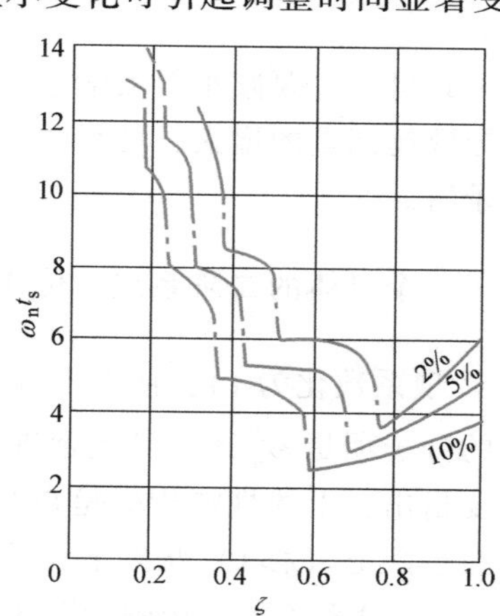

图 3-12 二阶系统中 $\omega_n t_s$ 与 ζ 的关系

在近似计算时，常用阻尼正弦振荡的包络线衰减到误差带之内所需的时间来确定 t_s，如图 3-13 所示，由图示包络线的表达式可得

$$\frac{e^{-\zeta\omega_n t_s}}{\sqrt{1-\zeta^2}}=\Delta$$

由此得 $$e^{-\zeta\omega_n t_s}=\Delta\sqrt{1-\zeta^2}$$

两边取对数得

$$t_s=\frac{1}{\zeta\omega_n}\ln\left(\frac{1}{\Delta\sqrt{1-\zeta^2}}\right)\qquad(3\text{-}28)$$

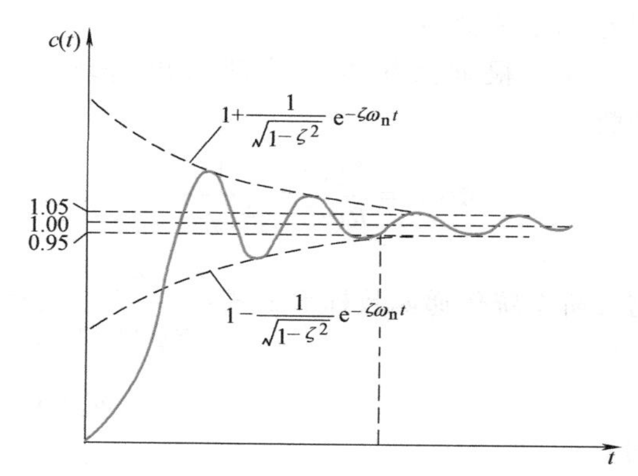

图 3-13 二阶系统时间响应的包络线

当 $\zeta<0.8$ 时，上式可近似表示为

$$t_s=\frac{4}{\zeta\omega_n}\quad(\Delta=0.02)$$

$$t_s=\frac{3}{\zeta\omega_n}\quad(\Delta=0.05)\tag{3-29}$$

在具体设计中，通常是根据超调量的要求来确定阻尼比 ζ，所以调整时间 t_s 主要是根据系统的 ω_n 来确定的。由此可见系统的参数 ω_n 和 ζ 决定了系统的调整时间 t_s 和超调量 M_p。反过来，根据要求的 t_s 和 M_p 也能确定 ω_n 和 ζ。

5. 稳态误差

当 $t\to\infty$ 时，系统的希望值和输出值之间的误差就是系统的稳态误差。由上所述，二阶系统的阶跃信号作用下的稳态误差恒为零。

当输入信号 $r(t)=t$ 时，由图 3-6 得误差信号的拉氏变换为

$$E(s)=\frac{1}{1+G(s)}R(s)=\frac{s(s+2\zeta\omega_n)}{s^2+2\zeta\omega_n s+\omega_n^2}\frac{1}{s^2}$$

因此，根据拉氏变换的终值定理，斜坡信号作用下系统的稳态误差为

$$e_{ss}=\lim_{s\to0}sE(s)=\frac{2\zeta}{\omega_n}\tag{3-30}$$

由上式可知，要减小斜坡响应的稳态误差，需要加大二阶系统的 ω_n 和减小 ζ，而 ζ 的减小会导致超调量的增大，使系统的动态性能变差。由此可见系统的动态性能和稳态性能之间存在矛盾。

对于一个具体的二阶系统，传递函数求出以后，化成 $\dfrac{\omega_n^2}{s^2+2\zeta\omega_n s+\omega_n^2}$ 的标准形式（即把分母中的 s^2 项系数化为 1），便可由分母中一次项系数和常数来确定 ζ 和 ω_n 两个参数。至于传递函数的分子项是 ω_n^2 还是其他常数，并不影响系统的性能指标。

需要指出，上述性能指标是在 $0<\zeta<1$ 的情况下导出的，在其他情况下应作相应的处理。例如，在过阻尼（$\zeta>1$）状态下，系统无振荡，即不存在超调量。

例 3-1 设系统的结构图如图 3-14 所示，当有一单位阶跃信号作用于系统时，求系统的性能指标：上升时间 t_r、峰值时间 t_p、调整时间 t_s 和超调量 M_p。

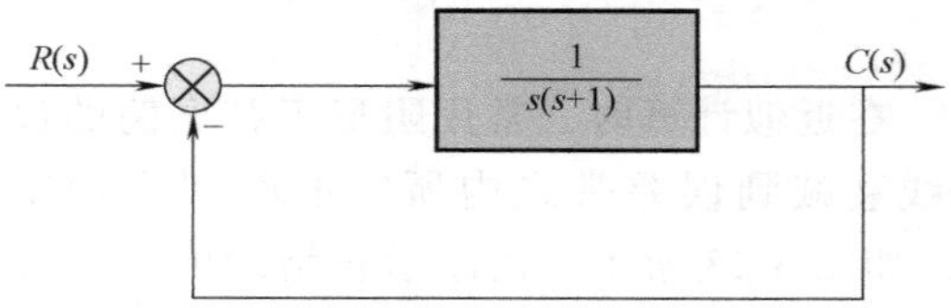

图 3-14 单位反馈控制系统

解 根据系统的结构图写出闭环传递函数

$$\Phi(s)=\frac{C(s)}{R(s)}=\frac{1}{s^2+s+1}$$

与二阶系统传递函数标准形式 $\dfrac{\omega_n}{s^2+2\zeta\omega_n s+\omega_n^2}$ 相比较得

$$\omega_n^2=1\qquad 2\zeta\omega_n=1$$

即

$$\omega_n=1\qquad \zeta=0.5$$

由此可知，系统为欠阻尼状态

$$\beta=\arctan\frac{\sqrt{1-\zeta^2}}{\zeta}=60°=1.05\text{rad}$$

所以单位阶跃响应的指标性能为

$$t_r=\frac{\pi-\beta}{\omega_n\sqrt{1-\zeta^2}}=\frac{3.14-1.05}{\sqrt{3}/2}\text{s}=2.41\text{s}$$

$$t_p=\frac{\pi}{\omega_n\sqrt{1-\zeta^2}}=\frac{3.14}{\sqrt{3}/2}\text{s}=3.63\text{s}$$

$$t_s=\frac{4}{\zeta\omega_n}=\frac{4}{0.5\times1}\text{s}=8\text{s}\quad(\Delta=0.02)$$

或

$$t_s=\frac{3}{\zeta\omega_n}=\frac{3}{0.5\times1}\text{s}=6\text{s}\quad(\Delta=0.05)$$

$$M_p=e^{-\pi\zeta/\sqrt{1-\zeta^2}}\times100\%=16.3\%$$

例 3-2　如图 3-15a 所示的机械系统，在质量块 m 上作用 5N 的阶跃力后，系统中 m 的时间响应如图 3-15b 所示。试求系统的质量 m、黏性阻尼系数 B 和弹簧刚度系数 k 的值。

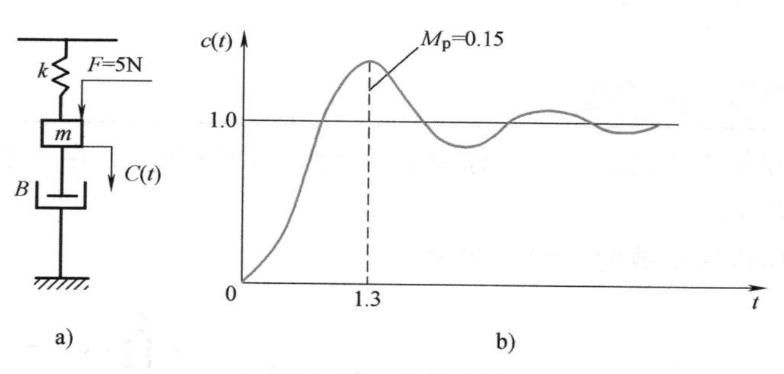

图 3-15　机械系统

a）机械系统　b）机械系统的响应曲线

解　$r(t)=5\text{N}$ 是阶跃输入，$c(t)$ 是位移输出，单位是 cm。$c(\infty)=1$，$c(t_p)-c(\infty)=0.15$，$t_p=1.3\text{s}$。

系统的传递函数为

$$\Phi(s)=\frac{C(s)}{R(s)}=\frac{1}{ms^2+Bs+k}$$

式中，$R(s)=\dfrac{5}{s}$。

1）求 k。由拉氏变换的终值定理得

$$c(\infty)=\lim_{t\to\infty}c(t)=\lim_{s\to0}sC(s)=\lim_{s\to0}s\frac{1}{ms^2+Bs+k}\frac{5}{s}\text{cm}=\frac{5}{k}\text{cm}=1\text{cm}$$

因此，$k=5\text{N/cm}$。

2）求 ω_n 和 ζ。由式（3-27）得

$$M_p=e^{-\pi\zeta/\sqrt{1-\zeta^2}}=0.15$$

所以

$$\zeta=0.52$$

由式（3-26）得

$$t_p=\pi/(\omega_n\sqrt{1-\zeta^2})=1.3\text{s}$$

所以

$$\omega_n=2.83\text{s}^{-1}$$

3）求 m 和 B。由 $\omega_n^2=k/m$ 得

$$m=\frac{k}{\omega_n^2}=\frac{500}{2.83^2}\text{kg}=62.43\text{kg}$$

由 $2\zeta\omega_n=B/m$ 得

$$B=2\zeta\omega_n m=183.74\text{N}\cdot\text{s/m}$$

第四节　高阶系统的时间响应

一、高阶系统的数学模型

凡是高阶微分方程描述的系统，均称为高阶系统。严格地说，在控制工程中，大多数的控制系统都是高阶系统。

设高阶系统闭环传递函数的一般形式为

$$\frac{C(s)}{R(s)}=\frac{b_m s^m+b_{m-1}s^{m-1}+\cdots+b_1 s+b_0}{a_n s^n+a_{n-1}s^{n-1}+\cdots+a_1 s+a_0}=\frac{K\prod_{i=1}^{m}(s-z_i)}{\prod_{j=1}^{n}(s-p_j)} \tag{3-31}$$

式中，$K=\dfrac{b_m}{a_n}$；z_i 为闭环传递函数的零件；p_j 为闭环传递函数的极点。

二、高阶系统的单位阶跃响应

系统的输入信号为单位阶跃函数，即 $r(t)=1(t)$，$R(s)=\dfrac{1}{s}$，则由式（3-31）得

$$C(s)=\frac{K\prod_{i=1}^{m}(s-z_i)}{\prod_{j=1}^{n}(s-p_j)}\frac{1}{s} \tag{3-32}$$

如果系统无重极点，可将上式展开成部分分式

$$C(s)=\frac{A_0}{s}+\frac{A_1}{s-p_1}+\cdots+\frac{A_n}{s-p_n}=\frac{A_0}{s}+\sum_{k=1}^{n}\frac{A_k}{s-p_k} \tag{3-33}$$

式中

$$A_0=\lim_{s\to 0}C(s)s=\left.\frac{K\prod_{i=1}^{m}(s-z_i)}{s\prod_{j=1}^{n}(s-p_j)}\right|_{s=0}=\frac{K\prod_{i=1}^{m}(-z_i)}{\prod_{j=1}^{n}(-p_j)}=\frac{b_0}{a_0} \tag{3-34}$$

$$A_k=\lim_{s\to p_k}C(s)(s-p_k)=\left.\frac{K\prod_{i=1}^{m}(s-z_i)}{s\prod_{\substack{j=1\\j\neq k}}^{n}(s-p_j)}\right|_{s=p_k}=\frac{K\prod_{i=1}^{m}(p_k-z_i)}{p_k\prod_{\substack{j=1\\j\neq k}}^{n}(p_k-p_j)} \tag{3-35}$$

对式（3-33）取拉氏反变换，可求出系统的单位阶跃响应

$$c(t)=A_0+\sum_{k=1}^{n}A_k e^{p_k t} \tag{3-36}$$

从式（3-36）可以看出高阶系统的单位阶跃响应由闭环极点 p_k 及系数 A_k 决定，A_k 也与闭环零点、极点值有关。闭环极点可以有实数极点和复数极点。若为复数极点，p_1、$p_2=\sigma\pm j\omega$，则式（3-36）中的瞬态分量的对应项由欧拉公式可得

$$A_1 e^{(\sigma+j\omega)t}+A_2 e^{(\sigma-j\omega)t}=e^{\sigma t}(A_1'\cos\omega t+A_2'\sin\omega t)$$

其响应有振荡特性；如实部值为负，则响应为衰减振荡，σ 的绝对值越大衰减越快。

由高阶系统的单位阶跃响应分析可以看出如下特点。

1）高阶系统的时域响应中，控制信号极点所对应的拉氏反变换为系统响应的稳态分量，传递函数极点所对应的拉氏反变换为系统的瞬态分量。

2）如果所有闭环极点均具有负实部，则式（3-36）中所有的瞬态分量均随时间 t 增大而衰减为零，只剩下稳态分量 A_0。闭环极点负实部绝对值越大，表明其在复平面内离虚轴越远，响应的瞬态分量就衰减得越快，系统的调整时间也就越短。

3）从式（3-35）可以看出，当闭环极点 p_k 与某闭环零点 z_i 靠得很近时，对应的系数 A_k 会很小，$A_k e^{p_k t}$ 也就会很小，故 $c(t)$ 中的这个分量可忽略不计。我们将一对靠得很近的闭环零点、极点称为偶极子。偶极子这个概念对控制系统的综合设计是很有用的。在设计时，可以主动地在系统中加入适当的零点，以抵消对动态过程影响较大的不利极点，使系统的动态性能得到改善。

4）如果系统中有一个极点（或一对复数极点）距虚轴最近，且其附近没有闭环零点，其他闭环极点到虚轴的距离都比该极点到虚轴的距离大 5 倍以上，则这种极点对系统动态性能的影响最大，起决定性的主导作用，故称其为系统的主导极点。工程上往往利用主导极点估算系统的动态性能，即将系统近似地看作一阶或二阶系统。高阶系统的主导极点通常为一对复数极点，因此在设计高阶系统时，人们常利用主导极点这个概念，将一个高阶系统用一个二阶系统表示，从而选择系统的参数。

习　题

3-1　假设温度计可用传递函数 $1/(Ts+1)$ 描述其特性，现用温度计测量盛在容器中的水的温度，发现需要 1min 的时间温度计才能指示出实际水温数值的 98%。问该温度计从指示出实际水温的 10% 到 90% 所

需的时间是多少？

3-2　在如图 3-16 所示系统中，$x(t)$ 是输入位移，$\theta(t)$ 是输出角位移，忽略各元件质量，初始条件为零，求 $x(t)$ 是单位阶跃输入时的响应 $\theta(t)$。

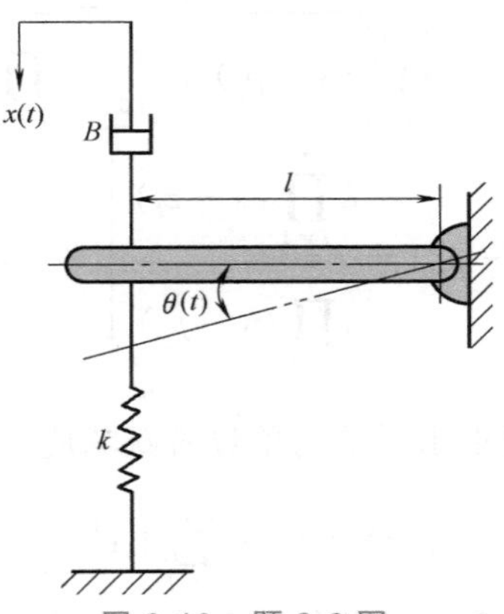

图 3-16　题 3-2 图

3-3　单位阶跃输入作用下某惯性环节各时刻的输出值见下表，试求该环节的传递函数。

t	0	1	2	3	4	5	6	7	∞
$c(t)$	0	1.61	2.79	3.72	4.38	4.81	5.10	5.36	6.00

3-4　试求下列系统在单位斜坡函数输入作用下的响应。

（1）$G(s)=\dfrac{1}{Ts+1}$的系统

（2）$G(s)=\dfrac{\omega_n^2}{s^2+2\zeta\omega_n s+\omega_n^2}$的系统（$0<\zeta<1$）

3-5　已知某单位反馈系统的开环传递函数 $G(s)=\dfrac{K}{Ts+1}$，求下列三种情况下的单位阶跃响应，并分析开环增益和时间常数对系统响应性能的影响。

（1）$K=20$，$T=0.2$

（2）$K=1.6$，$T=0.1$

（3）$K=2.5$，$T=1$

3-6　设单位反馈系统的开环传递函数为

$$G(s)=\frac{1}{s(s+1)}$$

试求该系统的上升时间、峰值时间、超调量和调整时间。

3-7　设有一闭环控制系统的传递函数为

$$\frac{C(s)}{R(s)}=\frac{\omega_n^2}{s^2+2\zeta\omega_n s+\omega_n^2}$$

为使系统的单位阶跃响应有 5%的超调量和 $t_s=2\text{s}$ 的调整时间，试求 ζ 和 ω_n 值。

3-8　宇宙飞船的姿态控制系统框图如图 3-17 所示，假设控制器的时间常数 $T=3\text{s}$，力矩与惯性比 $M/J=2/9\text{s}^{-2}$，试求系统的阻尼比。

3-9　欲使如图 3-18 所示系统的单位阶跃响应的超调量为 25%，峰值时间为 2s，试确定 K 和 K_1 的值。

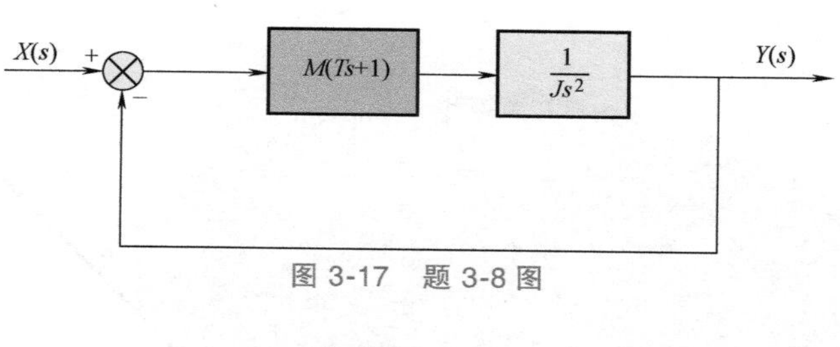

图 3-17　题 3-8 图

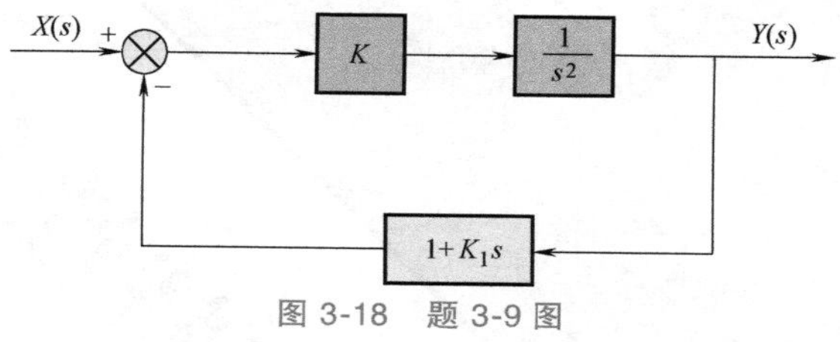

图 3-18　题 3-9 图

第四章

控制系统的频率特性分析

本章将介绍控制系统的频域分析方法，频域分析的依据是系统的又一种数学模型——频率特性。频率特性响应虽然不像能描述系统动态性能的时域响应那样直观。但却可以根据系统的开环频率特性来判断闭环系统的性能，而不必求解系统的微分方程，此外还能方便地分析系统中的参数对系统瞬态响应的影响，从而进一步得出改善系统性能的途径。频域分析法是一种图解分析法，是经典控制理论的核心，是广泛应用的一种方法。

本章主要内容为频率特性的一般概念和作图方法，以及运用系统频率特性对系统的动态过程进行定性分析和定量估算的方法。

第一节　频率特性的基本概念

一、频率特性及其物理意义

对于传递函数为 $G(s)$ 的线性定常系统，若输入信号为一正弦信号

$$x(t)=A_0\sin\omega t \tag{4-1}$$

根据时域分析理论，系统的稳态输出为频率相同而幅值和相位都发生了变化的正弦信号

$$y(t)=A(\omega)A_0\sin[\omega t+\varphi(\omega)] \tag{4-2}$$

即对于给定的系统，当输入频率 ω 一定时，输出的幅值和相位也就确定了。输出的幅值正比于输入的幅值 A_0，而且是输入频率 ω 的非线性函数；输出的相位与 A_0 无关，而与输入的相位之差是 ω 的非线性函数 $\varphi(\omega)$，如图 4-1 所示。

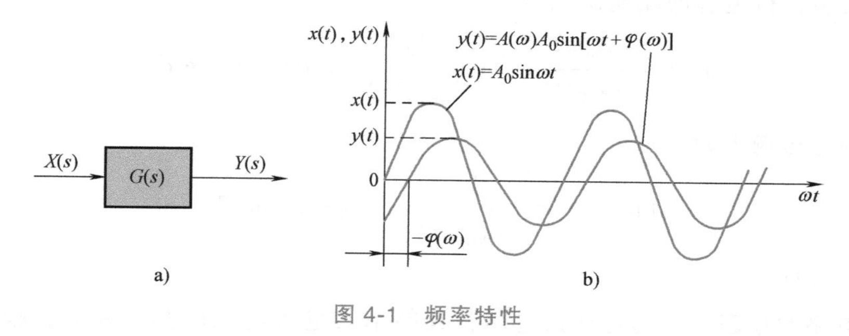

图 4-1　频率特性

系统的这种对正弦信号的稳态响应称为频率响应。显然频率响应是时间响应的一个特例。

输出信号与输入信号的幅值比 $A(\omega)$ 称为系统的幅频特性，输出信号与输入信号的相位差 $\varphi(\omega)$ 称为系统的相频特性。幅频特性和相频特性称为频率特性，记作 $G(\mathrm{j}\omega)=A(\omega)\varphi(\omega)$。也就是说频率特性定义为 ω 的复变函数，其幅值为 $A(\omega)$，相位为 $\varphi(\omega)$。$G(\mathrm{j}\omega)$ 反映了输入正弦信号时系统的稳态输出与输入之间的对频率的关系。

频率特性 $G(\mathrm{j}\omega)$ 是一个复变函数，故可在复平面上用矢量表示，如图 4-2 所示。

将 $G(\mathrm{j}\omega)$ 表示为实部和虚部之和，则

$$G(\mathrm{j}\omega)=U(\omega)+\mathrm{j}V(\omega) \tag{4-3}$$

式中，$U(\omega)$ 为 $G(\mathrm{j}\omega)$ 的实部，叫做实频特性；$V(\omega)$ 为 $G(\mathrm{j}\omega)$ 的虚部，叫做虚频特性。

也可将 $G(\mathrm{j}\omega)$ 表示为

$$G(\mathrm{j}\omega)=A(\omega)\mathrm{e}^{\mathrm{j}\varphi(\omega)} \tag{4-4}$$

式中，$A(\omega)=|G(\mathrm{j}\omega)|$ 为 $G(\mathrm{j}\omega)$ 的模；$\varphi(\omega)$ 为 $G(\mathrm{j}\omega)$ 的幅角。

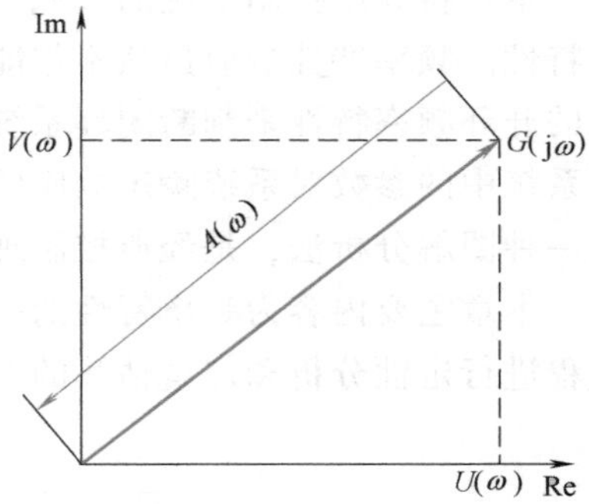

$G(\mathrm{j}\omega)$ 与其模、幅角、实部和虚部之间的关系如下

$$A(\omega)=|G(\mathrm{j}\omega)|=\sqrt{[U(\omega)]^2+[V(\omega)]^2} \tag{4-5}$$

$$\varphi(\omega)=\angle G(\mathrm{j}\omega)=\arctan\frac{V(\omega)}{U(\omega)} \tag{4-6}$$

$$U(\omega)=\mathrm{Re}G(\mathrm{j}\omega)=A(\omega)\cos\varphi(\omega) \tag{4-7}$$

$$V(\omega)=\mathrm{Im}G(\mathrm{j}\omega)=A(\omega)\sin\varphi(\omega) \tag{4-8}$$

图 4-2 $G(\mathrm{j}\omega)$ 矢量图

$$G(\mathrm{j}\omega)=A(\omega)\mathrm{e}^{\mathrm{j}\varphi(\omega)}=A(\omega)[\cos\varphi(\omega)+\mathrm{j}\sin\varphi(\omega)] \tag{4-9}$$

下面分析频率特性的物理意义。

如图 4-3 所示 RC 电路的传递函数

$$\frac{U_{\mathrm{o}}(s)}{U_{\mathrm{i}}(s)}=\frac{1}{Ts+1}$$

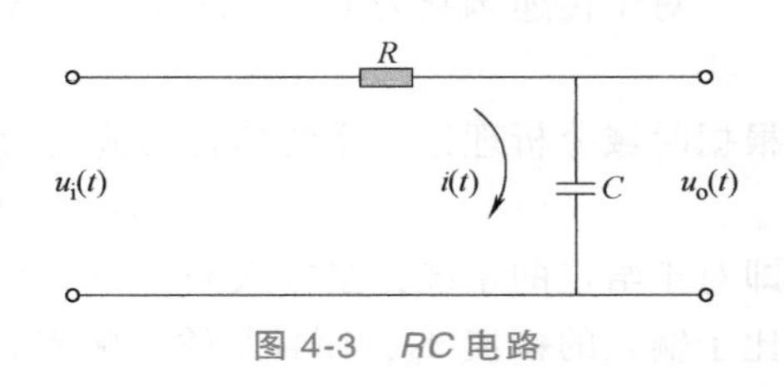

图 4-3 RC 电路

式中，$T=RC$。如果电路的输入正弦电压 $u_{\mathrm{i}}(t)=A_0\sin\omega t$，则

$$U_{\mathrm{o}}(s)=\frac{1}{Ts+1}U_{\mathrm{i}}(s)=\frac{1}{Ts+1}\frac{A_0\omega}{s^2+\omega^2}$$

进行拉氏反变换，得电容两端输出电压

$$u_{\mathrm{o}}(t)=\frac{A_0\omega T}{1+\omega^2T^2}\mathrm{e}^{-\frac{t}{T}}+\frac{A_0}{\sqrt{1+\omega^2T^2}}\sin(\omega t-\arctan\omega T)$$

可见，系统的稳态输出为

$$\lim_{t\to\infty}u_{\mathrm{o}}(t)=\frac{A_0}{\sqrt{1+\omega^2T^2}}\sin(\omega t-\arctan\omega T) \tag{4-10}$$

由式（4-10）可见：

1）RC 电路的稳态输出仍是正弦电压，其频率与输入电压的频率相同，幅值是输入幅值的 $1/\sqrt{1+\omega^2T^2}$ 倍，相位比输入电压的相位滞后 $\arctan\omega T$。$A(\omega)=1/\sqrt{1+\omega^2T^2}$ 和 $\varphi(\omega)=-\arctan\omega T$ 都是输入电压频率 ω 的函数，前者即为 RC 电路的幅频特性，后者为 RC 电路的相频特性。R 和 C 确定后，频率特性随之确定。

2）频率特性之所以随频率而变化，是因为电路中存在电容、电感等储能元件，若只有纯电阻，则与频率无关。而在实际系统中，往往存在电容、电感、惯性元件、弹簧等储能元件，所以对于不同频率的正弦输入电压，输出电压的幅值和相位变化不同。

3）幅值特性 $A(\omega)$ 随着频率的升高而衰减。换句话说，它表示了系统对不同频率的正弦信号的“复现能力”或“跟踪能力”。在频率较低时，$\omega T\ll1$，$A(\omega)\approx1$，$\varphi(\omega)\approx0°$，表明输出电压和输入电压的幅值几乎相等，相位接近同相。当频率较高时，$\omega T\gg1$，$A(\omega)\approx\frac{1}{\omega T}$，$\varphi(\omega)\approx-90°$，表明输出电压趋于零，相位滞后 90°，此时电路的“复现能力”较差。

对于实际系统，虽然形式不同，但一般都有这种“低通”滤波作用。

二、频率特性的求法

频率特性有如下三种求法。

1）根据系统的微分方程，把输入以正弦函数代入，求稳态解，取输出的稳态分量与输入的正弦函数的复数比即得。

2）根据传递函数求取。

3）通过实验测得。

这里仅介绍根据传递函数求取频率特性的计算方法。

若描述线性定常系统的微分方程为

$$a_n\frac{\mathrm{d}^n}{\mathrm{d}t^n}y(t)+a_{n-1}\frac{\mathrm{d}^{n-1}}{\mathrm{d}t^{n-1}}y(t)+\cdots+a_1\frac{\mathrm{d}}{\mathrm{d}t}y(t)+a_0y(t)$$

$$=b_m\frac{\mathrm{d}^m}{\mathrm{d}t^m}x(t)+b_{m-1}\frac{\mathrm{d}^{m-1}}{\mathrm{d}t^{m-1}}x(t)+\cdots+b_1\frac{\mathrm{d}}{\mathrm{d}t}x(t)+b_0x(t)\,(n\geqslant m) \tag{4-11}$$

则系统的传递函数为

$$G(s)=\frac{b_ms^m+b_{m-1}s^{m-1}+\cdots+b_1s+b_0}{a_ns^n+a_{n-1}s_{n-1}+\cdots+a_1s+a_0} \tag{4-12}$$

将上式的 s 以 $\mathrm{j}\omega$ 取代后，得到系统的频率特性

$$G(\mathrm{j}\omega)=\frac{b_m(\mathrm{j}\omega)^m+b_{m-1}(\mathrm{j}\omega)^{m-1}+\cdots+b_1(\mathrm{j}\omega)+b_0}{a_n(\mathrm{j}\omega)^n+a_{n-1}(\mathrm{j}\omega)^{n-1}+\cdots+a_1(\mathrm{j}\omega)+a_0} \tag{4-13}$$

式（4-13）表示线性定常系统的频率特性就是传递函数的一种特殊情况，即 $s=\sigma+\mathrm{j}\omega$ 中，$\sigma=0$ 时的特例。

由此可见，一个系统可以用微分方程、传递函数或频率特性来描述，它们之间的关系如图 4-4 所示。将微分方程的算子 $\frac{\mathrm{d}}{\mathrm{d}t}$ 换向 s 后，则微分方程转化为传递函数；而将传递函数中的 s 再换成 $\mathrm{j}\omega$，则传递函数变成了频率特性，反之亦然。

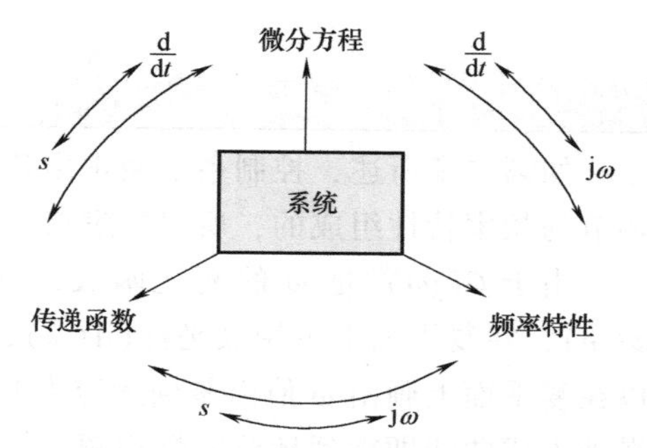

图 4-4 微分方程、传递函数及频率特性之间的关系

例 4-1 已知 $G(s)=\dfrac{s+1}{s^2+5s+6}$，试求取系统的频率特性 $G(\mathrm{j}\omega)$，以及幅频特性 $A(\omega)$ 和相频特性 $\varphi(\omega)$。

解

$$G(s)=\frac{s+1}{s^2+5s+6}=\frac{s+1}{(s+2)(s+3)}$$

$$G(\mathrm{j}\omega)=G(s)\big|_{s=\mathrm{j}\omega}=\frac{1+\mathrm{j}\omega}{(2+\mathrm{j}\omega)(3+\mathrm{j}\omega)}$$

$$A(\omega)=|G(\mathrm{j}\omega)|=\frac{|1+\mathrm{j}\omega|}{|2+\mathrm{j}\omega||3+\mathrm{j}\omega|}=\frac{\sqrt{1+\omega^2}}{\sqrt{4+\omega^2}\sqrt{9+\omega^2}}$$

$$\varphi(\omega)=\angle G(j\omega)=\angle(1+j\omega)-\angle(2+j\omega)-\angle(3+j\omega)$$

$$=\arctan\omega-\arctan\frac{\omega}{2}-\arctan\frac{\omega}{3}$$

三、频率特性的表示方法

频率特性通常有三种表达形式。

1. 幅相频率特性

它是当 ω 由零变化到无穷大时，在复平面内用极坐标表示的 $G(j\omega)$ 幅值与 $G(j\omega)$ 相角的关系图。即当频率 ω 变化时，频率特性 $G(j\omega)$ 的矢量端点在复平面上形成的轨迹曲线，称为极坐标图或奈奎斯特（Nyquist）图，简称奈氏图。

2. 对数频率特性

对数频率特性图由对数幅频特性和对数相频特性两个图形组成。两图形的横坐标均采用频率 ω 的常用对数分度，纵坐标（幅值和相位）均采用线性分度。对数频率响应特性又称为伯德（Bode）图，是目前应用较为广泛的一种频率响应特性图。

3. 对数幅相频率特性

在所需要的频率范围内，以频率 ω 作为参数来表示的对数幅值和相位关系图，对数幅相频率特性也称为尼柯尔斯（Nichols）图。

本章仅介绍幅相频率特性和对数频率特性两种表示方法。

第二节　幅相频率特性——奈奎斯特图

一、典型环节的奈奎斯特图

如第二章所述，控制系统通常由若干个典型环节组成，因此系统的频率特性也是由典型环节的频率特性组成的，所以熟悉典型环节的频率特性对分析和校正系统有着重要的意义。

由于 $G(j\omega)$ 是 ω 的复变函数，所以，给出不同的 ω 值，即可算出相应的 $A(\omega)$ 和 $\varphi(\omega)$，在复平面上可用极坐标 $(A(\omega), \varphi(\omega))$ 将 $G(j\omega)$ 表示为一个矢量。这样，我们就可以在复平面上画出 ω 值由零到无穷大时的 $G(j\omega)$ 的所有矢量中的一些，把各矢量的端点光滑地连成曲线即得到环节的幅相频率特性——奈奎斯特图。

1. 比例环节

比例环节的传递函数为 $G(s)=K$

则其频率特性为 $G(j\omega)=K$

显然，实频特性为 $U(\omega)=K$

虚频特性为 $V(\omega)=0$

所以，幅频特性为

$$A(\omega)=|G(j\omega)|=\sqrt{[U(\omega)]^2+[V(\omega)]^2}=K$$

相频特性为

$$\varphi(\omega)=\angle G(j\omega)=\arctan\frac{V(\omega)}{U(\omega)}=0°$$

可见，当 ω 由 $0\to\infty$ 变化时，$A(\omega)\triangleq K$，$\varphi(\omega)\triangleq 0°$。

因此，比例环节的奈奎斯特图为实轴上的一定点，其极坐标为（K，0°），复平面坐标为（K，0），如图 4-5 所示。

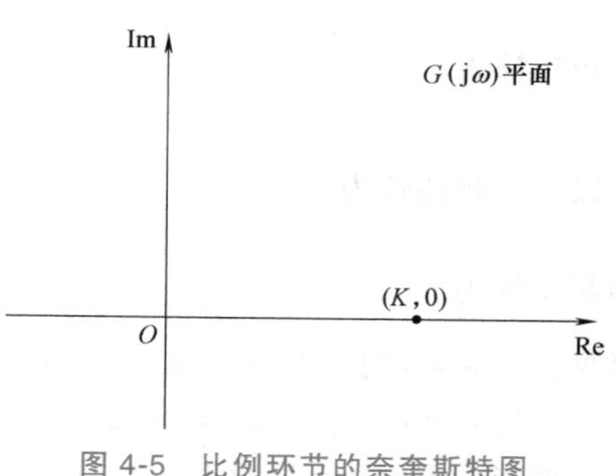

图 4-5　比例环节的奈奎斯特图

2. 惯性环节

惯性环节的传递函数为

$$G(s)=\frac{1}{Ts+1}$$

则幅频特性为

$$G(\mathrm{j}\omega)=\frac{1}{\mathrm{j}\omega T+1}$$

显然，实频特性为

$$U(\omega)=\frac{1}{1+\omega^2T^2}$$

虚频特性为

$$V(\omega)=\frac{-\omega T}{1+\omega^2T^2}$$

所以，幅频特性为

$$A(\omega)=\frac{1}{\sqrt{1+\omega^2T^2}}$$

相频特性为

$$\varphi(\omega)=-\arctan\omega T$$

可见：当 $\omega=0$ 时，$A(\omega)=1$，$\varphi(\omega)=0°$；

当 $\omega=\dfrac{1}{T}$时，$A(\omega)=0.707$，$\varphi(\omega)=-45°$；

当 $\omega=\infty$ 时，$A(\omega)=0$，$\varphi(\omega)=-90°$。

惯性环节的奈奎斯特图如图 4-6 所示，由图可清楚看到惯性环节的“低通”滤波特性。即在低频范围内，输入信号通过惯性环节后幅值衰减较少，而在高频范围内衰减较多。同时惯性环节是一种相位滞后环节，最大滞后相角为 90°。

可以证明，惯性环节的奈奎斯特曲线为半个圆，其圆心为点 O'（1/2，0），半径为 1/2。即为 $\left(U-\dfrac{1}{2}\right)^2+V^2=\left(\dfrac{1}{2}\right)^2$ 的下半圆。

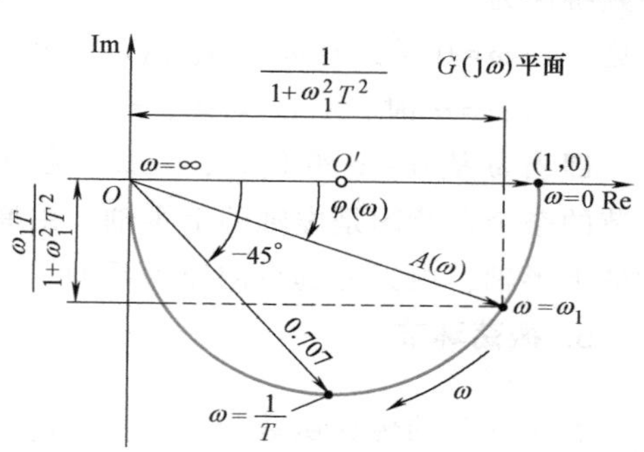

图 4-6　惯性环节的奈奎斯特图

3. 积分环节

积分环节的传递函数为　$G(s)=\dfrac{1}{s}$

则频率特性为　$G(\mathrm{j}\omega)=\dfrac{1}{\mathrm{j}\omega}=-\mathrm{j}\dfrac{1}{\omega}$

显然，实频特性为

$$U(\omega)=0$$

虚频特性为 $$V(\omega)=-\frac{1}{\omega}$$

所以，幅频特性为 $$A(\omega)=\frac{1}{\omega}$$

相频特性为 $$\varphi(\omega)=-90°$$

可见：当 $\omega=0$ 时，$A(\omega)=\infty$，$\varphi(\omega)=-90°$；

当 $\omega=\infty$ 时，$A(\omega)=0$，$\varphi(\omega)=-90°$。

即当 ω 从 $0\to\infty$ 变化时，$A(\omega)$ 由 $\infty\to 0$ 变化，而相位总是$-90°$，如图 4-7a 所示。

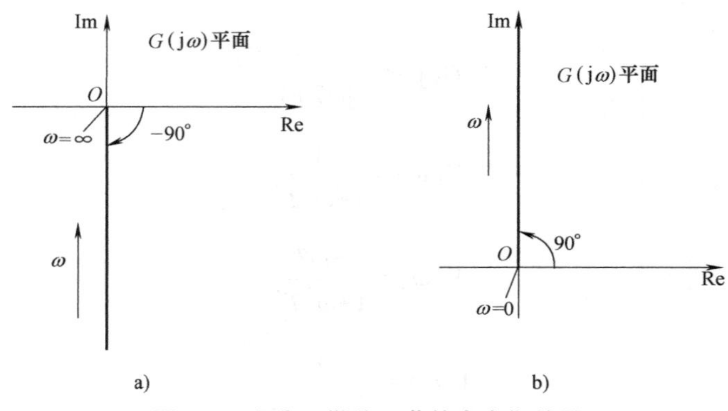

图 4-7　积分、微分环节的奈奎斯特图

4. 微分环节

微分环节的传递函数为 $$G(s)=s$$

则幅频特性为 $$G(j\omega)=j\omega$$

显然，实频特性 $$U(\omega)=0$$

虚频特性为 $$V(\omega)=\omega$$

所以，幅频特性 $$A(\omega)=\omega$$

相频特性为 $$\varphi(\omega)=90°$$

可见：当 $\omega=0$ 时，$A(\omega)=0$，$\varphi(\omega)=90°$；

当 $\omega=\infty$ 时，$A(\omega)=\infty$，$\varphi(\omega)=90°$。

即当 ω 从 $0\to\infty$ 变化时，$A(\omega)$ 由 $0\to\infty$ 变化，而相位总是 90°，如图 4-7b 所示。微分环节的奈奎斯特图是虚轴的上半轴，由原点向无穷远点延伸；积分环节的奈奎斯特图则是虚轴的下半轴，由无穷远点向原点延伸。

5. 振荡环节

振荡环节的传递函数为 $$G(s)=\frac{\omega_n^2}{s^2+2\zeta\omega_n s+\omega_n^2}$$

则幅频特性为 $$G(j\omega)=\frac{\omega_n^2}{-\omega^2+\omega_n^2+j2\zeta\omega_n\omega}=\frac{1}{1-\left(\frac{\omega}{\omega_n}\right)^2+j2\zeta\frac{\omega}{\omega_n}}$$

显然，实频特性为
$$U(\omega)=\frac{1-\left(\frac{\omega}{\omega_n}\right)^2}{\left[1-\left(\frac{\omega}{\omega_n}\right)^2\right]^2+4\zeta^2\left(\frac{\omega}{\omega_n}\right)^2}$$

虚频特性为
$$V(\omega)=\frac{-2\zeta\frac{\omega}{\omega_n}}{\left[1-\left(\frac{\omega}{\omega_n}\right)^2\right]^2+4\zeta^2\left(\frac{\omega}{\omega_n}\right)^2}$$

所以，幅频特性为
$$A(\omega)=\frac{1}{\sqrt{\left[1-\left(\frac{\omega}{\omega_n}\right)^2\right]^2+4\zeta^2\left(\frac{\omega}{\omega_n}\right)^2}}$$

相频特性为
$$\varphi(\omega)=-\arctan\frac{2\zeta\frac{\omega}{\omega_n}}{1-\left(\frac{\omega}{\omega_n}\right)^2}$$

可见：当 $\omega=0$ 时，$A(\omega)=1$，$\varphi(\omega)=0°$；

当 $\omega=\omega_n$ 时，$A(\omega)=\frac{1}{2\zeta}$，$\varphi(\omega)=-90°$；

当 $\omega=\infty$ 时，$A(\omega)=0$，$\varphi(\omega)=-180°$。

即幅相特性曲线从点（1，0）开始，随 ω 增大，在第四象限沿逆时针方向延伸，穿过负虚轴，经过第三象限，终止于坐标原点，如图 4-8a 所示。曲线与负虚轴的交点的频率就是无阻尼固有频率 ω_n，此时的幅值 $A(\omega)=\frac{1}{2\zeta}$，相角 $\varphi(\omega)=-90°$。这个交点很有用，如能用实验方法绘出振荡环节的奈奎斯特图，则可由曲线与负虚轴交点处的坐标长度 ζ 值，由交点的频率确定 ω_n，并由 ζ 和 ω_n 值确定传递函数。

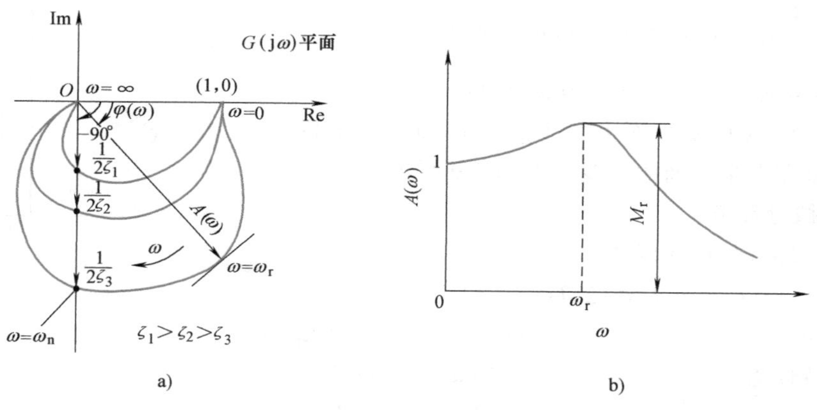

图 4-8 振荡环节的奈奎斯特图

不同 ζ 值对应的 $G(j\omega)$ 奈奎斯特曲线如图 4-8a 所示。当 ζ 较大时，曲线的幅值 $A(\omega)$ 随 ω 的增大单调减小，当 ζ 足够大时，曲线类似于惯性环节的奈奎斯特曲线。当 ζ 较小时，

$A(\omega)$ 随 ω 的增大而增大，出现一个峰值 A_{max}，然后逐渐减小，该峰值称为谐振峰值，用 M_r 表示。出现峰值时所对应的频率称为谐振频率，用 ω_r 表示，若幅频特性曲线如图 4-8b 所示，则有

$$\frac{dA(\omega_r)}{d\omega_r}=0$$

得

$$\omega_r=\omega_n\sqrt{1-2\zeta^2} \tag{4-14}$$

从而可得

$$M_r=A(\omega_r)=\frac{1}{2\zeta\sqrt{1-\zeta^2}} \tag{4-15}$$

$$\varphi(\omega_r)=-\arctan\frac{\sqrt{1-2\zeta^2}}{\zeta} \tag{4-16}$$

由式（4-14）可以看出，$0.707<\zeta<1$ 时，ω_r 为虚数，一般认为 ω_r 不存在，不出现谐振峰值；$\zeta=0.707$ 时，$\omega_r=0$，说明 $A(\omega)$ 在 $\omega=0$ 处的值最大；只有当 $0<\zeta<0.707$ 时，才出现谐振峰值；当 $\zeta=0$ 时，$\omega_r=\omega_n$，系统以无阻尼固有频率进行振荡，此时 $M_r\to\infty$，$\varphi(\omega)=-90°$。

6. 一阶微分环节

一阶微分环节的传递函数为 $G(s)=Ts+1$

则频率特性为 $G(j\omega)=j\omega T+1$

显然，实频特性为 $U(\omega)=1$

虚频特性为 $V(\omega)=\omega T$

所以，幅频特性为 $A(\omega)=\sqrt{1+\omega^2T^2}$

相频特性为 $\varphi(\omega)=\arctan\omega T$

可见：当 $\omega=0$ 时，$A(\omega)=1$，$\varphi(\omega)=0°$；

当 $\omega=\frac{1}{T}$ 时，$A(\omega)=\sqrt{2}$，$\varphi(\omega)=45°$；

当 $\omega=\infty$ 时，$A(\omega)=\infty$，$\varphi(\omega)=90°$。

即幅相特性为在复平面上始于点（1，0）且平行于虚轴的一条在上半平面的直线，如图 4-9 所示。

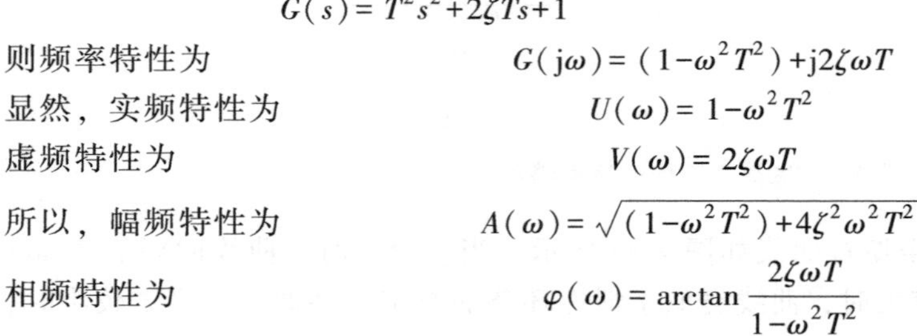

图 4-9　一阶微分环节的奈奎斯特图

7. 二阶微分环节

二阶微分环节的传递函数为

$$G(s)=T^2s^2+2\zeta Ts+1$$

则频率特性为 $G(j\omega)=(1-\omega^2T^2)+j2\zeta\omega T$

显然，实频特性为 $U(\omega)=1-\omega^2T^2$

虚频特性为 $V(\omega)=2\zeta\omega T$

所以，幅频特性为 $A(\omega)=\sqrt{(1-\omega^2T^2)+4\zeta^2\omega^2T^2}$

相频特性为 $\varphi(\omega)=\arctan\frac{2\zeta\omega T}{1-\omega^2T^2}$

可见：当 $\omega=0$ 时，$A(\omega)=1$，$\varphi(\omega)=0°$；

当 $\omega=\infty$ 时，$A(\omega)=\infty$，$\varphi(\omega)=180°$。

幅相频率特性如图 4-10 所示。

8. 延时环节

延时环节的传递函数为 $$G(s)=e^{-\tau s}$$

则频率特性为 $$G(j\omega)=e^{-j\omega\tau}=\cos\omega\tau-j\sin\omega\tau$$

显然，实频特性为 $$U(\omega)=\cos\omega\tau$$

虚频特性为 $$V(\omega)=-\sin\omega\tau$$

所以，幅频特性为 $$A(\omega)=1$$

相频特性为 $$\varphi(\omega)=-\omega\tau$$

可见延时环节的幅相特性为复平面上的一个单位圆，如图 4-11 所示。

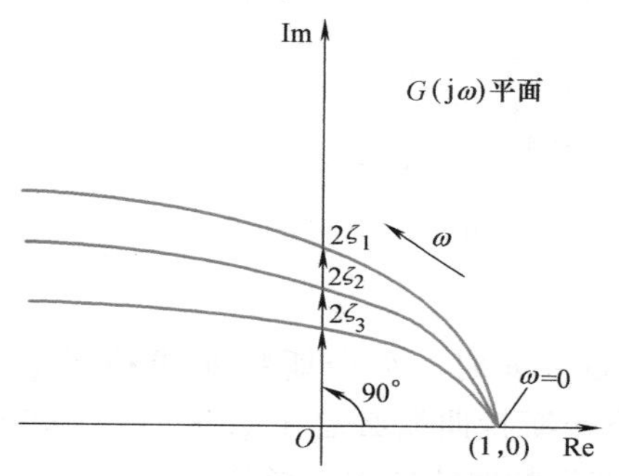

图 4-10　二阶微分环节的奈奎斯特图

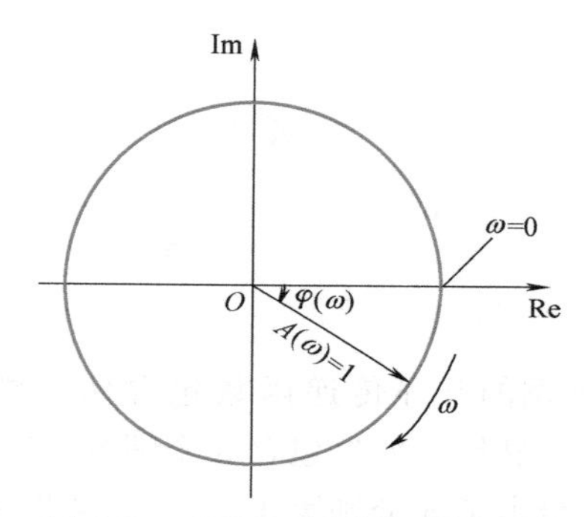

图 4-11　延迟环节的奈奎斯特图

延时环节对系统的幅值无影响，但对相角的影响却很大。延时环节引起的滞后相角随 ω 按线性关系增大，当 $\omega\to\infty$ 时，滞后相角也趋于无穷，这对系统的稳定性是很不利的。

二、奈奎斯特图的绘制

由于系统的开环传递函数可以看成是由若干典型环节组成的，所以应用典型环节的奈奎斯特图的绘制方法即可完成系统开环传递函数的奈奎斯特图的绘制。

例 4-2　已知单位反馈系统的开环传递函数为

$$G(s)=\frac{K}{(T_1s+1)(T_2s+1)}$$

试绘制系统开环幅相频率特性曲线。

解　系统开环频率特性

$$G(j\omega)=\frac{K}{(T_1j\omega+1)(T_2j\omega+1)}=K\frac{1}{1+j\omega T_1}\frac{1}{1+j\omega T_2}$$

即系统是由一个比例环节和两个惯性环节组成，其幅频特性为

$$A(\omega)=\frac{K}{\sqrt{1+(\omega T_1)^2}\sqrt{1+(\omega T_2)^2}}$$

相频特性 $$\varphi(\omega)=-\arctan\omega T_1-\arctan\omega T_2$$

可见：当 $\omega=0$ 时，$A(\omega)=K$，$\varphi(\omega)=0°$；

当 $\omega=\infty$ 时，$A(\omega)=0$，$\varphi(\omega)=-180°$。

又
$$G(j\omega)=\frac{K}{(1+j\omega T_1)(1+j\omega T_2)}=\frac{K(1-\omega^2 T_1 T_2)}{(1+\omega^2 T_1^2)(1+\omega^2 T_2^2)}-j\frac{K(T_1+T_2)}{(1+\omega^2 T_1^2)(1+\omega^2 T_2^2)}$$

令 $\mathrm{Re}[G(j\omega)]=0$，得
$$\omega_x=1/\sqrt{T_1 T_2}$$

代入 ω_x，得
$$\mathrm{Im}[G(j\omega)]=-\frac{KT_1 T_2}{T_1+T_2}$$

此即奈奎斯特曲线与负虚轴的交点，得到的奈奎斯特曲线的形状如图 4-12a 所示。

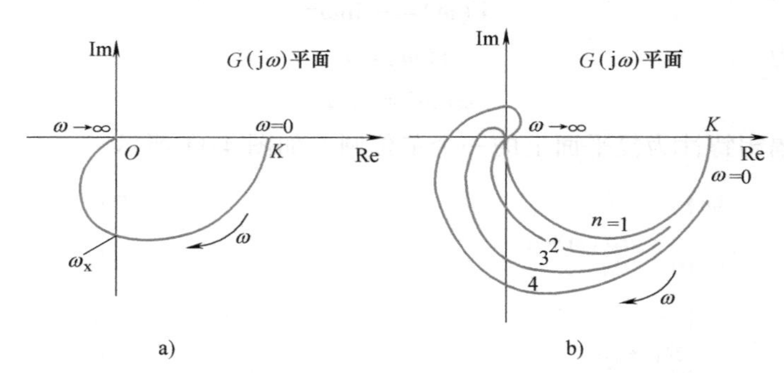

图 4-12　例 4-2 的奈奎斯特图

本例的开环传递函数包含两个惯性环节，故 $\omega\to\infty$ 时，奈奎斯特曲线趋于 $\varphi(\omega)=-180°$。显然，如果包含 n 个惯性环节，则对应的奈奎斯特曲线必趋于 $\varphi(\omega)=-n\times90°$。图 4-12b 绘出了 n 分别为 1，2，3，4 四种情况下的奈奎斯特曲线的大致形状。

如果系统除包含惯性环节和比例环节外，还包含一阶微分环节（由于不包含积分环节，所以又称 0 型系统），则因 ω 从零变到无穷时，一阶微分环节的相频特性从 0°变到 90°，总的相频特性必有以下关系

$$\varphi(\omega)=(m-n)\times90°$$

式中，m 和 n 分别为一阶微分环节和惯性环节的个数。此外，奈奎斯特曲线可能出现凹凸。例如，一开环传递函数为

$$G(s)=\frac{K(T_1 s+1)}{(T_2 s+1)(T_3 s+1)(T_4 s+1)}$$

则当 $\omega=0$ 时，$A(\omega)=K$，$\varphi(\omega)=0°$；

当 $\omega=\infty$ 时，$A(\omega)=0$，$\varphi(\omega)=(1-3)\times90°=-180°$。

若 $T_2>T_1>T_4$、$T_3>T_1>T_4$，则系统的开环奈奎斯特图如图 4-13 所示。

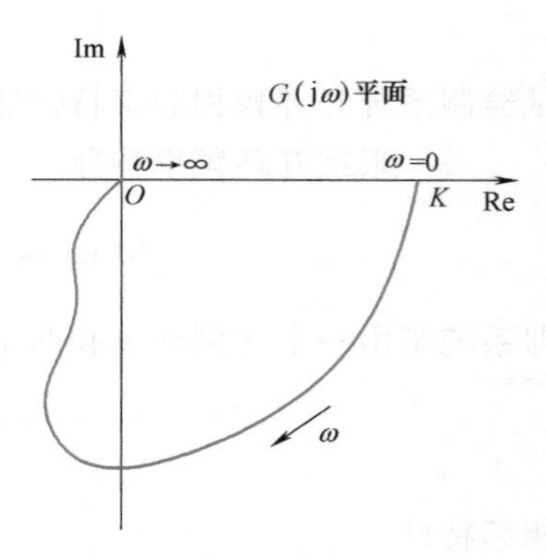

图 4-13　有凹凸的奈奎斯特图

例 4-3　某单位反馈系统的开环传递函数为

$$G(s)=\frac{K}{s(T_1 s+1)(T_2 s+1)(T_3 s+1)}$$

试绘制系统的开环奈奎斯特图。

解　系统的开环频率特性为

$$G(j\omega)=\frac{K}{j\omega(1+j\omega T_1)(1+j\omega T_2)(1+j\omega T_3)}$$

系统由比例环节、积分环节和三个惯性环节组成（因含一个积分环节，所以称其为Ⅰ型系统）。其幅频特性为

$$A(\omega)=\frac{K}{\omega\sqrt{1+\omega^2T_1^2}\sqrt{1+\omega^2T_2^2}\sqrt{1+\omega^2T_3^2}}$$

相频特性为
$$\varphi(\omega)=-90°-\arctan\omega T_1-\arctan\omega T_2-\arctan\omega T_3$$

可见：当 $\omega=0$ 时，$A(\omega)=\infty$，$\varphi(\omega)=-90°$；

当 $\omega=\infty$ 时，$A(\omega)=0$，$\varphi(\omega)=-360°$。

又 $$G(\mathrm{j}\omega)=-\frac{K[\omega(T_1+T_2+T_3)-\omega^3T_1T_2T_3]}{\omega(1+\omega^2T_1^2)(1+\omega^2T_2^2)(1+\omega^2T_3^2)}-\mathrm{j}\frac{K[1-\omega^2(T_1T_2+T_2T_3+T_3T_1)]}{\omega(1+\omega^2T_1^2)(1+\omega^2T_2^2)(1+\omega T_3^2)}$$

令 $\mathrm{Im}[G(\mathrm{j}\omega)]=0$，得

$$\omega_\sigma=\frac{1}{\sqrt{T_1T_2+T_2T_3+T_3T_1}}$$

将上式代入 $\mathrm{Re}[G(\mathrm{j}\omega)]$，得

$$\mathrm{Re}[G(\mathrm{j}\omega)]=-K\frac{(T_1+T_2+T_3)-\omega_\sigma^2T_1T_2T_3}{(1+\omega_\sigma^2T_1^2)(1+\omega_\sigma^2T_2^2)(1+\omega_\sigma^2T_3^2)}$$

即为奈奎斯特曲线与负实轴的交点。

令 $\omega\to0$，则 $\mathrm{Re}[G(\mathrm{j}\omega)]$的极限为

$$V_0=-K(T_1+T_2+T_3)$$

即当 $\omega\to0$ 时，奈奎斯特曲线为渐近线。系统的开环奈奎斯特图如图 4-14 所示。

若系统包含两个积分环节（称其为Ⅱ型系统），按上例分析方法，可知开环奈奎斯特曲线必定从负实轴的无穷处开始。

例如，某系统的开环传递函数为

$$G(s)=\frac{K}{s^2(T_1s+1)(T_2s+1)}$$

则有：当 $\omega=0$ 时，$A(\omega)=\infty$，$\varphi(\omega)=-180°$；

当 $\omega=\infty$ 时，$A(\omega)=0$，$\varphi(\omega)=-180°-90°-90°=-360°$。

对应的奈奎斯特图如图 4-15 所示。

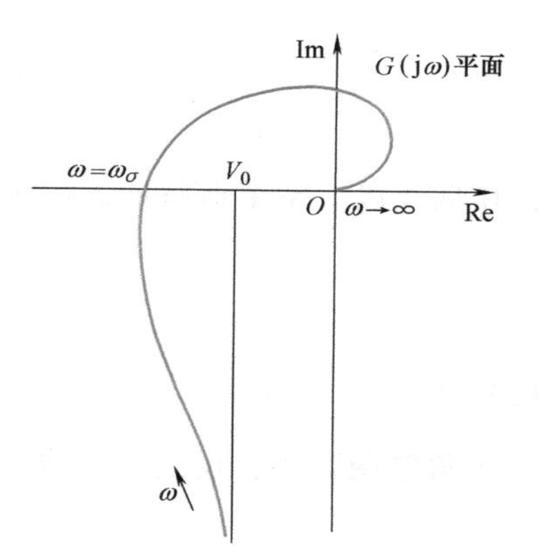

图 4-14 某Ⅰ型系统的奈奎斯特图

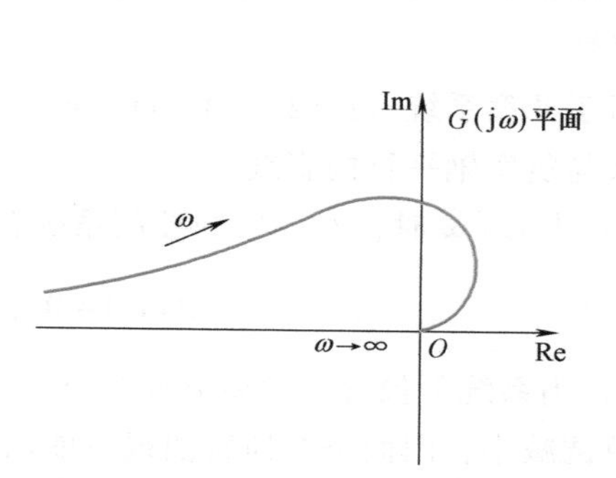

图 4-15 某Ⅱ型系统的奈奎斯特图

例 4-4 已知系统的开环传递函数为

$$G(s)=\frac{K(T_1s+1)}{s(T_2s+1)}\qquad (T_1>T_2)$$

试绘制系统的开环奈奎斯特图。

解 系统的开环频率特性为

$$G(\mathrm{j}\omega)=\frac{K(1+\mathrm{j}\omega T_1)}{\mathrm{j}\omega(1+\mathrm{j}\omega T_2)}$$

可见系统由比例环节、积分环节、一阶微分环节和惯性环节组成。幅频特性为

$$A(\omega)=\frac{K\sqrt{1+\omega^2T_1^2}}{\omega\sqrt{1+\omega^2T_2^2}}$$

相频特性为 $\varphi(\omega)=\arctan\omega T_1-90°-\arctan\omega T_2$

可见：当 $\omega=0$ 时，$A(\omega)=\infty$，$\varphi(\omega)=-90°$；

当 $\omega=\infty$ 时，$A(\omega)=0$，$\varphi(\omega)=-90°$。

又

$$G(\mathrm{j}\omega)=\frac{K(T_1-T_2)}{1+\omega^2T_2^2}-\mathrm{j}\frac{K(1+\omega^2T_1T_2)}{\omega(1+\omega^2T_2^2)}$$

在 $T_1>T_2$ 的情况下 $\mathrm{Re}[G(\mathrm{j}\omega)]>0,\mathrm{Im}[G(\mathrm{j}\omega)]<0$

当 $\omega\to0$ 时 $\mathrm{Re}[G(\mathrm{j}\omega)]=K(T_1-T_2)$

系统的奈奎斯特图如图 4-16 所示。曲线出现凹凸是由于系统中包含一阶微分环节。

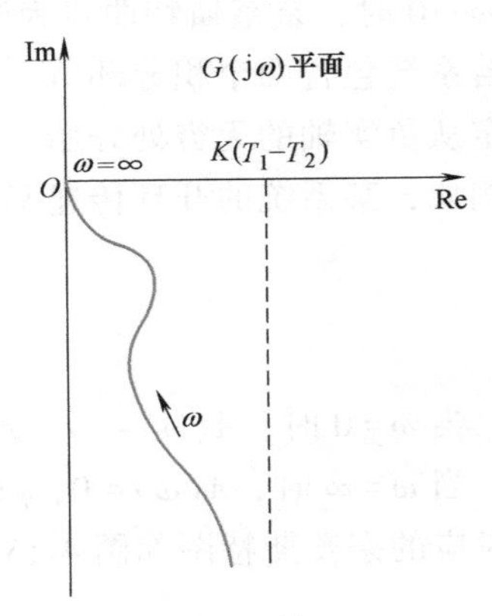

图 4-16 $\frac{K(T_1s+1)}{s(T_2s+1)}$的奈奎斯特图

根据以上例题的分析可知，若系统的开环传递函数为

$$G(s)=\frac{K(\tau_1s+1)(\tau_2s+1)\cdots(\tau_ms+1)}{s^\nu(T_1s+1)(T_2s+1)\cdots(T_ns+1)}\qquad(4\text{-}17)$$

则相应的奈奎斯特曲线将有以下特点：

1）当 $\omega=0$ 时，曲线的起点完全由比例环节 K 和系统类型 ν 确定。

对于 0 型系统（$\nu=0$），$A(\omega)=K$，$\varphi(\omega)=0°$，奈奎斯特曲线起始于正实轴上的点（K，0）。

对于Ⅰ型系统（$\nu=1$），$A(\omega)=\infty$，$\varphi(\omega)=-90°$，在低频段，奈奎斯特曲线的渐近线为一条与负虚轴平行的直线。

对于Ⅱ型系统（$\nu=2$），$A(\omega)=\infty$，$\varphi(\omega)=-180°$，在低频段，奈奎斯特曲线的渐近线为一条与负实轴平行的直线。

2）当 $\omega=\infty$ 时，对一般的控制系统有

$$A(\omega)=0,\varphi(\omega)=(m-n-\nu)\times90°$$

3）当系统不包含一阶微分环节时，奈奎斯特曲线的相角单调减小；反之，曲线相角不一定单调减小，因而奈奎斯特曲线可能出现凹凸。

4）当系统包含振荡环节时，上述结论不变。

第三节　对数频率特性——伯德图

一、伯德图及其坐标

一般系统（或环节）的频率特性为

$$G(j\omega)=A(\omega)e^{j\varphi(\omega)} \tag{4-18}$$

对式（4-18）两边取对数，则

$$\lg G(j\omega)=\lg A(\omega)+j\varphi(\omega) \tag{4-19}$$

这样便可使用两条曲线表示频率特性。一条是 $\lg A(\omega)$ 与 ω 之间的关系曲线，称为对数幅频特性图；另一条是 $\varphi(\omega)$ 与 ω 之间的关系曲线，称为对数相频特性图。

在实际应用中，通常用下式来表达对数幅频特性

$$L(\omega)=20\lg A(\omega) \tag{4-20}$$

式中，$L(\omega)$ 的单位是分贝，用“dB”来表示。

以 $L(\omega)$ 为纵坐标（线性分度），ω 为横坐标（对数分度）来表示 $G(j\omega)$ 的幅频特性曲线，称为对数幅频特性图；以 $\varphi(\omega)$ 为纵坐标（线性分度），ω 为横坐标（对数分度）来表示 $G(j\omega)$ 的相频特性曲线，称为对数相频特性图。这两个图统称为对数频率特性图，即伯德（Bode）图。

伯德图的坐标分度如图 4-17 所示，在以 $\lg\omega$ 划分的横坐标上，一般只标注 ω 的自然数值。该坐标的特点是：若在横坐标轴上任意取两点，使两点的频率满足 $\omega_2/\omega_1=10$，则 ω_1 和 ω_2 两点间的距离为 $\lg\dfrac{\omega_2}{\omega_1}=\lg10=1$，即在横坐标轴上线段长均等于一个单位，叫做一个“十倍频程”，以“dec”表示。若两点的频率满足 $\omega_2/\omega_1=2$，则两点间的距离为 $\lg\dfrac{\omega_2}{\omega_1}=\lg2=0.301$ 个单位为一个“倍频程”，以“oct”表示。

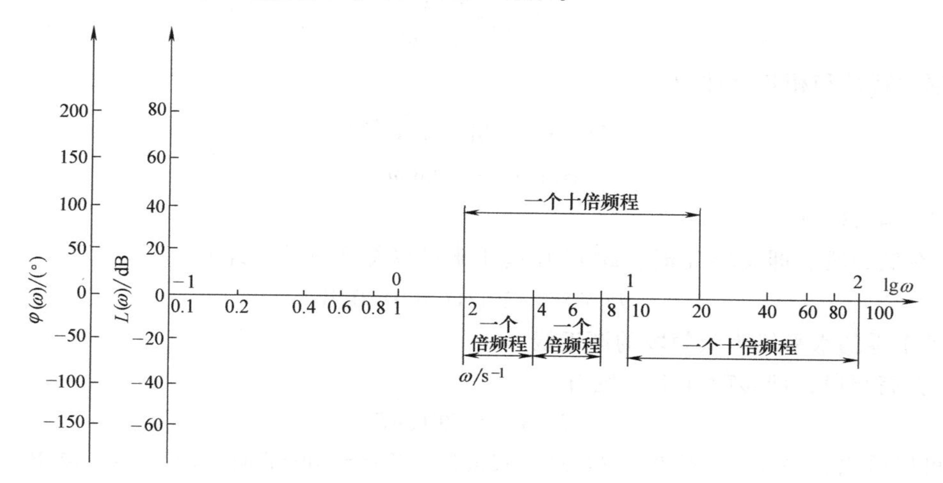

图 4-17　伯德图坐标

二、典型环节的伯德图

1. 比例环节

比例环节的频率特性为

$$G(j\omega)=K$$

故其对数幅频特性和相频特性为

$$L(\omega)=20\lg K \tag{4-21}$$

$$\varphi(\omega)=0° \tag{4-22}$$

由此可见，比例环节的对数幅频特性曲线为幅值为 $20\lg K$(dB) 的水平线。对数相频特性曲线为一条与0°线重合的直线。比例环节的伯德图如图4-18所示。

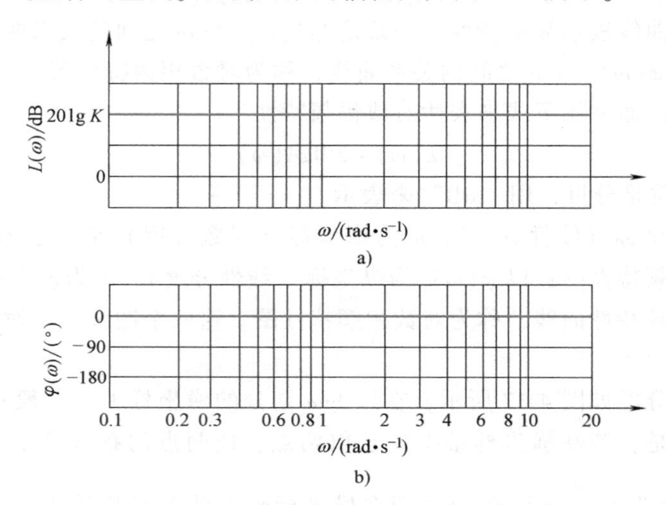

图4-18 比例环节的伯德图

2. 惯性环节

惯性环节的频率特性为

$$G(j\omega)=\frac{1}{1+j\omega T}$$

其对数幅频特性和相频特性为

$$L(\omega)=-20\lg\sqrt{1+\omega^2T^2} \tag{4-23}$$

$$\varphi(\omega)=-\arctan\omega T \tag{4-24}$$

由式（4-23）可以看出：

1）在低频段，即 $\omega T\ll 1$ 时，ω^2T^2 比起1来可以忽略不计，此时

$$L(\omega)\approx -20\lg 1(\text{dB})=0\text{dB}$$

即幅值等于零的水平线为低频段的渐近线。

2）在高频段，即 $\omega T\gg 1$ 时，则有

$$L(\omega)\approx -20\lg\omega T$$

由上式可以看出，当 $\omega=10/T$ 时，$L(\omega)=-20\text{dB}$，当 $\omega=100/T$ 时，$L(\omega)=-40\text{dB}$。即频率每增加一个十倍频程 $L(\omega)$ 值下降-20dB，所以高频段的渐近线是一条斜率为-20dB/dec的

直线。

惯性环节的伯德图如图 4-19 所示。

低频段和高频段的两条渐近线相交于频率 $\omega=\frac{1}{T}$处，这个交点频率称为转角频率。转角频率在绘制伯德图时非常重要，如能确定转角频率，则能很容易地绘出对数幅频特性 $L(\omega)$ 的渐近线。

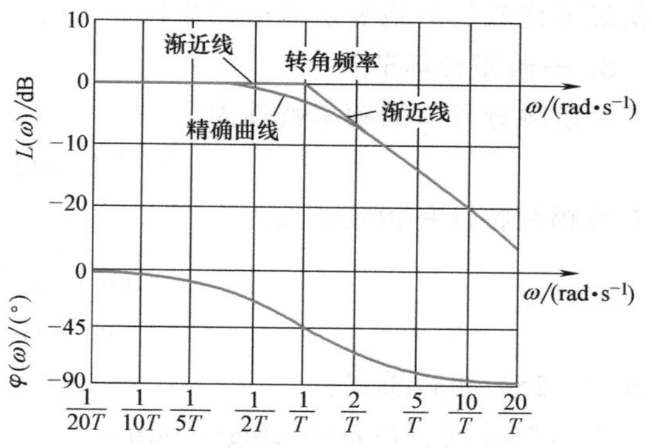

图 4-19 惯性环节的伯德图

渐近线与精确曲线之间存在误差，误差值表示为精确值与渐近线上值之差。最大误差出现在转角频率 $\omega=\frac{1}{T}$处，最大误差为 $[-20\lg\sqrt{1+1}-(-20\lg1)]\text{dB}=-3.03\text{dB}$ 在频率 $\omega=\frac{1}{2T}$或$\frac{2}{T}$处，误差为-0.97dB；在频率 $\omega=\frac{1}{10T}$或$\frac{10}{T}$处，误差为-0.04dB。据此可对渐近线进行修正。渐近线对于精确曲线的误差如图 4-20 所示。

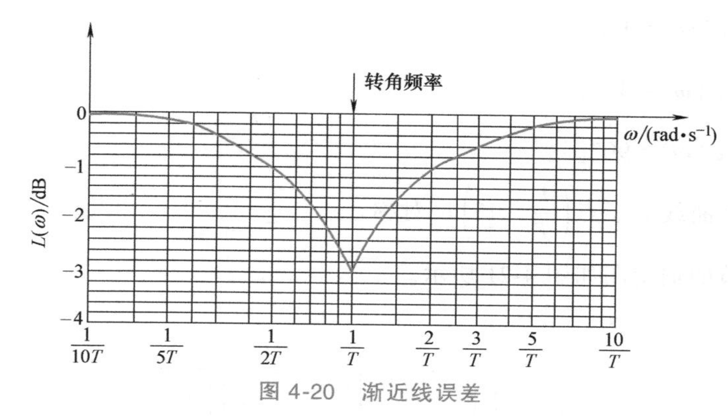

图 4-20 渐近线误差

由式（4-24）可以看出惯性环节的相频特性取值如下：

当 $\omega=0$ 时，$\varphi(\omega)=0°$；

当 $\omega=\frac{1}{T}$时，$\varphi(\omega)=-45°$；

当 $\omega=\infty$ 时，$\varphi(\omega)=-90°$。

由于惯性环节的相频特性是以反正切函数表示的，所以 $\varphi(\omega)$ 曲线是关于点$\left(\frac{1}{T},-45\right)$反对称的。确定了 $\varphi(\omega)$ 曲线的大致形状，再求出曲线上若干点，便可画出精确的对数相频特性曲线，如图 4-19 所示。

由图 4-19 可以明显看出惯性环节的低通滤波特性。当输入频率 $\omega>\frac{1}{T}$时，其输出衰减较大，即滤掉输入信号的高频部分。在低频段，当 $\omega<\frac{1}{T}$时，其输出衰减很小。故惯性环节只

能精确或比较精确地复现恒值或缓慢变化的输入信号。

3. 一阶微分环节

一阶微分环节的频率特性为

$$G(\mathrm{j}\omega)=1+\mathrm{j}\omega T$$

其对数幅频特性和相频特性为

$$L(\omega)=20\lg\sqrt{1+\omega^2T^2} \tag{4-25}$$

$$\varphi(\omega)=\arctan\omega T \tag{4-26}$$

由式（4-25）可以看出：

当 $\omega T\ll 1$ 时，$L(\omega)\approx 20\lg 1=0\mathrm{dB}$；

当 $\omega T\gg 1$ 时，$L(\omega)\approx 20\lg\omega T\mathrm{dB}$。

即低频段渐近线是 0dB 水平线，高频段渐近线是一条斜率为 20dB/dec 的直线，两条直线在转角频率 $\omega=\dfrac{1}{T}$处相交。

对数幅频特性图的渐近线与精确曲线之间的误差曲线如图 4-20 所示，只是其分贝数取为正值。

由式（4-26）可以看出一阶微分环节的相频特性取值如下：

当 $\omega=0$ 时，$\varphi(\omega)=0°$；

当 $\omega=\dfrac{1}{T}$时，$\varphi(\omega)=45°$；

当 $\omega=\infty$ 时，$\varphi(\omega)=90°$。

对数相频特性曲线关于点$\left(\dfrac{1}{T},\ 45\right)$反对称。

一阶微分环节的伯德图如图 4-21 所示。

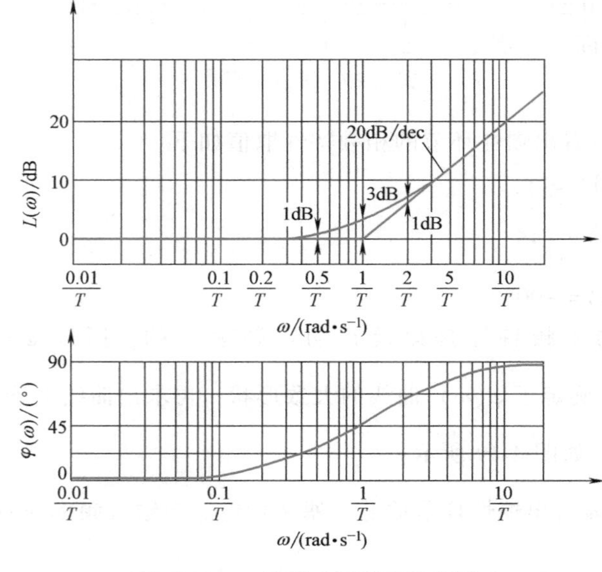

图 4-21　一阶微分环节的伯德图

比较图 4-21 和图 4-19 可知，一阶微分环节与惯性环节的对数幅频特性曲线和对数相频特性曲线分别对称于 0dB 线和 0°线。

4. 积分环节

积分环节的频率特性为

$$G(j\omega)=\frac{1}{j\omega}$$

其对数幅频特性和相频特性为

$$L(\omega)=-20\lg\omega \tag{4-27}$$

$$\varphi(\omega)=-90° \tag{4-28}$$

由以上两式可见：

当 $\omega=1$ 时，$L(\omega)=-20\lg1=0\text{dB}$，$\varphi(\omega)=-90°$；

当 $\omega=10$ 时，$L(\omega)=-20\lg10\text{dB}=-20\text{dB}$，$\varphi(\omega)=-90°$。

故积分环节的对数幅频特性曲线 $L(\omega)$ 为一条直线，该直线的斜率为-20dB/dec，且必经过 $\omega=1$，$L(\omega)=0$的坐标点。积分环节的对数幅频特性曲线无转角频率。积分环节的对数相频特性曲线与 ω 无关，是一条过点（0，-90）且平行于横坐标轴的直线。积分环节的伯德图如图 4-22 所示。

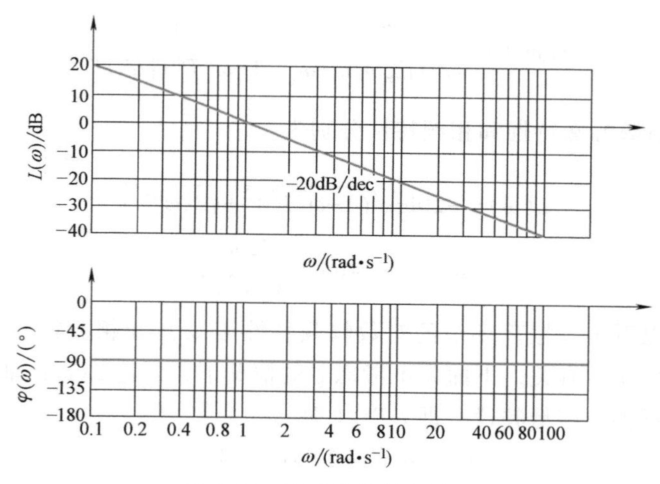

图 4-22　积分环节的伯德图

5. 微分环节

微分环节的频率特性为

$$G(j\omega)=j\omega$$

其对数幅频特性和相频特性为

$$L(\omega)=20\lg\omega \tag{4-29}$$

$$\varphi(\omega)=90° \tag{4-30}$$

可见微分环节的对数幅频特性曲线 $L(\omega)$ 是一条过点（1，0），而斜率为 20dB/dec 的直线。它与积分环节的对数幅频特性曲线是关于 0dB 线对称的。微分环节的对数相频特性曲线 $\varphi(\omega)$ 与 ω 无关，相角值恒为 90°，$\varphi(\omega)$ 为一条过点（0，90）的水平线。它与积分环节的对数相频特性曲线是关于 0°线对称的。微分环节是相位超前环节，它具有高通滤波特性。

微分环节的伯德图如图 4-23 所示。

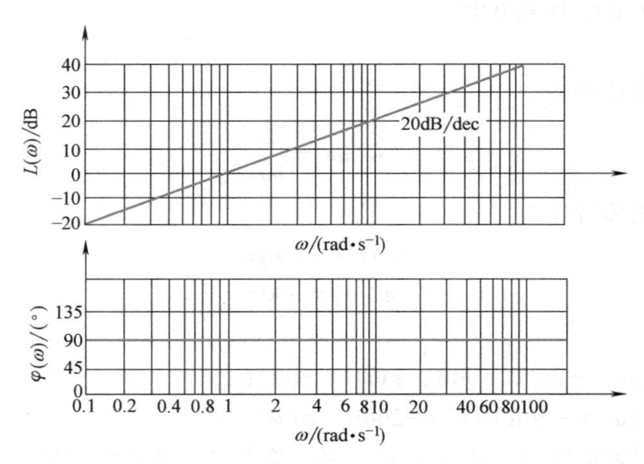

图 4-23 微分环节的伯德图

6. 振荡环节

振荡环节的频率特性为

$$G(j\omega)=\frac{\omega_n^2}{-\omega^2+j2\zeta\omega_n\omega+\omega_n^2}=\frac{1}{1-\omega^2T^2+j2\zeta\omega T}$$

式中，$\omega_n=\dfrac{1}{T}$。其对数幅频特性和相频特性分别为

$$L(\omega)=-20\lg\sqrt{(1-\omega^2T^2)^2+(2\zeta\omega T)^2} \tag{4-31}$$

$$\varphi(\omega)=-\arctan\frac{2\zeta\omega T}{1-\omega^2T^2} \tag{4-32}$$

由以上两式可以看出，振荡环节的对数幅频特性 $L(\omega)$ 和相频特性 $\varphi(\omega)$ 都不仅与 ω 有关，而且还与阻尼比 ζ 有关。下面先不考虑 ζ 的情况下，讨论 $L(\omega)$ 渐近线的绘制方法。

由式（4-31）可得，在低频段，即 $\omega T\ll1$ 时

$$L(\omega)\approx-20\lg1=0\text{dB}$$

在高频段，即 $\omega T\gg1$ 时

$$L(\omega)\approx-20\lg(\omega T)^2=-40\lg\omega T$$

当频率增加十倍频程时，则有

$$L(10\omega)=-40\lg10\omega T=-40\lg\omega T-40$$

故振荡环节的对数幅频特性曲线 $L(\omega)$ 有两条渐近线：当 $\omega T\ll1$ 时，渐近线为一条 0dB 的水平线；当 $\omega T\gg1$ 时，渐近线为一条斜率为-40dB/dec 的直线。这两条渐近线的交点为

$$\omega=\frac{1}{T}=\omega_n$$

即无阻尼固有频率 ω_n 为振荡环节的转角频率。

振荡环节的对数幅频特性曲线与渐近线之间在转角频率附近存在一定误差，误差的大小取决于阻尼比 ζ 的值，阻尼比 ζ 愈小，则误差愈大。振荡环节的伯德图如图 4-24 所示。根

据不同的 ζ 值可作出如图 4-25 所示的误差修正曲线。依此修正曲线在 $\frac{1}{10T}<\omega<\frac{10}{T}$ 范围内对渐近线进行修正，即可得到精确的对数幅频特性曲线。

由式（4-32）可知相频特性具有以下特点：

当 $\omega=0$ 时，$\varphi(\omega)=0°$；

当 $\omega=\frac{1}{T}$ 时，$\varphi(\omega)=-90°$；

当 $\omega=\infty$ 时，$\varphi(\omega)=-180°$。

即振荡环节的对数相频特性曲线关于点 $\left(\frac{1}{T},\ -90\right)$ 反对称。不同 ζ 值的 $\varphi(\omega)$ 曲线如图 4-24 所示。

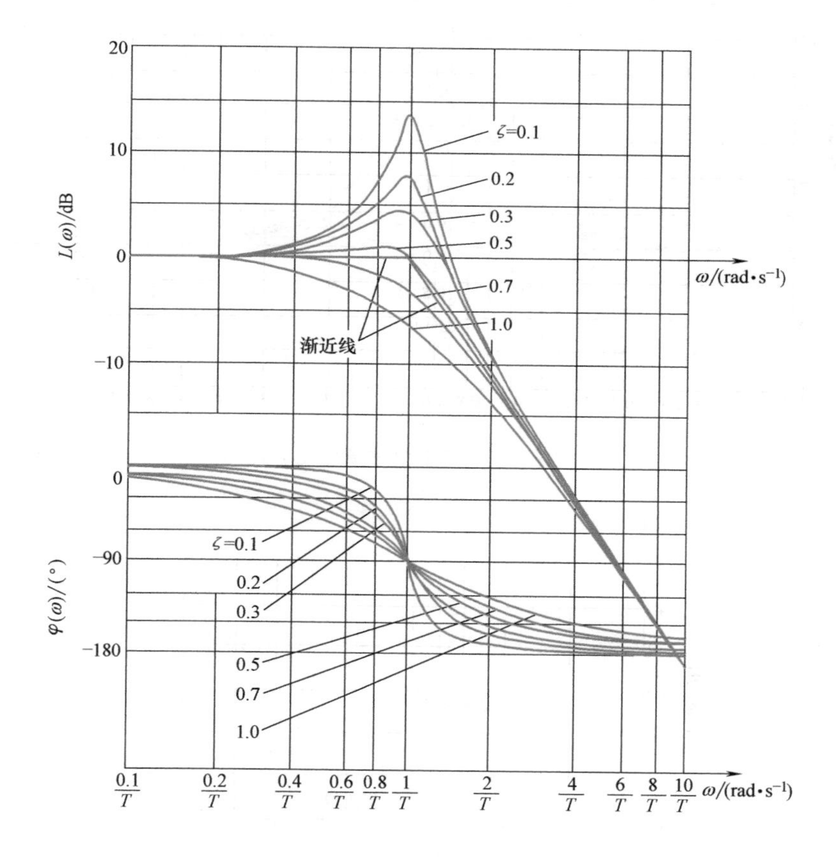

图 4-24 振荡环节的伯德图

由图 4-24 可以看出，当 $\zeta<0.707$ 时，在对数幅频特性曲线上出现峰值。但此时幅频特性和相频特性曲线在低频段接近于直线。这一点对测振仪器的设计很有用处。设计时适当选择 ζ 值，可使仪器在线性段工作。

7. 二阶微分环节

二阶微分环节的频率特性为

$$G(\mathrm{j}\omega)=1+2\zeta T(\mathrm{j}\omega)+T^2(\mathrm{j}\omega)^2=1-\omega^2T^2+\mathrm{j}2\omega T$$

其对数幅频特性和相频特性分别为

$$L(\omega)=20\lg\sqrt{(1-\omega^2T^2)^2+(2\zeta\omega T)^2} \tag{4-33}$$

$$\varphi(\omega)=\arctan\frac{2\zeta\omega T}{1-\omega^2T^2} \tag{4-34}$$

二阶微分环节的伯德图与振荡环节的伯德图分别关于 0dB 线和 0°线对称。当 $\zeta=0.707$ 时，二阶微分环节的伯德图如图 4-26 所示。绘制二阶微分环节的详细伯德图时，可利用图 4-24 和图 4-25 所示曲线，但应注意正负相反。

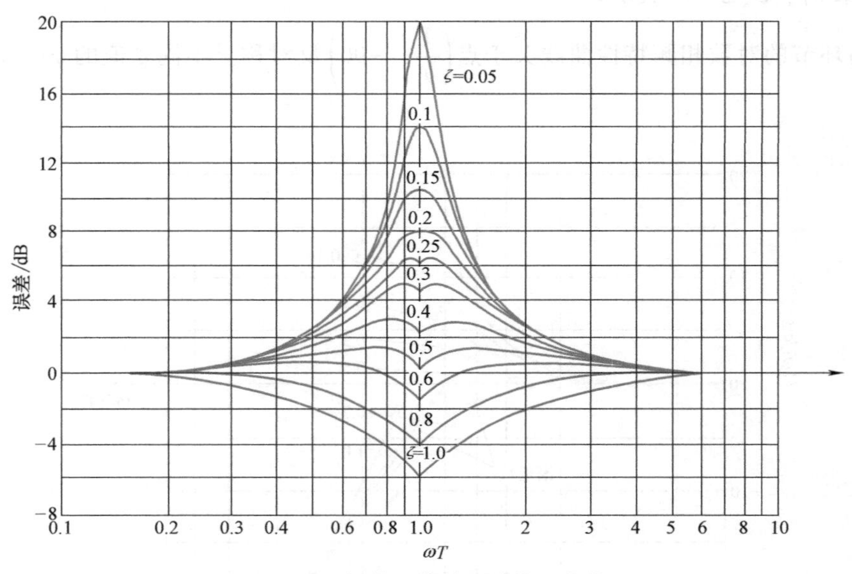

图 4-25　振荡环节的误差修正曲线

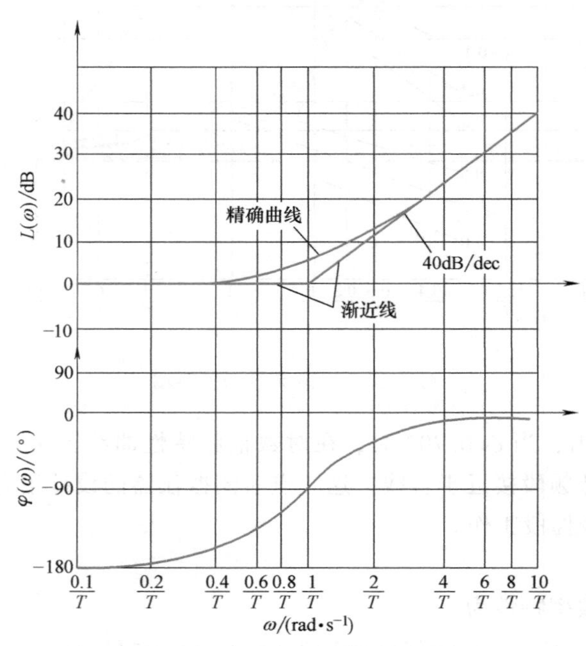

图 4-26　二阶微分环节的伯德图

8. 延迟环节

延迟环节的频率特性为

$$G(\mathrm{j}\omega)=\mathrm{e}^{-\mathrm{j}\omega\tau}=\cos\omega\tau-\mathrm{j}\sin\omega\tau$$

其对数幅频特性和相频特性分别为

$$L(\omega)=-20\lg 1=0\mathrm{dB} \tag{4-35}$$

$$\varphi(\omega)=-\omega\tau(\mathrm{rad})=-57.3\omega\tau(°) \tag{4-36}$$

因此延迟环节的对数幅频特性曲线 $L(\omega)$ 为 0dB 直线，对数相频特性曲线如图 4-27 所示。

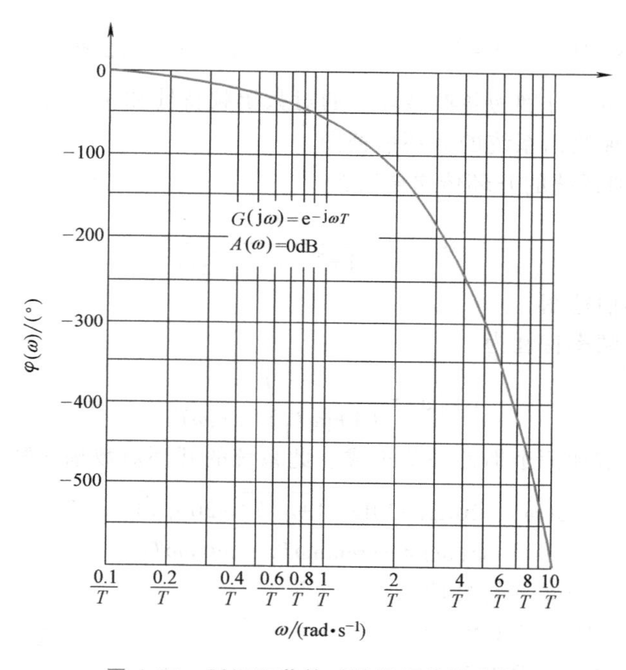

图 4-27　延迟环节的对数相频特性曲线

三、控制系统的开环伯德图

控制系统一般由若干典型环节组成，直接绘制系统的开环伯德图比较繁琐，但熟悉了典型环节的频率特性后，就不难绘制出系统的开环伯德图，这里着重介绍这种绘制方法。

设单位反馈系统如图 4-28 所示，其开环传递函数 $G(s)$ 为回路中各串联环节传递函数的乘积，即

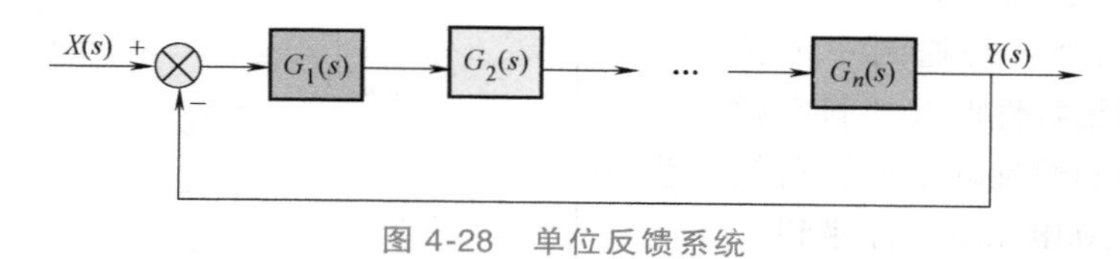

图 4-28　单位反馈系统

$$G(s)=G_1(s)G_2(s)\cdots G_n(s)$$

以 $\mathrm{j}\omega$ 代替 s，则得系统的开环频率特性为

$$G(\mathrm{j}\omega)=G_1(\mathrm{j}\omega)G_2(\mathrm{j}\omega)\cdots G_n(\mathrm{j}\omega)$$
$$=A_1(\omega)\mathrm{e}^{\mathrm{j}\varphi_1(\omega)}A_2(\omega)\mathrm{e}^{\mathrm{j}\varphi_2(\omega)}\cdots A_n(\omega)\mathrm{e}^{\mathrm{j}\varphi_n(\omega)} \tag{4-37}$$

即
$$A(\omega)\mathrm{e}^{\mathrm{j}\varphi(\omega)}=\prod_{i=1}^{n}A_i(\omega)\left[\mathrm{e}^{\mathrm{j}\sum\limits_{j=1}^{n}\varphi_j(\omega)}\right]$$

取对数后，则有

$$L(\omega)=L_1(\omega)+L_2(\omega)+\cdots+L_n(\omega)=\sum_{i=1}^{n}L_i(\omega) \tag{4-38}$$

$$\varphi(\omega)=\varphi_1(\omega)+\varphi_2(\omega)+\cdots+\varphi_n(\omega)=\sum_{j=1}^{n}\varphi_j(\omega) \tag{4-39}$$

式中，$L_i(\omega)$ 和 $\varphi_j(\omega)$ 分别为各典型环节的对数幅频特性和相频特性。根据式（4-38）和式（4-39）可以方便地绘出系统的开环伯德图。

例 4-5　单位反馈系统的开环传递函数为

$$G(s)=\frac{K}{(1+T_1s)(1+T_2s)}$$

试绘制该系统的开环伯德图。

解　系统的开环频率特性为

$$G(\mathrm{j}\omega)=\frac{K}{(1+\mathrm{j}\omega T_1)(1+\mathrm{j}\omega T_2)}$$

可知该系统由比例环节和两个惯性环节组成，此系统的开环对数幅频特性和相频特性为

$$L(\omega)=20\lg K-20\lg\sqrt{1+\omega^2T_1^2}-20\lg\sqrt{1+\omega^2T_2^2}$$
$$\varphi(\omega)=-\arctan\omega T_1-\arctan\omega T_2$$

三个典型环节的对数频率特性曲线 $L(\omega)$ 和 $\varphi(\omega)$ 分别如图 4-29 中的①、②、③所示。将三个典型环节的对数幅频和相频特性曲线按以上二式叠加，即得如图 4-29 所示的开环对数幅频和相频特性曲线。

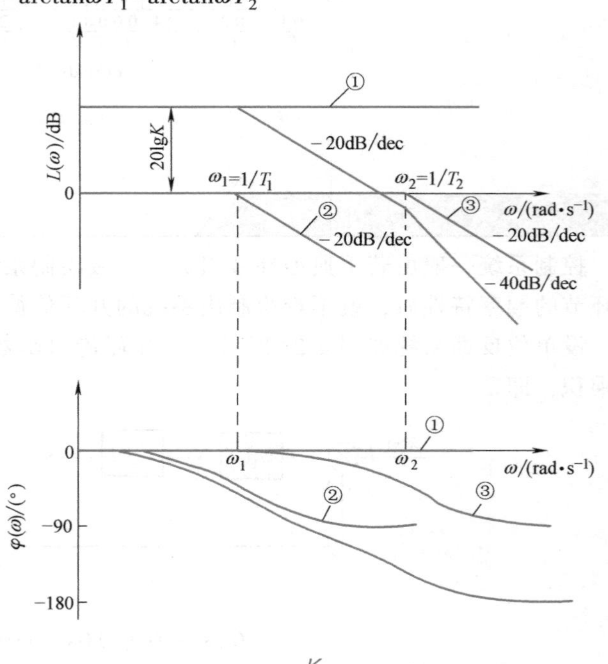

图 4-29　$\dfrac{K}{(1+\mathrm{j}\omega T_1)(1+\mathrm{j}\omega T_2)}$ 的伯德图

由本节各典型环节的 $L(\omega)$ 公式和例 4-5 的图 4-29 可归纳出，（0 型）系统的开环对数幅频特性曲线的低频段为一水平线，其幅值为 $20\lg K$，随着角频率 ω 的增加，每遇到一个转角频率，对数幅频特性曲线的斜率就改变一次：若遇到惯性环节的转角频率，斜率改变-20dB/dec；若遇到一阶微分环节的转角频率，斜率改变+20dB/dec；若遇到振荡环节的转角频率，斜率改变-40dB/dec；若遇到

二阶微分环节的转角频率，则斜率改变+40dB/dec。

例 4-6　设Ⅰ型系统的开环传递函数为

$$G(s)=\frac{K}{s(Ts+1)}$$

试绘制系统的开环伯德图。

解　系统的开环频率特性为

$$G(j\omega)=\frac{K}{j\omega(j\omega T+1)}$$

由上式知该系统由比例环节、积分环节和惯性环节串联而成。其开环对数幅频特性和相频特性为

$$L(\omega)=20\lg K-20\lg\omega-20\lg\sqrt{1+\omega^2T^2}$$
$$\varphi(\omega)=-90°-\arctan\omega T$$

三个典型环节的对数频率特性曲线 $L(\omega)$ 和 $\varphi(\omega)$ 分别如图 4-30 中的①、②、③所示。将三个典型环节的对数幅频和相频特性曲线按以上二式叠加，即得如图 4-30 所示的开环对数幅频和相频特性曲线。

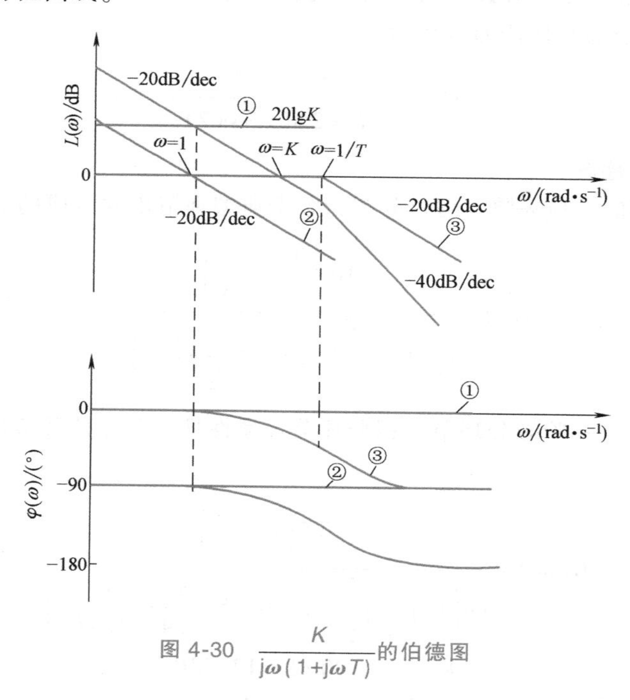

图 4-30　$\frac{K}{j\omega(1+j\omega T)}$的伯德图

由本例的 $L(\omega)$ 表达式和图 4-30 可见，此Ⅰ型系统的开环对数幅频特性曲线的低频段的斜率为-20dB/dec，它（或者其延长线）在 $\omega=1$ 处与水平线 $L(\omega)=20\lg K$ 相交；在转角 $\omega=\frac{1}{T}$处，斜率由-20dB/dec 变为-40dB/dec。

由以上二例的分析可见，系统的开环对数幅频特性曲线有以下特点：低频段的斜率为 -20νdB/dec，其中 ν 为开环系统中串联的积分环节的数目；低频段（若存在小于 1 的转角频率时则为其延长线）在 $\omega=1$ 处的对数幅值为 $20\lg K$；在典型环节的转角频率处，对数幅

频特性渐近线的斜率要发生变化，变化的情况取决于典型环节的类型，若遇到 $G(s)=(1+Ts)^{\pm1}$ 的环节，在转角频率处斜率改变±20dB/dec，若遇到 $G(s)=(1+2\zeta Ts+T^2s^2)^{\pm1}$ 的环节，在转角频率处斜率改变±40dB/dec。

综上所述，绘制系统开环伯德图的一般步骤如下：

1）由传递函数求出频率特性 $G(j\omega)$。

2）将 $G(j\omega)$ 分解为若干典型环节频率特性相乘的串联形式。

3）计算各典型环节的转角频率。

4）计算 $20\lg K$ 的分贝值。

5）绘出通过点（1，$20\lg K$）斜率为 -20νdB/dec 的曲线的低频段，其中 ν 为开环传递函数中串联的积分环节数。

6）从低频段开始，随 ω 的增加，每遇到一个典型环节的转折频率，就按上述规律改变一次斜率。

7）必要时根据误差修正曲线对渐近线进行修正，得出各环节的精确曲线。

8）按常规方法叠加对数相频特性曲线。

9）若有延时环节存在，对数幅频特性不变，对数相频特性则应加上 $-\omega\tau$。

例 4-7　已知系统的开环传递函数为

$$G(s)=\frac{10(s+3)}{s(s+2)(s^2+s+2)}$$

试绘制系统的开环伯德图。

解　绘制伯德图时，应先将 $G(s)$ 分解为若干典型环节串联组成的标准形式，则有

$$G(s)=\frac{10\times\frac{3}{4}\left(1+\frac{s}{3}\right)}{s\left(1+\frac{s}{2}\right)\left[1+2\times\frac{\sqrt{2}}{4}\times\frac{s}{\sqrt{2}}+\left(\frac{s}{\sqrt{2}}\right)^2\right]}$$

可见系统由比例环节、一阶微分环节、积分环节、惯性环节和振荡环节串联组成，其频率特性为

$$G(j\omega)=\frac{7.5\left(1+j\frac{\omega}{3}\right)}{j\omega\left(1+j\frac{\omega}{2}\right)\left[1+j2\times0.35\times\frac{\omega}{1.4}-\left(\frac{\omega}{1.4}\right)^2\right]}$$

对于比例环节　　$K=7.5$，$20\lg K=17.5\text{dB}$

对于振荡环节　　转角频率　$\omega_1=1.4\text{s}^{-1}$，$\zeta=0.35$

对于惯性环节　　转角频率　$\omega_2=2\text{s}^{-1}$

对于一阶微分环节　　转角频率　$\omega_3=3\text{s}^{-1}$

伯德图的绘制步骤如下：

1）考虑系统中有一个积分环节存在，首先通过 $\omega=1\text{s}^{-1}$，$20\lg K=17.5\text{dB}$ 的点画一条斜率为 -20dB/dec 的斜线，即为低频段的渐近线。

2）考虑振荡环节的影响，在 $\omega_1=1.4\text{s}^{-1}$ 处，渐近线的斜率由 -20dB/dec 改变为

-60dB/dec。

3）考虑惯性环节从 $\omega_2=2\mathrm{s}^{-1}$ 处开始影响系统的对数幅频特性，在 $\omega_2=2\mathrm{s}^{-1}$ 处，渐近线的斜率由-60dB/dec 改变为-80dB/dec。

4）考虑一阶微分环节从 $\omega_3=3\mathrm{s}^{-1}$ 处开始起作用，在 $\omega_3=3\mathrm{s}^{-1}$ 处，渐近线的斜率由-80dB/dec 改变为-60dB/dec。

5）利用误差修正曲线对对数幅频特性曲线进行必要的修正。

6）根据式（4-39）画出各典型环节的对数相频特性曲线，线性叠加后即得系统的对数相频特性曲线。

系统的开环伯德图如图 4-31 所示。

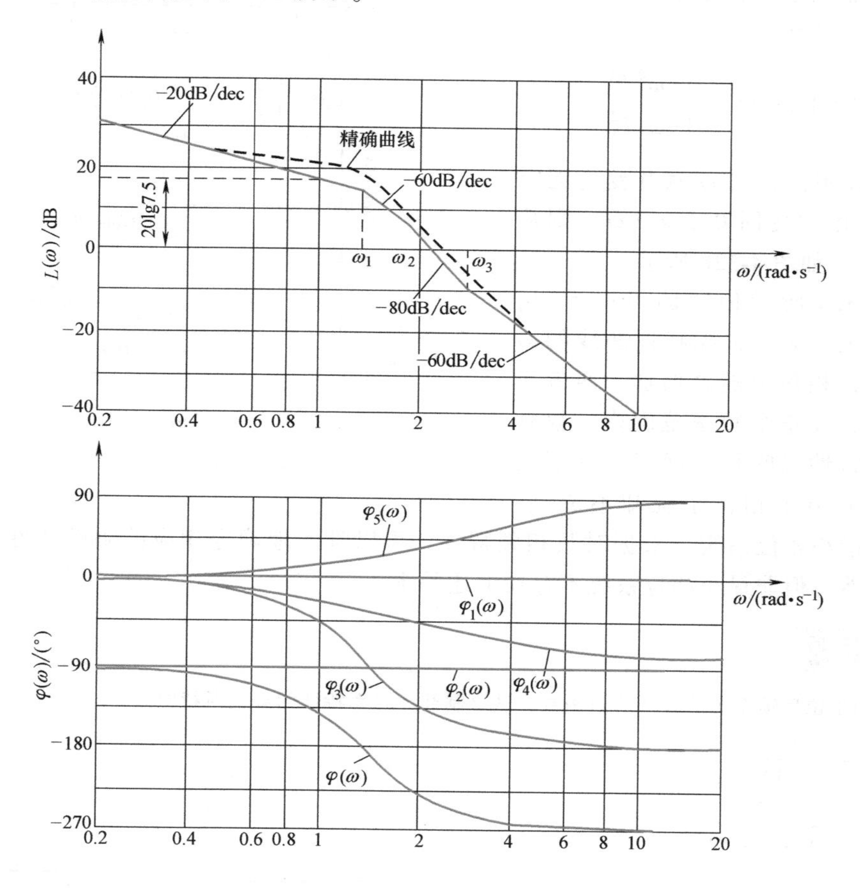

图 4-31　例 4-7 的伯德图

四、最小相位系统

在复平面右半平面上没有极点和零点的传递函数，称为最小相位传递函数，对应的系统为最小相位系统。在复平面右半平面上有极点和（或）零点的传递函数为非最小相位传递函数，对应的系统称为非最小相位系统。本节中几个例子皆为最小相位系统。

若单回路系统中只有比例、积分、微分、惯性和振荡环节，系统一定是最小相位系统。系统中含有延时环节或不稳定环节时（包括不稳定的内环回路），系统就会成为非最小相位系统。

具有相同幅频特性的系统中，最小相位系统的相位滞后最小。例如最小相位系统和非最小相位系统的传递函数分别为

$$G_1(s)=\frac{1+Ts}{1+T_1s}\qquad(0<T<T_1)$$

$$G_2(s)=\frac{1-Ts}{1+T_1s}\qquad(0<T<T_1)$$

两系统的极点、零点分布如图 4-32 所示，显然，$G_1(s)$ 属于最小相位系统，$G_2(s)$ 属于非最小相位系统。二者的幅频特性相同，均为

$$A_1(\omega)=A_2(\omega)=\sqrt{\frac{1+\omega^2T^2}{1+\omega^2T_1^2}}$$

而相频特性却不同，当 ω 从 0 变为无穷时，$\varphi_1(\omega)$ 由 0°变回 0°，$\varphi_2(\omega)$ 则从 0°变到−180°，如图 4-32b 所示。

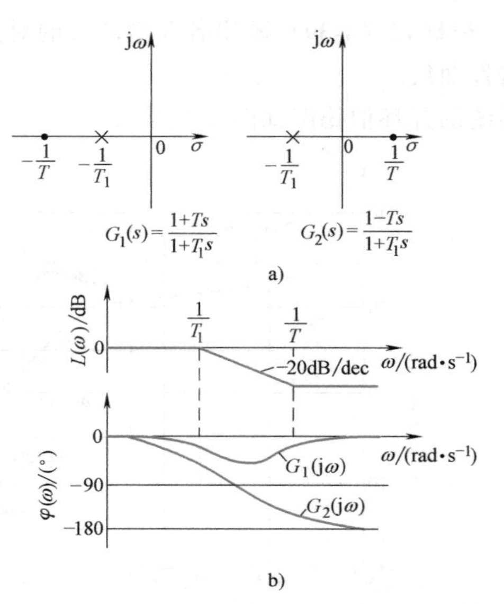

图 4-32　最小相位系统和非最小相位系统

由图 4-32b 所示伯德图可以看出，最小相位系统的对数幅频特性曲线的斜率值增加时，相角也随之增加，两者变化趋势一致，在整个频率范围内，幅频特性和相频特性之间具有确定的单值关系。而这对非最小相位系统却不成立。因此，对于最小相位系统，根据对数相频特性，可以唯一地确定相应的幅频特性和传递函数，反之亦然。但非最小相位系统不存在上述关系。

习　题

4-1　已知单位反馈系统的开环传递函数，试绘制开环频率特性的奈奎斯特图。

（1）$G(s)=\frac{1}{s(s+1)}$

（2）$G(s)=\frac{1}{(s+1)(2s+1)}$

（3）$G(s)=\frac{1}{s(s+1)(2s+1)}$

（4）$G(s)=\frac{1}{s^2(s+1)(2s+1)}$

4-2　绘制习题 4-1 中各系统的开环伯德图。

4-3　机器支承在隔振器上如图 4-33a 所示，若基础按 $y=Y\sin\omega t$ 规律振动（其中 Y 为振幅）；写出机器的振荡规律（系统的结构可用图 4-33b 表示）。

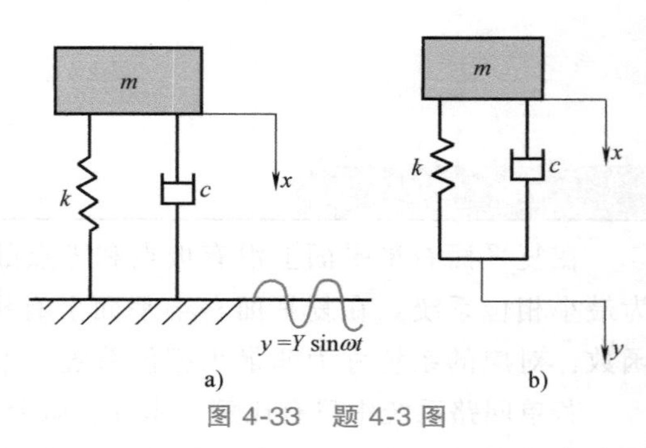

图 4-33　题 4-3 图

4-4　设单位反馈系统的开环传递函数为

$$G(s)=\frac{10}{s+1}$$

当输入分别为以下信号时，试求系统的稳态输出。

（1）$r(t)=\sin(t+30°)$

（2）$r(t)=2\cos(2t-45°)$

（3）$r(t)=\sin(t+30°)-2\cos(2t-45°)$

4-5　若系统的单位阶跃响应为

$$c(t)=1-1.8e^{-4t}+0.8e^{-9t}$$

试求系统的频率特性。

4-6　已知下列最小相位系统的对数幅频特性曲线如图 4-34 所示，试写出它们的传递函数 $G(s)$，并计算出各参数。

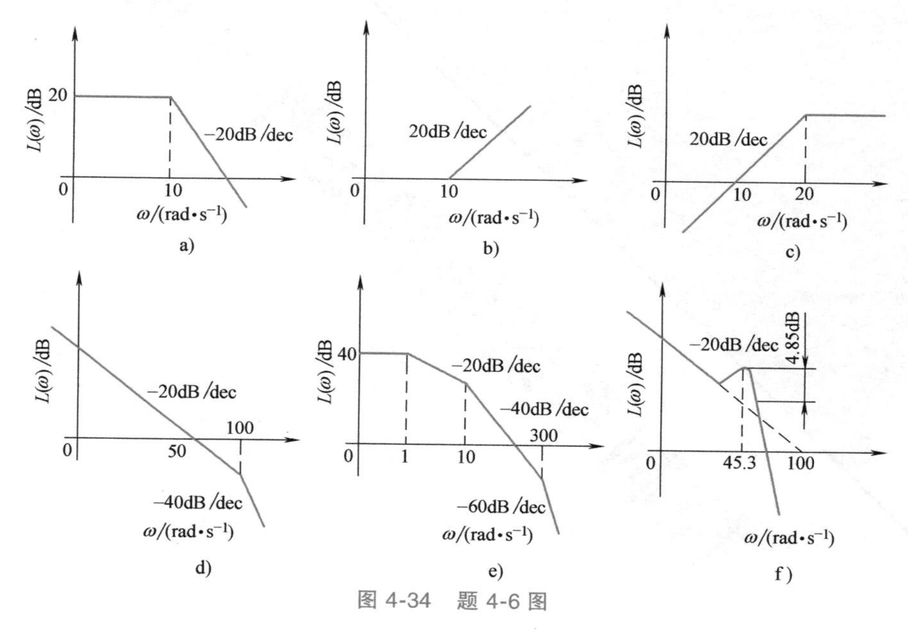

图 4-34　题 4-6 图

4-7　已知最小相位系统的开环对数幅频特性曲线如图 4-35 所示，试写出各系统的开环传递函数，并绘出相应的对数相频特性曲线的大致图形。

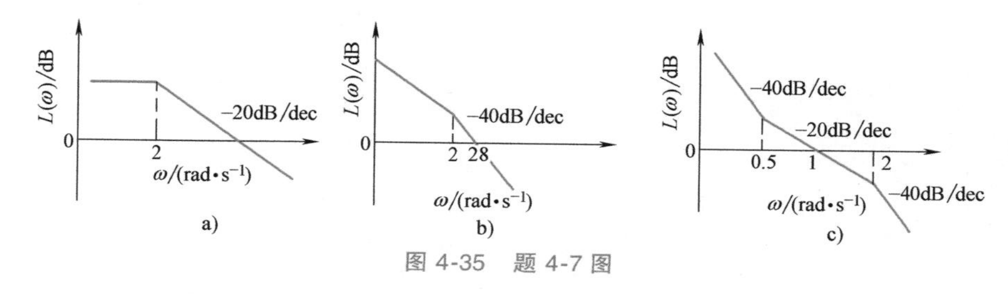

图 4-35　题 4-7 图

4-8　已知系统的开环频率特性，试画出它们的开环伯德图。

（1）$G(j\omega)=\dfrac{15}{(j2\omega+1)[(j\omega)^2+j3\omega+25]}$

（2）$G(j\omega)=\dfrac{100}{j\omega(j0.5\omega+1)(j0.1\omega+1)}$

（3）$G(j\omega)=\dfrac{25(j0.1\omega+1)}{j\omega(j0.5\omega+1)\left[\left(\dfrac{j\omega}{50}\right)^2+j0.6\left(\dfrac{\omega}{50}\right)+1\right]}$

第五章 控制系统的稳定性分析

自动控制系统的稳定性分析是自动控制理论研究的主要课题之一。控制系统能在实际中应用的首要条件就是系统必须稳定。一个不稳定的系统是不能工作的。经典控制理论为我们提供了多种判别系统稳定性的准则，也称为系统的稳定性判据：劳斯判据是依据特征方程根的分布情况与特征方程系数间的关系对系统的稳定性作出判别，是一种代数判据；奈奎斯特判据是依据系统的开环奈奎斯特图与坐标上（-1，0）点之间的位置关系对闭环系统的稳定性作出判别，是一种几何判据；伯德判据实际上是奈奎斯特判据的另一种描述法，它们之间有着相互对应的关系，但在描述系统的相对稳定性与稳定储备这些概念时，伯德判据显得更为清晰、直观，从而获得广泛采用。本章着重讨论上述三种判据的准则与方法，而对判据本身的论证不作详细论述。

第一节　系统稳定的基本概念

一、稳定性概念

控制系统的稳定性是指在去掉作用于系统上的外界扰动之后，系统的输出 $y(t)$ 能以足够的精度恢复到原来的平衡状态的性质。如图 5-1a 所示的系统就表现出了系统的稳定性。若系统承受的外界扰动终止作用后，系统输出不能再恢复原先的平衡状态位置，或发生不衰减的持续振荡，如图 5-1b 所示，这样的系统就是不稳定系统。

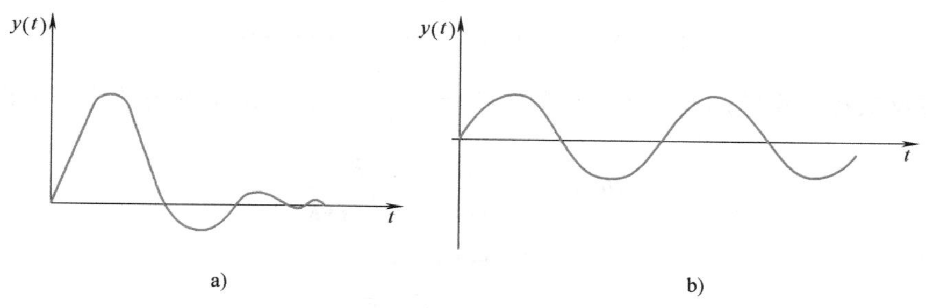

图 5-1　系统稳定性示意图

a）稳定系统　b）不稳定系统

控制系统的稳定性是由系统本身的结构所决定的，而与输入信号的形式无关。

二、系统稳定的基本条件

描述线性系统的动态微分方程的一般形式为

$$a_n\frac{\mathrm{d}^n y(t)}{\mathrm{d}t^n}+a_{n-1}\frac{\mathrm{d}^{n-1}y(t)}{\mathrm{d}t^{n-1}}+\cdots+a_1\frac{\mathrm{d}y(t)}{\mathrm{d}t}+a_0y(t)$$
$$=b_m\frac{\mathrm{d}^m x(t)}{\mathrm{d}t^m}+b_{m-1}\frac{\mathrm{d}^{m-1}x(t)}{\mathrm{d}t^{m-1}}+\cdots+b_1\frac{\mathrm{d}x(t)}{\mathrm{d}t}+b_0x(t) \tag{5-1}$$

研究系统的稳定性问题，就是研究系统在去掉作用于其上的扰动信号后输出 $y(t)$ 能否恢复稳定状态，从微分方程来看就是令方程的右边为 0，即 $x(t)$ 及其各阶导数均为 0。这样就得到描述系统的齐次微分方程：

$$a_n \frac{\mathrm{d}^n y(t)}{\mathrm{d}t^n}+a_{n-1} \frac{\mathrm{d}^{n-1} y(t)}{\mathrm{d}t^{n-1}}+\cdots+a_1 \frac{\mathrm{d}y(t)}{\mathrm{d}t}+a_0 y(t)=0 \tag{5-2}$$

若齐次方程的解是收敛的，那么系统稳定，否则系统不稳定。设齐次方程的特征方程为

$$a_n s^n+a_{n-1}s^{n-1}+\cdots+a_1 s+a_0=0 \tag{5-3}$$

它有 r 个实根 λ_i，k 个共轭复根 $(\sigma_p \pm \mathrm{j}\omega_p)$，则特征方程可写作

$$a_n \prod_{i=1}^{r}(s-\lambda_i)\prod_{p=1}^{k}[s-(\sigma_p \pm \mathrm{j}\omega_p)]=0$$

齐次微分方程的解为

$$y(t)=a_n \sum_{i=1}^{r} c_i \mathrm{e}^{\lambda_i t}+\sum_{p=1}^{k} \mathrm{e}^{\sigma_p t}(A_p \cos\omega_p t+B_p \sin\omega_p t) \tag{5-4}$$

如果系统稳定，即 $\lim\limits_{t\to\infty} y(t)=0$。从微分方程的解来看只有在 λ_i 与 σ_p 均为负值时才能满足稳定的定义。只要有 λ_i 或 σ_p 中的任何一个为正值时，系统就不能稳定，即 $\lim\limits_{t\to\infty} y(t)\neq 0$。由此可知，系统稳定的充要条件是特征方程的根均具有负的实部。或者说特征根全部位于复平面的左半平面内（均为“左根”），一旦特征方程出现“右根”，系统就不稳定。

应该指出，这里的特征方程实际上就是系统闭环传递函数 $G(s)$ 的分母为零的方程，即

$$G(s)=\frac{M(s)}{D(s)}=\frac{b_m s^m+b_{m-1}s^{m-1}+\cdots+b_1 s+b_0}{a_n s^n+a_{n-1}s^{n-1}+\cdots+a_1 s+a_0}$$

$$D(s)=a_n s^n+a_{n-1}s^{n-1}+\cdots+a_1 s+a_0=0 \tag{5-5}$$

例如某单位反馈控制系统的开环传递函数 $G(s)=\dfrac{K}{s(Ts+1)}$，则系统的闭环传递函数为

$$\Phi(s)=\frac{G(s)}{1+G(s)}=\frac{K}{Ts^2+s+K}$$

特征方程是 $$Ts^2+s+K=0$$

特征根是 $$s_{1,2}=\frac{-1\pm\sqrt{1-4TK}}{2T}$$

因为特征方程的根都具有负实部，所以该闭环系统稳定。

第二节　劳斯稳定判据

判别系统是否稳定，就是要确定系统特征方程的根是否全部具有负的实部，或者说特征根是否全部位于复平面的虚轴左侧，这样就面临着两种选择：一是解特征方程确定特征根，这对于高阶系统来说是困难的；二是讨论根的分布，研究特征方程是否包含右根及有几个右根。劳斯稳定判据是基于特征方程根的分布与系数间的关系来判别系统的稳定性，无需解特征方程而能迅速判定根的分布情况。这是一种简单而实用的稳定性判据，这种判据又称为代数稳定判据。

一、劳斯稳定判据的必要条件

设系统的特征方程为

$$D(s)=a_ns^n+a_{n-1}s^{n-1}+\cdots+a_1s+a_0=0$$

则系统稳定的必要条件是：

1）特征方程的各项系数 a_0、a_1、…、a_n 均不为零。

2）特征方程的各项系数符号一致（或均为正值）。

以上只是系统稳定的必要条件而非充要条件。

二、劳斯稳定判据的充要条件

劳斯稳定判据的充分且必要条件是：特征方程系数组成的劳斯阵列的第一列元素符号一致，则系统稳定，否则系统不稳定，并且第一列元素符号的改变次数就是特征方程中所包含的右根数目。特征方程系数组成的劳斯表为

$$\begin{array}{c|ccccccccc}
s^n & a_n & & a_{n-2} & & a_{n-4} & & a_{n-6} & & \cdots \\
 & \downarrow & \nearrow & \downarrow & \nearrow & \downarrow & \nearrow & \downarrow & \nearrow & \\
s^{n-1} & a_{n-1} & & a_{n-3} & & a_{n-5} & & a_{n-7} & & \cdots \\
s^{n-2} & b_1 & & b_2 & & b_3 & & \cdots & & \\
s^{n-3} & c_1 & & c_2 & & \cdots & & & & \\
\vdots & \vdots & & \vdots & & & & & & \\
s^1 & d_1 & & & & & & & & \\
s^0 & e_1 & & & & & & & &
\end{array}$$

如上所示的劳斯表中 b_i、c_i、d_i、e_i 的计算公式为

$$\begin{cases}
b_1=\dfrac{-1}{a_{n-1}}\begin{vmatrix}a_n & a_{n-2}\\ a_{n-1} & a_{n-3}\end{vmatrix}=\dfrac{a_{n-1}a_{n-2}-a_na_{n-3}}{a_{n-1}}\\
b_2=\dfrac{-1}{a_{n-1}}\begin{vmatrix}a_n & a_{n-4}\\ a_{n-1} & a_{n-5}\end{vmatrix}=\dfrac{a_{n-1}a_{n-4}-a_na_{n-5}}{a_{n-1}}\\
\quad\vdots\\
c_1=\dfrac{-1}{b_1}\begin{vmatrix}a_{n-1} & a_{n-3}\\ b_1 & b_2\end{vmatrix}=\dfrac{b_1a_{n-3}-a_{n-1}b_2}{b_1}\\
c_2=\dfrac{-1}{b_1}\begin{vmatrix}a_{n-1} & a_{n-5}\\ b_1 & b_3\end{vmatrix}=\dfrac{b_1a_{n-5}-a_{n-1}b_3}{b_1}
\end{cases}\tag{5-6}$$

劳斯表的计算原则是由上两行生成新的一行。例如由第一行与第二行可生成第三行，在第二行和第三行的基础上产生第四行，这样计算直到新的一行只有零为止。一般情况下可以得到一个 $n+1$ 行的劳斯表，而最后两行每行只有一个元素。

把 a_n，a_{n-1}，b_1，c_1，…，d_1，e_1 称为劳斯表中的第一列元素。只有当第一列元素均具有相同的符号时，系统才是稳定的。如果第一列元素的符号不全相同，则该列元素符号改变的次数就是特征方程含有的右根数目。

三、一阶至四阶系统的稳定条件

1．特征方程为二阶的系统

$$a_2s^2+a_1s+a_0=0$$

它的劳斯表为

$$\begin{array}{c|cc} s^2 & a_2 & a_0 \\ s^1 & a_1 & 0 \\ s^0 & b_1 & 0 \end{array}$$

劳斯表中
$$b_1=-\frac{1}{a_1}\begin{vmatrix} a_2 & a_0 \\ a_1 & 0 \end{vmatrix}=\frac{a_1a_0-0}{a_1}=a_0$$

由此可得出结论，二阶系统的稳定条件是它的特征方程的系数全部为正值，即 $a_0>0$，$a_1>0$，$a_2>0$。

2. 特征方程为三阶的系统

$$a_3s^3+a_2s^2+a_1s+a_0=0$$

它的劳斯表为

$$\begin{array}{c|cc} s^3 & a_3 & a_1 \\ s^2 & a_2 & a_0 \\ s^1 & b_1 & 0 \\ s^0 & c_1 & 0 \end{array}$$

劳斯表中
$$b_1=-\frac{1}{a_2}\begin{vmatrix} a_3 & a_1 \\ a_2 & a_0 \end{vmatrix}=\frac{1}{a_2}(a_2a_1-a_3a_0)$$

$$c_1=\frac{b_1a_0}{b_1}=a_0$$

所以三阶系统稳定的充分必要条件是特征方程的各项系数均大于零并且必须满足 $a_2a_1>a_3a_0$。

例 5-1 电液位置伺服控制系统传递函数框图如图 5-2 所示，试推导系统的稳定条件。

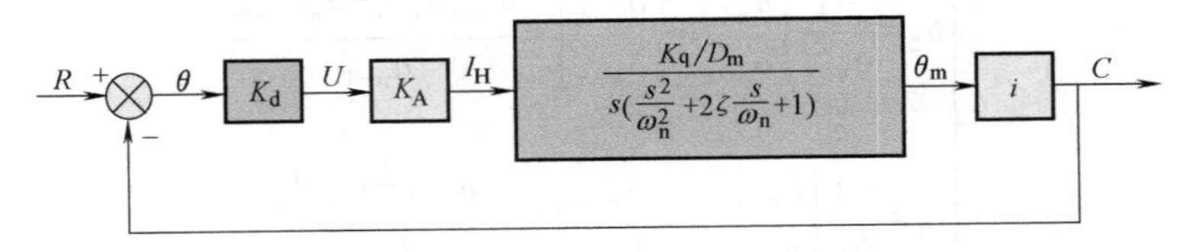

图 5-2 电液位置伺服控制系统框图

解 根据如图 5-2 所示系统传递函数框图，可得系统开环传递函数为

$$G(s)=K_dK_A\frac{K_q/D_m}{s\left(\frac{s^2}{\omega_n^2}+2\zeta\frac{s}{\omega_n}+1\right)}i=\frac{K_v}{s\left(\frac{s^2}{\omega_n^2}+2\zeta\frac{s}{\omega_n}+1\right)}$$

式中，K_v 为系统开环总增益（s^{-1}），$K_v=K_dK_AK_qi/D_m$；ω_n 为液压无阻尼谐振频率（s^{-1}）；ζ 为液压阻尼比。

系统的闭环传递函数为

$$\frac{C(s)}{R(s)}=\frac{G(s)}{1+G(s)}=\frac{K_v}{s\left(\frac{s^2}{\omega_n^2}+2\zeta\frac{s}{\omega_n}+1\right)+K_v}$$

系统闭环传递函数的特征方程为

$$\frac{s^3}{\omega_n^2}+\frac{2\zeta}{\omega_n}s^2+s+K_v=0$$

根据三阶系统的劳斯稳定判据：$a_1a_2>a_0a_3$，则可得该电液位置伺服控制系统的稳定条件是

$$\frac{2\zeta}{\omega_n}>K_v\frac{1}{\omega_n^2}$$

故得

$$K_v<2\zeta\omega_n$$

在液压控制系统中，ζ 值一般为 0.1~0.2，因此，系统的开环增益就限制为液压无阻尼谐振频率的 0.2~0.4 倍。

3. 特征方程为四阶的系统

$$a_4s^4+a_3s^3+a_2s^2+a_1s+a_0=0$$

它的劳斯表为

$$\begin{array}{c|ccc} s^4 & a_4 & a_2 & a_0 \\ s^3 & a_3 & a_1 & 0 \\ s^2 & b_1 & b_2 & 0 \\ s^1 & c_1 & 0 & 0 \\ s^0 & d_1 & 0 & 0 \end{array}$$

劳斯表中各元素为

$$b_1=\frac{a_3a_2-a_4a_1}{a_3}$$

$$b_2=\frac{a_3a_0}{a_3}=a_0$$

$$c_1=\frac{b_1a_1-a_3b_2}{b_1}$$

$$d_1=\frac{c_1b_2}{c_1}=b_2=a_0$$

则四阶系统稳定的充要条件是特征方程各项系数均为正，且满足下列条件

$$\begin{cases} a_3a_2-a_4a_1>0 \\ b_1a_1-a_3b_2>0 \end{cases}$$

进而可得稳定条件为

$$a_1a_2a_3-a_1^2a_4-a_3^2a_0>0 \tag{5-7}$$

例 5-2　已知系统的特征方程为

$$s^4+7s^3+17s^2+17s+6=0$$

试判断该系统的稳定性。

解　由于特征方程的各次系数均为正值，则由式（5-7）可得

$$a_1a_2a_3-a_1^2a_4-a_3^2a_0=2023-289-294=1440>0$$

所以该系统是稳定的。

例 5-3　已知系统的特征方程为

$$s^5-2s^4+2s^3+4s^2-11s-10=0$$

试判断该系统的稳定性。

解　根据特征方程的系数情况可以确定该系统是不稳定的，因为各项系数的符号不一致。按照劳斯判据可以确定该系统特征方程的右根数目。因为劳斯表各元素计算值为

$$
\begin{array}{c|ccc}
s^5 & 1 & 2 & -11 \\
s^4 & -2 & 4 & -10 \\
s^3 & 4 & -16 & 0 \\
s^2 & -4 & -10 & 0 \\
s^1 & -26 & 0 & 0 \\
s^0 & -10 & 0 & 0
\end{array}
$$

第一列元素的符号改变了三次，说明有三个根在复平面的虚轴右侧，系统不稳定。

四、特殊情况

如果在计算劳斯表中的各元素值时，出现某行第一列元素为零的情况，则在计算下一行的各元素值时将出现无穷大值而无法继续进行计算。为克服这一困难，计算时可用无穷小正数 ε 来代替零元素，然后继续进行计算。

例 5-4　设有特征方程为

$$D(s)=s^5+2s^4+3s^3+6s^2+10s+15=0$$

试判断系统的稳定性。

解　劳斯表为

$$
\begin{array}{c|ccc}
s^5 & 1 & 3 & 10 \\
s^4 & 2 & 6 & 15 \\
s^3 & \varepsilon & 5/2 & 0 \\
s^2 & (6\varepsilon-5)/\varepsilon & 15 & 0 \\
s^1 & \dfrac{15-25/2\varepsilon-15\varepsilon}{6-5/\varepsilon} & 0 & 0 \\
s^0 & 15 & &
\end{array}
$$

由于 ε 趋于零，可得劳斯表的第一列元素值为

$$
\begin{array}{c|c}
s^5 & 1 \\
s^4 & 2 \\
s^3 & \varepsilon \\
s^2 & -5/\varepsilon \\
s^1 & 2.5 \\
s^0 & 15
\end{array}
$$

符号有两次变化，表明特征方程在复平面的右半平面内有两个根，该闭环系统是不稳定的系统。

五、稳定裕度

对于线性控制系统，劳斯判据主要用来判断系统是否稳定。而对于系统稳定的程度如何

及是否具有满意的动态过程，应用劳斯判据无法确定。

在时域分析中，以实部绝对值最大的特征根到虚轴的距离 a 来表征系统的稳定裕度，或相对稳定性。因为，当特征根紧靠虚轴时，系统的动态过程将具有强烈的振荡特性或缓慢的非周期特性。为保证系统具有良好的动态响应，常常希望在复平面上系统特征根与虚轴之间有一定的距离 a。当系统具有的稳定裕度为 a 时，其特征根应全部位于复平面上直线 $s=-a$ 的左侧，如图 5-3 中斜线部分所示。

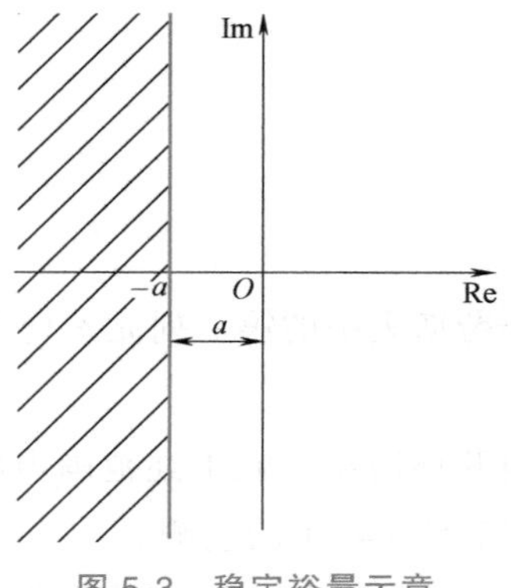

图 5-3　稳定裕量示意

为满足系统对稳定裕度的要求，可将复平面的虚轴向左平移一个常值 a，而 a 是要求的根与复平面虚轴之间的距离。然后用新变量 $s=s_1-a$ 代入原系统特征方程，得到一个关于 s_1 的方程，对此方程应用劳斯判据，可确定位于竖直线 $s=-a$ 右侧的根的数目。同样，应用平移坐标轴的方法，还可确定使系统满足稳定裕度为 a 时的某些参数的变化范围。

例 5-5　设单位反馈控制系统的开环传递函数为

$$G_K(s)=\frac{K}{s(0.1s+1)(0.25s+1)}$$

试用劳斯稳定判据确定使系统稳定的开环增益的取值范围。如果要求闭环系统的特征根全部位于直线 $s=-1$ 的左侧，则 K 的取值范围又如何？

解　系统的闭环传递函数为

$$G_B(s)=\frac{40K}{s(s+10)(s+4)+40K}$$

得系统特征方程为

$$s^3+14s^2+40s+40K=0$$

相应的劳斯表为

$$\begin{array}{c|cc} s^3 & 1 & 40 \\ s^2 & 14 & 40K \\ s^1 & (560-40K)/14 & \\ s^0 & 40K & \end{array}$$

为了使系统稳定，劳斯表中的第一列元素必须全部为正，得

$$0<K<14$$

上述不等式表明：当 $K=14$ 时，系统处于临界稳定状态，而开环增益 $K>14$ 时，闭环系统将变得不稳定。

如果要求闭环系统特征方程的根全部位于直线 $s=-1$ 的左侧，可令 $s=s_1-1$ 代入原特征方程，得到如下的特征方程

$$(s_1-1)^3+14(s_1-1)^2+40(s_1-1)+40K=0$$

整理得

$$s_1^3+11s_1^2+15s_1+(40K-27)=0$$

相应的劳斯表为

$$
\begin{array}{c|cc}
s_1^3 & 1 & 15 \\
s_1^2 & 11 & 40K-27 \\
s_1^1 & [165-(40K-27)]/11 & \\
s_0^1 & 40K-27 &
\end{array}
$$

令劳斯表中的第一列元素均为正，得

$$0.675<K<4.8$$

当开环增益 K 在上述范围内取值时，可保证闭环系统的特征根距虚轴的距离均大于 1，即位于直线 $s=-1$ 的左侧。

上述分析表明，系统参数对系统稳定性是有影响的。适当选取某些系统参数，不但可以使系统稳定，而且可以使系统具有良好的动态响应。

第三节　奈奎斯特稳定判据

奈奎斯特稳定性判据是通过系统开环传递函数的极坐标图（即奈奎斯特图）来判别闭环系统稳定性的一种方法。奈奎斯特判据建立在幅角原理基础上，并通过辅助函数 $F(\mathrm{j}\omega)=1+G_{\mathrm{K}}(\mathrm{j}\omega)$ 建立起系统开环传递函数与闭环传递函数之间的相互关系。根据系统开环传递函数的奈奎斯特图形是否包围了点（−1，0），而对闭环系统的稳定性作出判定，并揭示出改善系统性能的途径。奈奎斯特稳定判据是判别稳定性的图解法，又称几何判据。

一、幅角原理

设系统的开环传递函数为　　$G_{\mathrm{K}}(s)=\dfrac{M(s)}{D(s)}$

则特征方程可表示为

$$D(s)=a_n(s+p_1)(s+p_2)\cdots(s+p_n)=0 \tag{5-8}$$

式中，p_1，p_2，…，p_n 是特征方程的根，可以是实根，也可以是共轭复根。将方程中的因子 s 用 $\mathrm{j}\omega$ 替代后可得到特征函数 D（$\mathrm{j}\omega$），即

$$D(\mathrm{j}\omega)=a_n(\mathrm{j}\omega+p_1)(\mathrm{j}\omega+p_2)\cdots(\mathrm{j}\omega+p_n) \tag{5-9}$$

把特征函数 $D(\mathrm{j}\omega)$ 中的每一个因式（$\mathrm{j}\omega+p_i$）用复平面中的矢量 $\boldsymbol{D}_i(\mathrm{j}\omega)$ 来表示，矢量的起点为特征方程根的位置所在点 p_i，而终点则应位于虚轴上 ω 的相应位置上。下面根据特征方程根所处位置的不同，当 ω 由 $0\to\infty$ 变化时，对矢量 $\boldsymbol{D}_i(\mathrm{j}\omega)$ 的幅角变化情况进行分析。

1）p_1 为负实根时，它位于复平面的负实轴上。当 ω 由 $0\to\infty$ 变化时，矢量 $\boldsymbol{D}_1(\mathrm{j}\omega)=\mathrm{j}\omega+p_1$ 的幅角变化正好为$\dfrac{\pi}{2}$（这里幅角变化以逆时针方向为正）。记为 $\angle\boldsymbol{D}_1(\mathrm{j}\omega)=\dfrac{\pi}{2}$，如图 5-4a 所示。

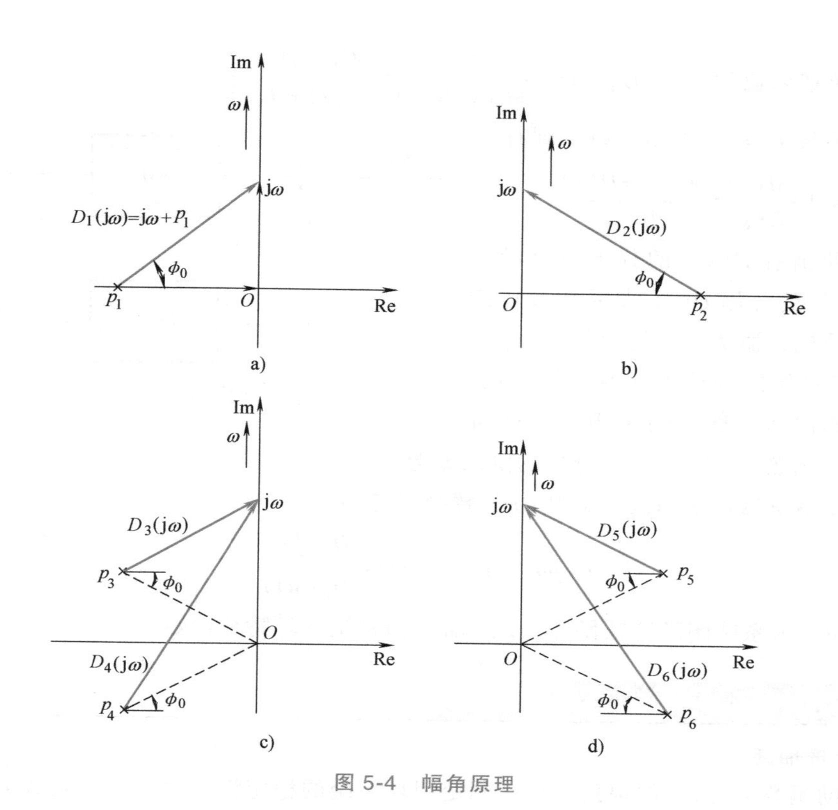

图 5-4　幅角原理

2）p_2 为正实根时，它位于复平面的正实轴上。当 ω 由 $0\to\infty$ 变化时，矢量 $\boldsymbol{D}_2(j\omega)=j\omega+p_2$ 的幅角变化则为 $-\dfrac{\pi}{2}$，即 $\angle\boldsymbol{D}_2(j\omega)=-\dfrac{\pi}{2}$，如图 5-4b 所示。

3）p_3、p_4 为一对共轭复根并具有负实部时，它们位于复平面的左侧。当 ω 由 $0\to\infty$ 变化时，矢量 $\boldsymbol{D}_3(j\omega)$ 的幅角变化为 $\dfrac{\pi}{2}+\phi_0$，记为 $\angle\boldsymbol{D}_3(j\omega)=\dfrac{\pi}{2}+\phi_0$，而矢量 $\boldsymbol{D}_4(j\omega)$ 的幅角变化为 $\dfrac{\pi}{2}-\phi_0$，记为 $\angle\boldsymbol{D}_4(j\omega)=\dfrac{\pi}{2}-\phi_0$，它们的幅角变化的平均值仍为 $\dfrac{\pi}{2}$，如图 5-4c 所示。

4）p_5、p_6 为一对共轭复根并具有正实部时，它们位于复平面的右半平面内。当 ω 由 $0\to\infty$ 变化时，两个矢量幅角变化的平均值为 $-\dfrac{\pi}{2}$，如图 5-4d 所示。

由此得出结论：如果系统是稳定的，特征方程根应全部位于复平面的虚轴左侧，则对于特征函数 $D(j\omega)$，当 ω 由 $0\to\infty$ 变化时，它的总幅角变化应为 $n\dfrac{\pi}{2}$（n 阶系统），即 $\angle\boldsymbol{D}(j\omega)=n\dfrac{\pi}{2}$。如果总幅角变化不等于 $n\dfrac{\pi}{2}$，则说明出现了右根，系统不稳定。

二、辅助函数 $F(s)$

设有闭环系统框图如图 5-5 所示。系统的开环传递函数为

$$G_K(s)=G(s)H(s)=\frac{M(s)}{D(s)}$$

系统的闭环传递函数为 $G_B(s)=\dfrac{G(s)}{1+G(s)H(s)}=\dfrac{G(s)D(s)}{M(s)+D(s)}$

令辅助函数 $F(s)=1+G_K(s)$，则有

$$F(s)=1+\frac{M(s)}{D(s)}=\frac{M(s)+D(s)}{D(s)}$$

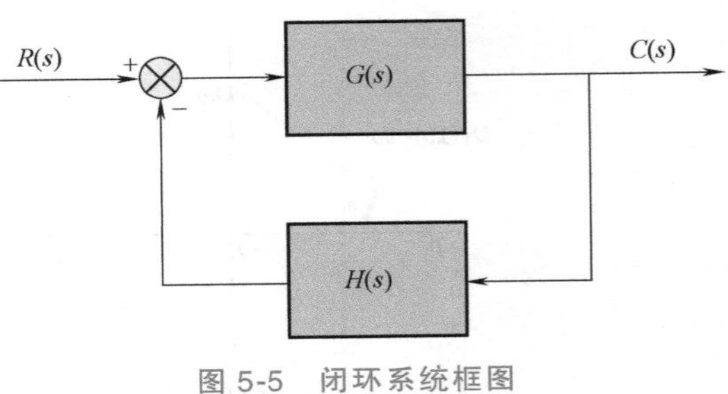

图 5-5　闭环系统框图

观察辅助函数 $F(s)$ 的分子与分母可以发现，$F(s)$ 的分母 $D(s)$ 是系统开环传递函数的特征式，而 $F(s)$ 的分子 $D(s)+M(s)$ 正好是系统闭环传递函数的特征式。由于 $D(s)$ 的阶次一般均高于 $M(s)$ 的阶次，所以辅助函数 $F(s)$ 的分子分母的阶次相等。

将辅助函数 $F(s)$ 中的因子 s 用 $j\omega$ 代替则可得到

$$F(j\omega)=1+G_K(j\omega)=\frac{D_B(j\omega)}{D_K(j\omega)} \tag{5-10}$$

式中，$D_B(j\omega)$ 为系统闭环特征函数；$D_K(j\omega)$ 为系统开环特征函数。

三、奈奎斯特稳定判据的三种描述

1. 第一种描述

根据辅助函数 $F(j\omega)$ 的幅角变化来判定闭环系统的稳定性。由于辅助函数 $F(j\omega)$ 的分子为闭环系统特征函数，而分母是开环系统的特征函数。因此，若开环系统是稳定的，则对应的特征方程根均位于复平面左侧，那么，当 ω 由 $0\to\infty$ 变化时，开环系统特征函数 $D(j\omega)$ 的幅角变化为 $n\dfrac{\pi}{2}$（n 阶系统）；若闭环系统也是稳定的，则当 ω 由 $0\to\infty$ 变化时，闭环系统特征函数 $D_B(j\omega)$ 的幅角变化同样为 $n\dfrac{\pi}{2}$（分子分母的阶次相等）。这样，对于辅助函数 $F(j\omega)=\dfrac{D_B(j\omega)}{D_K(j\omega)}$，当 ω 由 $0\to\infty$ 变化时它的幅角变化等于零，即

$$\angle \boldsymbol{F}(j\omega)=\angle \boldsymbol{D}_B(j\omega)-\angle \boldsymbol{D}_K(j\omega)=n\frac{\pi}{2}-n\frac{\pi}{2}=0$$

结论是：系统开环稳定时，则闭环稳定的充分必要条件是 $\angle \boldsymbol{F}(j\omega)=0$。相反，如果当 ω 由 $0\to\infty$ 变化时，辅助函数 $F(j\omega)$ 的幅角变化不等于零，则系统不稳定。

2. 第二种描述

根据系统开环频率特性的奈奎斯特图是否包围了复平面上的点（−1，0）来判定闭环系统的稳定性。如果开环系统是稳定的，则闭环系统稳定的充分必要条件是开环传递函数的极坐标图不包围点（−1，0），如图 5-6a 所示。如果开环传递函数的极坐标图包围点（−1，0），则闭环系统不稳定，如图 5-6b 所示。如果开环传递函数的极坐标图正好经过点（−1，0），则闭环系统为一临界稳定系统，如图 5-6c 所示。

由于 $F(j\omega)=1+G_K(j\omega)$，只要把开环频率特性 $G_K(j\omega)$ 的奈奎斯特图原点移到点（−1，0），开环奈奎斯特图就成了辅助函数 $F(j\omega)$ 的奈奎斯特图。当 ω 由 $0\to\infty$ 变化时，

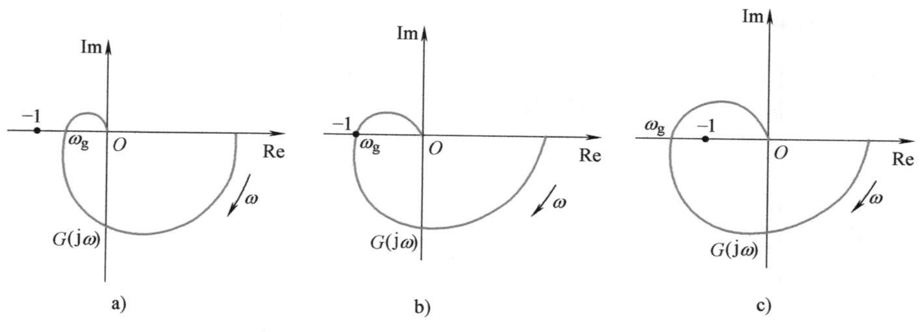

图 5-6　奈奎斯特稳定判据

如果图形不包围自己的坐标原点，则 $F(\mathrm{j}\omega)$ 的幅角变化为零，如果图形包围了自己的坐标原点，则 $F(\mathrm{j}\omega)$ 的幅角变化就不等于零。所以，奈奎斯特稳定判据的第二种描述仍然是建立在幅角原理基础上的。

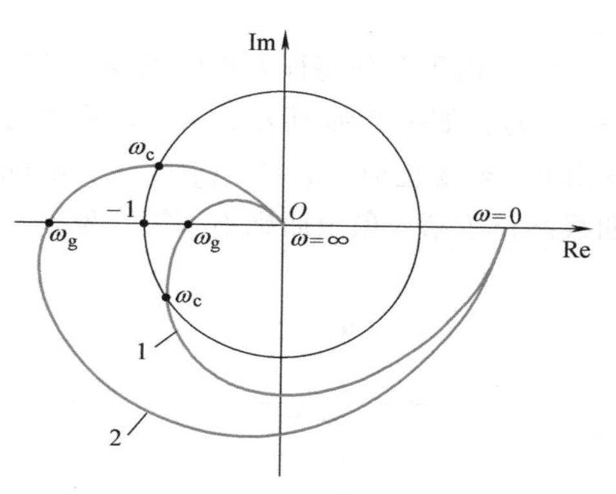

图 5-7　判别稳定性的奈奎斯特图

3. 第三种描述

根据系统开环奈奎斯特图与单位圆和负实轴交点的位置来判别闭环系统的稳定性。如果系统开环稳定，则闭环稳定的充要条件是，当 ω 由 $0\to\infty$ 变化时，开环奈奎斯特图先与单位圆相交，然后再与负实轴相交。相反，如果开环奈奎斯特图先与负实轴相交，然后再与单位圆相交，则闭环系统不稳定。如图 5-7 所示奈奎斯特图中，曲线 1 为稳定系统，曲线 2 为不稳定系统。

四、奈奎斯特稳定判据的两点说明

1）前面讨论的奈奎斯特稳定判据都是以开环稳定作为先决条件的，即在开环传递函数的特征方程没有右根时判别闭环系统稳定性的一种方法。对于开环不稳定的系统，闭环系统仍有可能稳定。这时要依据开环奈奎斯特图逆时针包围点（−1，0）的圈数与开环特征方程的右根数是否对应最终作出判别，这里不详细展开介绍。

2）当开环传递函数中有积分环节时，则开环系统的奈奎斯特图是不封闭的。当传递函数中只有一个积分环节时，$\omega=0$ 的起始点位于负虚轴的无穷远处；当有两个积分环节时，起始点位于负实轴的无穷远处。为了判别图形是否包围点（−1，0），可以将正实轴与图形起始点用一个 $R=\infty$ 的辅助圆连接起来，从而产生一个封闭图形，如图 5-8a、b 所示。然后根据图形是否包围了点（−1，0），对闭环系统的稳定性作出判定。

五、奈奎斯特稳定判据的应用举例

例 5-6　设某系统开环传递函数为 $G(s)=\dfrac{K}{(T_1s+1)(T_2s+1)}$，试用奈奎斯特稳定判据分析闭环系统的稳定性。

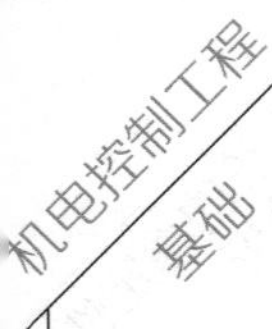

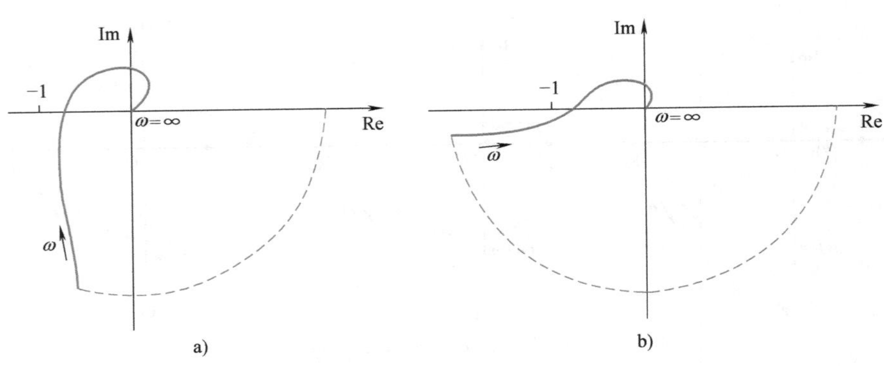

图 5-8　有积分环节时的辅助圆

解　由于开环特征方程的根均为负实数，故系统开环稳定。并且开环奈奎斯特图不包围点 (−1，0)，如图 5-9a 所示，故闭环系统稳定。事实上，从系统的开环频率特性中可以看到，当 ω 由 $0\to\infty$ 变化时，$\angle \boldsymbol{G}_{\mathrm{K}}(\mathrm{j}\omega) = -\arctan\omega T_1 - \arctan\omega T_2$。在 $\omega=\infty$ 时，$\angle \boldsymbol{G}_{\mathrm{K}}(\mathrm{j}\omega) = -180°$，曲线终止于第三象限而到不了第二象限内，所以无论 K 取任何正值，系统始终稳定。

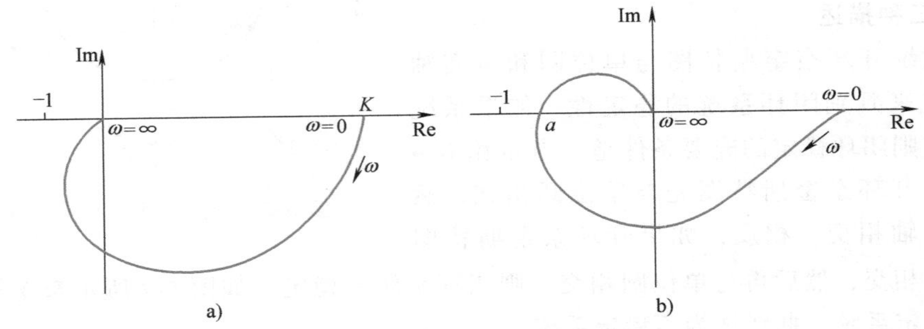

图 5-9　多个惯性环节的奈奎斯特图

a）两个惯性环节　b）三个惯性环节

例 5-7　系统的开环传递函数为 $G_{\mathrm{K}}(s) = \dfrac{K}{(T_1 s+1)(T_2 s+1)(T_3 s+1)}$，式中，$T_1 = 0.1\mathrm{s}$，$T_2 = 0.05\mathrm{s}$，$T_3 = 0.01\mathrm{s}$。试求 K 值为多大时，闭环系统稳定。

解　由于系统开环稳定，根据奈奎斯特稳定判据，可以首先画出开环的奈奎斯特图，如图 5-9b 所示。因为 $G_{\mathrm{K}}(\mathrm{j}\omega) = U(\omega) + \mathrm{j}V(\omega)$，式中

$$U(\omega)=\frac{[1-(T_1T_2+T_2T_3+T_1T_3)\omega^2]K}{[1-(T_1T_2+T_2T_3+T_1T_3)\omega^2]^2+\omega^2[(T_1+T_2+T_3)-T_1T_2T_3\omega^2]^2}$$

$$V(\omega)=\frac{-\omega[(T_1+T_2+T_3)-T_1T_2T_3\omega^2]K}{[1-(T_1T_2+T_2T_3+T_1T_3)\omega^2]^2+\omega^2[(T_1+T_2+T_3)-T_1T_2T_3\omega^2]^2}$$

从图 5-9b 来看，闭环系统要稳定即图形不包围点 (−1，0)，则必须使点 a 位于 (−1，0) 点的右侧，即点 a 的实数值应大于−1。先令 $V(\omega)=0$，求出 a 点的 ω 值，即令

$$-\omega[(T_1+T_2+T_3)-T_1T_2T_3\omega^2]K=0$$

可得

$$\omega_a=\sqrt{\frac{T_1+T_2+T_3}{T_1T_2T_3}}$$

代入 $U(\omega)$ 得

$$U(\omega_a)=\frac{\left[1-\left(\frac{1}{T_1}+\frac{1}{T_2}+\frac{1}{T_3}\right)(T_1+T_2+T_3)\right]K}{\left[1-\left(\frac{1}{T_1}+\frac{1}{T_2}+\frac{1}{T_3}\right)(T_1+T_2+T_3)\right]^2}$$

所以使闭环系统稳定的条件为 $U(\omega_a)>-1$

即
$$K<2+\frac{T_1}{T_2}+\frac{T_1}{T_3}+\frac{T_2}{T_1}+\frac{T_2}{T_3}+\frac{T_3}{T_1}+\frac{T_3}{T_2}$$

将已知时间常数 $T_1=0.1\text{s}$，$T_2=0.05\text{s}$，$T_3=0.01\text{s}$ 代入上式，得当 $K<19.8$ 时闭环系统稳定。

例 5-8　试分析开环传递函数为 $G_K(s)=\dfrac{K(T_4s+1)}{s(T_1s+1)(T_2s+1)(T_3s+1)}$ 的Ⅰ型系统的闭环稳定性。

解　由于当 $\omega=0$ 时，$|G_K(j\omega)|=\infty$，$\angle G_K(j\omega)=-90°$；

当 $\omega=\infty$ 时，$|G_K(j\omega)|=0$，$\angle G_K(j\omega)=-270°$。

又由于系统中包含一个积分环节，因此 $\omega=0$ 的起始点位于负虚轴的无穷远处。系统为四阶系统加一阶微分环节，则 $\omega\to\infty$ 时曲线终止于$-270°$。

当 T_4 取小值时，则微分环节在高频时起作用，低频时不起作用，开环奈奎斯特图将包围点（-1，0），如图 5-10 中曲线 1 所示。当 T_4 取大值时，则微分环节在低频时就开始起作用，开环奈奎斯特曲线将不包围点（-1，0），如图 5-10 中曲线 2 所示。所示当 T_4 取大值时，闭环系统稳定，而 T_4 取小值时，闭环系统不稳定。

图 5-10　Ⅰ型系统稳定性分析

例 5-9　某Ⅱ型系统的开环传递函数为 $G_K(s)=\dfrac{K(T_2s+1)}{s^2(T_1s+1)}$，试分析闭环系统的稳定性。

解　当 $\omega=0$ 时，$|G_K(j\omega)|=\infty$，$\angle G_K(j\omega)=-180°$；

当 $\omega=\infty$ 时，$|G_K(j\omega)|=0$，$\angle G_K(j\omega)=-180°$。

而 ω 为任意值时，$\angle G_K(j\omega)=-180°-\arctan T_1\omega+\arctan T_2\omega$。

1）当 $T_1<T_2$ 时，开环奈奎斯特图位于第三象限内，不包围点（-1，0），闭环系统稳定，如图 5-11a 所示。

2）当 $T_1=T_2$ 时，开环奈奎斯特图与负实轴重合，正好穿过点（-1，0），闭环系统临界稳定，如图 5-11b 所示。

3）当 $T_1>T_2$ 时，开环奈奎斯特图位于第二象限内，ω 由 $0\to\infty$ 变化时，图形包围点（-1，0），闭环系统不稳定，如图 5-11c 所示。

从以上例题的分析中可得到如下结论：

1）开环系统中串联的积分环节越多，系统型次越高，则开环奈奎斯特图就越容易包围（-1，0）点，闭环系统就越不容易稳定。一般系统的型次不超过Ⅱ型。

2）微分环节的时间常数越大，则在越低的频率时就开始影响奈奎斯特图的轨迹形状，

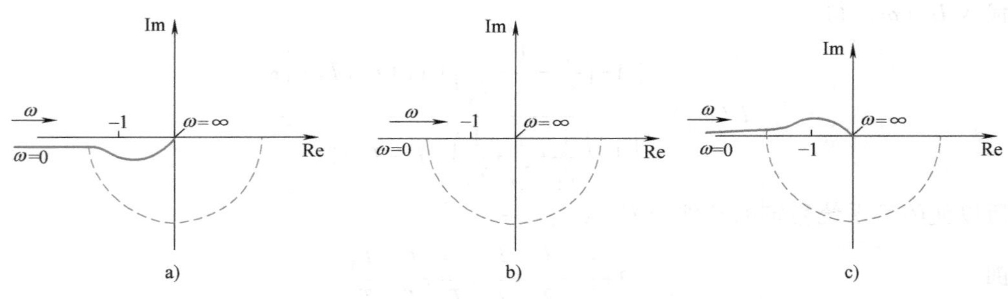

图 5-11　Ⅱ型系统的稳定性分析

可使系统趋于稳定。微分环节的时间常数小时，只在高频时对奈奎斯特轨迹起作用，这样对闭环系统的稳定性是不利的。

第四节　伯德稳定判据

控制系统传递函数频率特性的极坐标图与对数坐标图有着相互对应的关系。伯德稳定判据可以认为是奈奎斯特稳定判据的又一种描述方法。伯德判据是根据系统开环伯德图对闭环系统的稳定性作出判别。它在描述系统的相对稳定性与稳定储备这些概念时，更直观清晰。

一、系统开环伯德图与开环奈奎斯特图的对应关系

1）奈奎斯特图上的单位圆相当于伯德图上的0dB 线，因为当$|G_K(j\omega)|=1$时，则有$20\lg|G_K(j\omega)|=0\text{dB}$。

2）奈奎斯特图上的负实轴相当于伯德图上的$-180°$线。因为负实轴上任意点所对应的相位始终为$-180°$。

3）奈奎斯特图与单位圆的交点相当于伯德图中幅频特性图与0dB 线的交点。该点对应的频率通常称为增益交界频率，记作ω_c。

4）奈奎斯特图与负实轴的交点相当于伯德图中相频特性图与$-180°$线的交点。该点对应的频率称为相位交界频率，记作ω_g。

5）奈奎斯特图如果顺时针包围点（-1，0），则曲线先与负实轴相交于ω_g点，然后才与单位圆相交于ω_c点，即$\omega_g<\omega_c$。这就相当于伯德图中相频曲线先在ω_g点处与$-180°$线相交，然后幅频曲线才在ω_c点处与0dB 线相交，如图 5-12a 所示。如果奈奎斯特图不包围点（-1，0），则曲线先与单位圆相交于ω_c点，然后才与负实轴相交于ω_g点，即$\omega_c<\omega_g$。这就相当于伯德图中幅频曲线先在ω_c点处与0dB 线相交，然后相频曲线才在ω_g点处与$-180°$线相交，如图 5-12b 所示。

二、伯德稳定判据的描述

若系统开环稳定，则当开环对数幅频特性曲线先与 0dB 线相交，然后其对数相频特性曲线才与$-180°$线相交，即$\omega_c<\omega_g$时，闭环系统稳定，如图 5-12b 所示。相反，若对数相频特性曲线先与$-180°$线相交，然后对数幅频特性曲线才与 0dB 线相交，即$\omega_g<\omega_c$时，则闭环

系统不稳定，如图 5-12a 所示。如果 $\omega_g=\omega_c$，则闭环系统处于临界稳定状态。

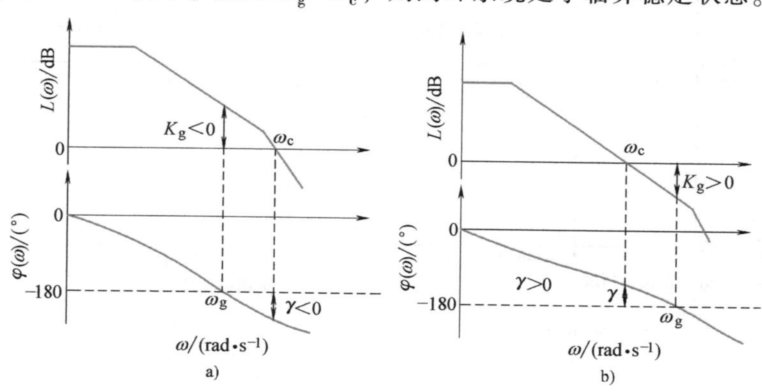

图 5-12 伯德稳定判据

a）不稳定系统 b）稳定系统

三、系统的相对稳定性

相对稳定性是描述系统稳定程度的一种度量方法，通常采用相位裕度 γ（ω_c）与幅值裕度 K_g 两个参数表示。

1. 相位裕度 γ（ω_c）

当 $\omega=\omega_c$ 时，对数相频特性曲线上的对应点距离−180°线的相位差值 γ 称为相位裕度。系统稳定时，相频曲线上的 ω_c 点会位于−180°线的上方，此时称 γ 为正相位裕度。表示系统具有正的稳定储备，即在 ω_c 的频率下，相位再增加 γ 系统才达到临界稳定状态。对于不稳定的系统，相频曲线上的 ω_c 点会位于−180°线的下方，这时称 γ 为负相位裕度。

相位裕度的计算式为

$$\gamma=180°+\varphi(\omega_c) \tag{5-11}$$

式中，G_K（jω）的相位 φ（ω_c）通常为负值。例如，当 φ（ω_c）=−150°时，$\gamma=180°-150°=30°$，相位裕度为正；当 φ（ω_c）=−210°时，$\gamma=180°-210°=-30°$，相位裕度为负，如图 5-13 所示。

2. 幅值裕度 K_g

当 $\omega=\omega_g$ 时，开环幅频特性的倒数称为系统的幅值裕度 K_g，即

$$K_g=\frac{1}{|G_K(j\omega)|} \tag{5-12}$$

在伯德图上幅值裕度以分贝形式表示，为

$$K_g(\mathrm{dB})=20\lg K_g=-20\lg|G_K(j\omega)| \tag{5-13}$$

系统稳定时，对数幅频特性曲线上的 ω_g 点位于 0dB 线以下，此时称 K_g（dB）为正幅值裕度。表明系统具有正幅值稳定储备，即在 ω_g 的频率下，对数幅频再增加 K_g（dB），系统才处于临界稳定状态。对于不稳定的系统，幅频曲线上的 ω_g 点位于 0dB 线的上方，此时称 K_g（dB）为负幅值裕度。图 5-13a 表示了稳定系统的正相位裕度与正幅值裕度，图 5-13b 则表示了不稳定系统的负相位裕度与负幅值裕度。

应当指出，在工程控制实践中，不仅希望控制系统稳定，同时希望系统具有满意的稳定性储备。一般要求

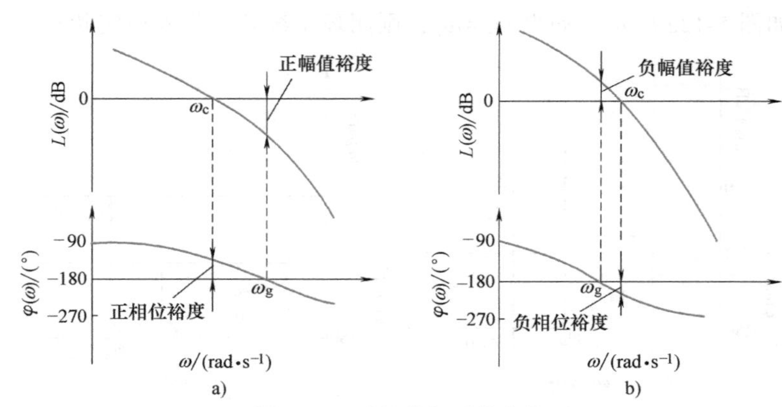

图 5-13　系统的相对稳定性

a）稳定系统　b）不稳定系统

$$\gamma = 30° \sim 60° \tag{5-14}$$

$$K_g(\text{dB}) > 6\text{dB} \tag{5-15}$$

这也是控制系统设计与校正的主要参考依据。

四、伯德稳定判据的应用举例

例 5-10　某单位反馈闭环系统具有开环传递函数

$$G_K(s) = \frac{K}{s(s+1)(0.2s+1)}$$

试分析当 K 值分别取 10 和 100 时，系统的相对稳定性。

解　当 $K=10$，$K=100$ 时，分别绘制系统的开环伯德图，如图 5-14 所示。

比较两个伯德图可知，$K=10$ 时的幅频图比 $K=100$ 时的幅频图高 20dB，形状相同，而它们的相频图完全一致。

由图 5-14 可以看出，$K=10$ 时系统的相位裕度 $\gamma=21°$，幅值裕度 K_g（dB）= 8dB。

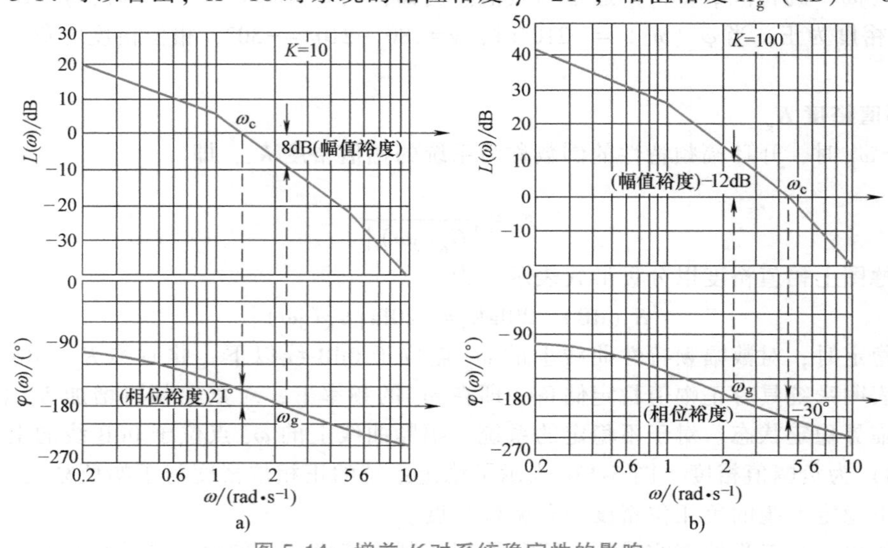

图 5-14　增益 K 对系统稳定性的影响

a）$K=10$ 时的系统伯德图　b）$K=100$ 时的系统伯德图

而当 $K=100$ 时，增益交界频率 ω_c 的右移导致了系统的相位裕度 $\gamma=-30°$，幅值裕度 K_g（dB）$=-12$dB。根据伯德稳定判据可知，随着增益 K 的提高，闭环系统逐渐地由稳定系统变为不稳定系统。

例 5-11　设系统开环传递函数为

$$G(s)=\frac{\omega_n^2}{s(s^2+2\zeta\omega_n s+\omega_n^2)}$$

试分析当阴尼系数 ζ 很小时（$\zeta\approx0$），闭环系统的相对稳定性。

解　分析：由于 ζ 很小，系统将在固有频率附近发生幅值共振，伯德图形状如图 5-15 所示。由图示可知，系统的相位裕度 γ 很大而幅值裕度 K_g（dB）却很小。这是由 ζ 很小时一阶振荡环节的幅频特性峰值很高所致。所以如果仅以相位裕度 γ 来评定该系统的相对稳定性，将得出系统稳定程度高的结论。而实际上由于 ζ 很小，系统的稳定程度不是高而是低。因此，同时依据相位裕度 γ 及幅值裕度 K_g（dB）全面评价系统的相对稳定性，就可避免得出不合实际的结论。

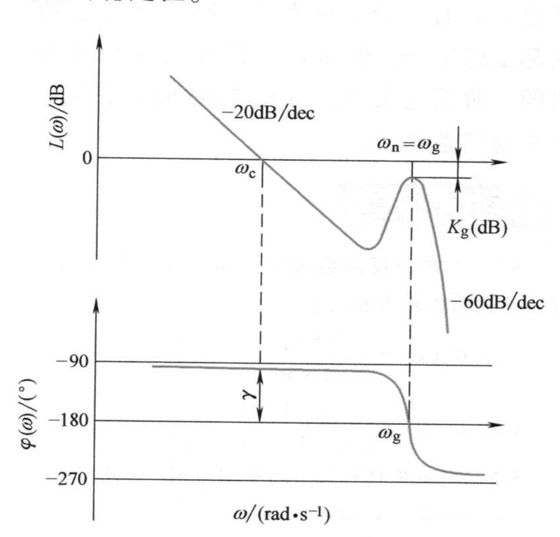

图 5-15　阻尼比 ζ 对系统稳定性的影响

例 5-12　设单位反馈系统的开环传递函数为

$$G(s)=\frac{Ke^{-0.8s}}{s+1}$$

试用奈奎斯特图来确定使系统稳定的增益 K 的临界值。

解　对于该系统

$$G(j\omega)=\frac{Ke^{-0.8j\omega}}{j\omega+1}=\frac{K(\cos0.8\omega-j\sin0.8\omega)(1-j\omega)}{1+\omega^2}$$

$$=\frac{K}{1+\omega^2}[(\cos0.8\omega-\omega\sin0.8\omega)-j(\sin0.8\omega+\omega\cos0.8\omega)]$$

令 G（$j\omega$）的虚部等于零，则

$$\sin0.8\omega+\omega\cos0.8\omega=0$$

得

$$\omega=-\tan0.8\omega$$

解方程，求 ω 的最小值，可得

$$\omega=2.45\text{s}^{-1}$$

将 $\omega=2.45\text{s}^{-1}$ 代入 G（$j\omega$）的实部，可得

$$\frac{K}{1+2.45^2}(\cos1.96-2.45\sin1.96)=-0.378K$$

求使系统稳定所需的 K 的临界值，可令

$$G(\mathrm{j}2.45)=-1$$

因此 $0.378K=1$

得 $K=2.65$

图 5-16 表示了 $G(\mathrm{j}\omega)=\dfrac{2.65\mathrm{e}^{-0.8\mathrm{j}\omega}}{1+\mathrm{j}\omega}$ 和 $G(\mathrm{j}\omega)=\dfrac{2.65}{1+\mathrm{j}\omega}$ 的奈奎斯特图。对于不包含延迟环节的一阶系统来说，对所有的 K 值它都是稳定的。但是对于具有 0.8s 传递延迟的一阶系统来说，当 $K>2.65$ 时，它就成了不稳定系统了。

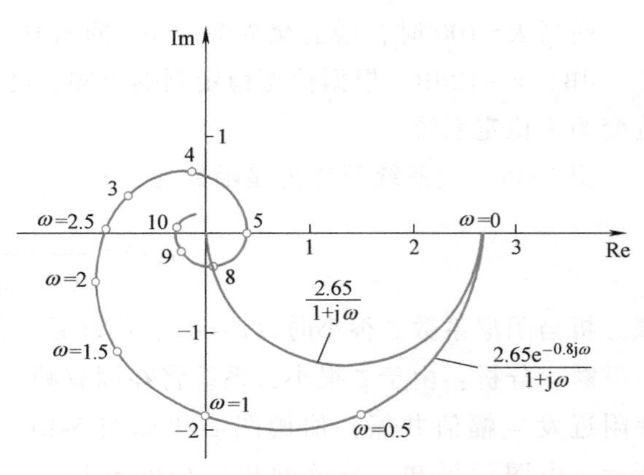

图 5-16　延迟环节对系统稳定性的影响

习　题

5-1　当单位反馈系统具有如下开环传递函数时，判别系统是否稳定。

(1) $G(s)=\dfrac{3s+1}{s^2+2s+50}$

(2) $G(s)=\dfrac{1050}{s(s+1)(0.1s+1)}$

5-2　当系统具有如下特征方程时，判别系统是否稳定。

(1) $s^4+2s^3+s^2+2s+1=0$

(2) $s^5+2s^4+s^3+3s^2+4s+5=0$

5-3　系统的闭环传递函数为

$$G_{\mathrm{B}}(s)=\frac{K}{(T_1s+1)(T_2s+1)(T_3s+1)}$$

应用劳斯判据，求使系统稳定的增益系数 K 的取值范围。

5-4　应用劳斯判据，确定 K 的取值范围，使如图 5-17 所示系统稳定。

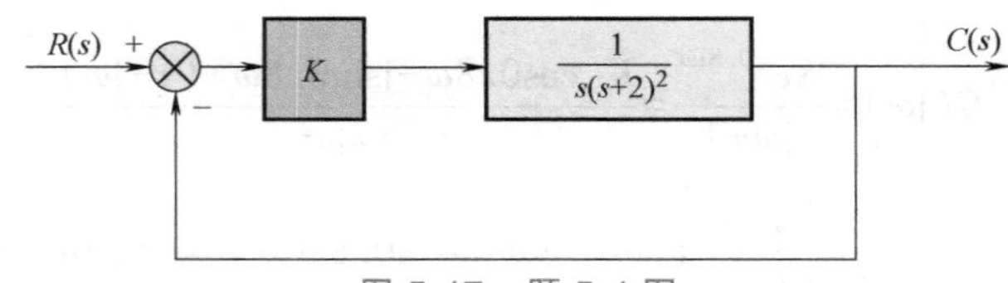

图 5-17　题 5-4 图

5-5　系统开环传递函数为

$$G(s)=\frac{2\mathrm{e}^{-\tau s}}{s(s+10)}$$

应用奈奎斯特稳定判据，求使系统稳定的 τ 的极限值。

5-6　设单位反馈控制系统的开环传递函数为

$$G(s)=\frac{\alpha s+1}{s^2}$$

试确定使系统相位裕度等于 45°的 α 值。

5-7　应用奈奎斯特稳定判据，确定 K 的取值范围，使如图 5-18 所示系统稳定。

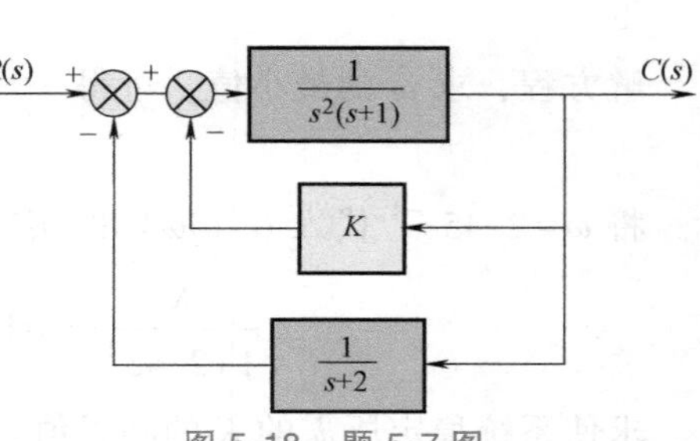

图 5-18　题 5-7 图

第六章
控制系统的性能分析

在前面几章中，我们已经讨论了控制的时域分析法和频域分析法，即在控制系统数学模型已知的情况下分析系统的稳定性和动态品质，这为控制系统的设计提供了必要的理论基础。而对于一个控制系统来说，不仅要求其稳定、准确和快速，还有经济性、工艺性、体积和寿命等要求。在分析和设计系统时，还应具备一定的控制系统性能准则方面的知识和实践经验。本章主要从控制的角度讨论组成控制系统的各元器件的参数变化对闭环系统性能的影响，即所谓灵敏度的问题、控制系统的时域、频域性能指标及相互之间的关系问题，以及系统的稳态误差系数和如何提高稳态精度等问题。

第一节 灵 敏 度

灵敏度是系统对各个孤立环节依赖程度的度量。组成控制系统的各元器件，由于工作条件的变化、制造水平的差异，其工作参数总有或多或少变化，而处于控制系统中不同通道上的元器件的这种变化对控制系统性能的影响是不同的。影响大的就称该控制系统对某环节是“灵敏”的或灵敏度大；否则，就是灵敏度小。在控制系统的设计中，人们期望控制系统的输出对于元器件参数变化的灵敏度小，保持输出稳定。

设 α 是前向通道传递函数 $G(s)$ 的一个参数，则 $G(s)$ 对于参数 α 的灵敏度定义为

$$S_{\alpha}^{G}=\frac{\mathrm{d}\ln G}{\mathrm{d}\ln\alpha}=\frac{\mathrm{d}G/G}{\mathrm{d}\alpha/\alpha}=\frac{\alpha}{G}\frac{\mathrm{d}G}{\mathrm{d}\alpha} \tag{6-1}$$

也可写成

$$S_{\alpha}^{G}=\lim_{\alpha\to 0}\frac{\dfrac{\Delta G}{G}}{\dfrac{\Delta\alpha}{\alpha}} \tag{6-2}$$

由于一般情况下，α 的变化率较小，因而，对于传递函数 $G(s)$ 来说，由式（6-1）和式（6-2）即可求出其变化率 $\Delta G/G$。因此，α 的变化反映了该前向通道传递函数的灵敏度，对于一个具有反馈环节 $H(s)$ 的闭环系统来说，其传递函数 $\Phi(s)$ 为

$$\Phi(s)=\frac{Y(s)}{X(s)}=\frac{G(s)}{1+G(s)H(s)}$$

因此，其前向通道传递函数 $G(s)$ 中的参数 α 的变化对整个闭环传递函数的影响，即闭环传递函数 $\Phi(s)$ 对参数 α 的灵敏度为

$$\begin{aligned}S_{\alpha}^{\Phi}&=\frac{\mathrm{d}\ln\Phi}{\mathrm{d}\ln\alpha}=\frac{\alpha}{\Phi}\frac{\mathrm{d}\Phi}{\mathrm{d}\alpha}=\frac{\alpha(1+GH)}{G}\frac{\mathrm{d}\Phi}{\mathrm{d}G}\frac{\mathrm{d}G}{\mathrm{d}\alpha}\\&=\frac{\alpha(1+GH)}{G}\frac{\mathrm{d}G}{\mathrm{d}\alpha}\frac{1+GH-GH}{(1+GH)^2}\\&=\frac{\alpha}{G}\frac{\mathrm{d}G}{\mathrm{d}\alpha}\frac{1}{1+GH}\end{aligned} \tag{6-3}$$

因此

$$S_{\alpha}^{\Phi}=\frac{1}{1+G(s)H(s)}S_{\alpha}^{G} \tag{6-4}$$

由式（6-4）可知，闭环系统采用传递函数为 $H(s)$ 的负反馈，可使闭环系统传递函数 $\Phi(s)$ 对 α 的灵敏度降为前向通道传递函数 $G(s)$ 对 α 的灵敏度的 $1/[1+G(s)H(s)]$ 倍，这就是闭环系统的一个优点。

同理，设 β 为反馈回路 $H(s)$ 的一个参数，则该闭环传递函数 $\Phi(s)$ 对 β 的灵敏度为

$$S_\beta^\Phi=\frac{\mathrm{d}\ln\Phi}{\mathrm{d}\ln\beta}=\frac{\beta}{\Phi}\frac{\mathrm{d}\Phi}{\mathrm{d}\beta}=\frac{\beta}{\Phi}\frac{\mathrm{d}\Phi}{\mathrm{d}H}\frac{\mathrm{d}H}{\mathrm{d}\beta}=\frac{\beta}{H}\frac{\mathrm{d}H}{\mathrm{d}\beta}\frac{H}{\Phi}\frac{\mathrm{d}\Phi}{\mathrm{d}H}$$
$$=S_\beta^H\frac{H}{\Phi}\frac{-GG}{(1+GH)^2}=-S_\beta^H\frac{G^2}{(1+GH)^2}\frac{H}{\Phi}$$
$$=-S_\beta^H\frac{G^2}{(1+GH)^2}\frac{H(1+GH)}{G}$$
$$=-S_\beta^H\frac{GH}{1+GH}$$

因此

$$S_\beta^\Phi=-S_\beta^H\frac{G(s)H(s)}{1+G(s)H(s)} \tag{6-5}$$

由此可见，该控制系统的开环增益 $|G(s)H(s)|\gg1$ 时，S_β^Φ 和 S_β^H 的大小几乎相等，正负相反。

例 6-1　如图 6-1 所示为某直流伺服电动机的位置控制系统框图。假设其增益 $K=10$，前向通道参数 $\alpha=2$，反馈回路参数 $\beta=1$。当输入 $x(t)=2\cos0.5t$ 时，求 K 的 5% 的变化对稳定输出的影响。

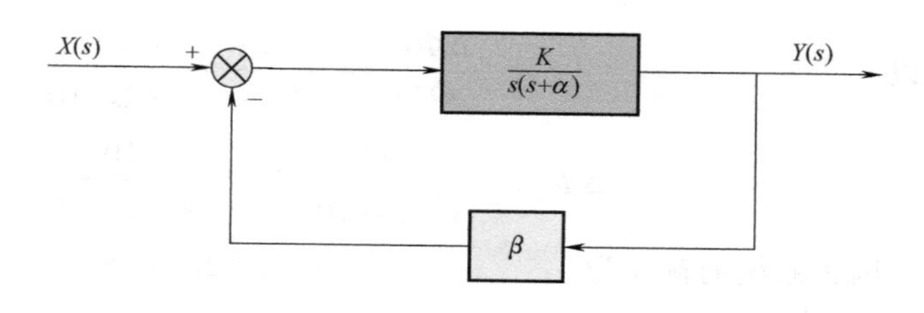

图 6-1　位置控制系统框图

解　由图 6-1 可知

$$G(s)=\frac{K}{s(s+\alpha)}=\frac{10}{s(s+2)}$$
$$H(s)=\beta=1$$
$$\Phi(s)=\frac{G(s)}{1+G(s)H(s)}=\frac{10}{s^2+2s+10}$$

$G(s)$ 对于参数（增益）K 的灵敏度为

$$S_K^G=\frac{K}{G}\frac{\mathrm{d}G}{\mathrm{d}K}=s(s+\alpha)\frac{1}{s(s+\alpha)}=1$$

同理，$G(s)$ 对于参数 α 的灵敏度为

$$S_\alpha^G=\frac{\alpha}{G}\frac{\mathrm{d}G}{\mathrm{d}\alpha}=\frac{\alpha[s(s+\alpha)]}{K}\frac{-K}{s(s+\alpha)^2}=-\frac{\alpha}{s+\alpha}=-\frac{2}{s+2}$$

反馈传递函数 $H(s)$ 对于 β 的灵敏度为

$$S_\beta^H=\frac{\beta}{H}\frac{\mathrm{d}H}{\mathrm{d}\beta}=1$$

由此可求出闭环传递函数 $\Phi(s)$ 对 K、α、β 的灵敏度分别为

$$S_K^{\Phi}=\frac{1}{1+G(s)H(s)}S_K^G=\frac{s(s+\alpha)}{s(s+\alpha)+K}\times 1=\frac{s^2+2s}{s^2+2s+10}$$

$$S_{\alpha}^{\Phi}=\frac{1}{1+G(s)H(s)}S_{\alpha}^G=\frac{s(s+\alpha)}{s(s+\alpha)}+K\left(-\frac{\alpha}{s+\alpha}\right)=-\frac{2s}{s^2+2s+10}$$

$$S_{\beta}^{\Phi}=-S_{\beta}^H\frac{G(s)H(s)}{1+G(s)H(s)}=-1\times\frac{K}{s(s+\alpha)+K}=-\frac{10}{s^2+2s+10}$$

由以上三式可见，$\Phi(s)$ 对于 K 和 α 的灵敏度在低频时是很小的，在频率为零（直流）时即为零；而 $\Phi(s)$ 对 β 的灵敏度在零频时等于 1，该值与 $H(s)$ 对于 β 的灵敏度相等。因此，在控制系统中，尤其在中低频时，反馈通道中元器件的参数变化对系统稳态输出影响较大，所以在控制系统的设计与制造中，要求反馈通道的元器件具有较高的精度和稳定的工作点。

下面讨论在前向通道传递函数 $G(s)$ 中的参数（增益）K 有 5%的变化时，其对闭环系统稳态输出的影响。因为

$$S_K^{\Phi}=\frac{\mathrm{d}\ln\Phi}{\mathrm{d}\ln K}=\frac{K}{\Phi}\frac{\mathrm{d}\Phi}{\mathrm{d}K}=\lim_{K\to 0}\frac{\dfrac{\Delta\Phi}{\Phi}}{\dfrac{\Delta K}{K}}$$

所以

$$\frac{\Delta\Phi(s)}{\Phi(s)}=S_K^{\Phi}\frac{\Delta K}{K}=\frac{s^2+2s}{s^2+2s+10}\times 0.05$$

$$\Delta\Phi(s)=\frac{s^2+2s}{s^2+2s+10}\times 0.05\times\frac{10}{s^2+2s+10}=\frac{0.5s(s+2)}{(s^2+2s+10)^2}$$

因为系统的输入为

$$x(t)=2\cos 0.5t$$

那么

$$\Phi(0.5\mathrm{j})=\left.\frac{10}{s^2+2s+10}\right|_{s=0.5\mathrm{j}}=1.02\angle -0.102$$

所以该系统的稳态输出为

$$y(t)=2.04\cos(0.5t-0.102)$$

当 K 有 5%变化时，闭环传递函数中的变化为

$$\Delta\Phi(0.5\mathrm{j})=\left.\frac{0.5s(s+2)}{(s^2+2s+10)^2}\right|_{s=0.5\mathrm{j}}=0.005\angle -4.672$$

在稳态响应中的变化为

$$\Delta y(t)=0.01\cos(0.5t-4.672)$$

因此，前向通道中 K 的 5%的变化，引起系统稳态输出的变化在幅值上小于 0.5%，但引起的相角滞后较大，为-4.672rad。

第二节　控制系统的时域和频域性能指标

在第三章控制系统的时域分析中，我们以欠阻尼二阶系统的单位阶跃响应为例，用时间

响应的性能指标来分析和评价了系统的动态特性；在第四章控制系统的频域分析中，则用频域性能指标进行了分析。频域分析法比较简单，但不及时间响应分析法直观。另外，系统设计时也往往给出时域性能指标，因此，有必要讨论时域性能指标、频域性能指标及其相互关系。

一、时域性能指标

评价控制系统优劣的时域性能指标，一般是根据系统在典型输入下输出响应的快速性和稳定性来定义的，常用的时域性能指标在第三章中已详细论述，主要有：①上升时间 t_r，②峰值时间 t_p，③最大超调量 M_p，④调整时间 t_s。

二、频域性能指标及其时域性能指标的关系

用闭环频率特性分析和设计控制系统时，常采用的频域性能指标有：

①零频值 $M(0)$，②谐振频值 M_{max}，③谐振频率 ω_r，④截止频率 ω_b 和频带 $0\sim\omega_b$。这些性能指标表征了闭环频率特性的曲线在形状和数值上的一些特点，如图 6-2 所示，它在很大程度上反映了系统的品质。

1. 零频值 $M(0)$

零频值 $M(0)$ 表示在频率趋近于零时，系统的稳态输出的幅值和输入幅值之比。

对于单位反馈系统，闭环频率特性 $\Phi(j\omega)$ 与开环频率特性 $G(j\omega)$ 有如下关系

$$\Phi(j\omega)=\frac{G(j\omega)}{1+G(j\omega)}=\frac{K\dfrac{G_1(j\omega)}{(j\omega)^{\nu}}}{1+K\dfrac{G_1(j\omega)}{(j\omega)^{\nu}}} \tag{6-6}$$

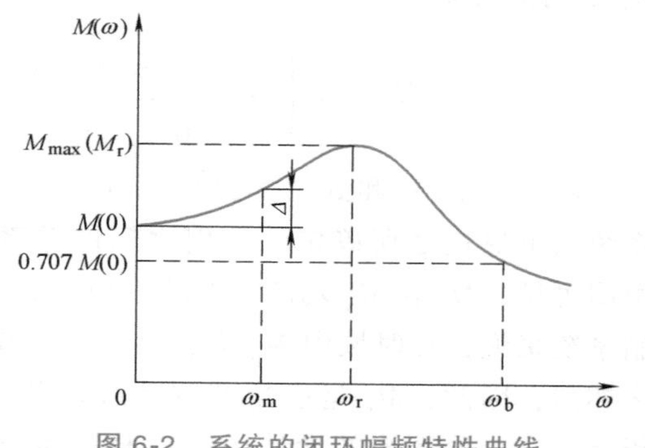

图 6-2 系统的闭环幅频特性曲线

式中，K 为开环增益；ν 为开环传递函数中的积分环节的数目；$G_1(j\omega)$ 为开环频率特性的组成部分，其增益为 1，且不包括积分环节。

由式（6-6）可知，当 $\omega\to0$，$\nu\geqslant1$ 时

$$M(0)=|\Phi(j0)|=1$$

当 $\nu=0$ 时

$$M(0)=|\Phi(j0)|=\frac{K}{1+K}<1$$

显然，$M(0)$ 的值反映了系统的稳态误差的情况。$M(0)$ 值越接近于 1，系统的稳态误差越小。

2. 复现带宽与复现精度

若给定 Δ 为系统复现低频输入信号的允许误差，而系统复现低频输入信号的误差不超过 Δ 时的最高频率为 ω_m，则称 ω_m 为复现频率，$0\sim\omega_m$ 为复现带宽。若根据 Δ 所确定的 ω_m 越大，则系统以规定精度复现输入信号的频带就越宽；若根据给定的 ω_m 所确定的误差 Δ 越小，则系统复现低频输入信号的精度就越高。

$M(0)$、ω_m 和 Δ 的数值取决于系统闭环幅频特性曲线低频段的形状，根据终值定理，

闭环幅频在这一频段的形状表征着该闭环系统的稳态性能。

3. 相对谐振峰值 M_r 和谐振频率 ω_r

相对谐振峰值 M_r 定义为谐振峰值 M_{max} 与零频值 $M(0)$ 之比，即

$$M_r=\frac{M_{max}}{M(0)}$$

当 $M(0)=1$ 时，相对谐振峰值 M_r 与谐振峰值 M_{max} 在数值上是相等的。

对于二阶系统，当 $0<\zeta<0.707$ 时，幅频特性有峰值出现，即

$$M_r=\frac{1}{2\zeta\sqrt{1-\zeta^2}} \tag{6-7}$$

此时，谐振频率 ω_r 为

$$\omega_r=\omega_n\sqrt{1-2\zeta^2} \tag{6-8}$$

由式（3-27）可知，二阶系统的最大超调量

$$M_p=e^{-\pi\zeta/\sqrt{1-\zeta^2}}$$

将式（6-7）代入式（3-27），即可得到欠阻尼二阶系统最大起调量 M_p 和相对谐振峰值 M_r 之间的关系

$$M_p=\exp\left(-\pi\sqrt{\frac{M_r-\sqrt{M_r^2-1}}{M_r+\sqrt{M_r^2-1}}}\right) \tag{6-9}$$

由式（6-7）和式（3-27）可知，M_r 和 M_p 均由控制系统的阻尼比 ζ 所确定，它们之间的关系如图 6-3 所示，由图可见，M_r 和 M_p 均随 ζ 的减小而增大。因此对某一控制系统来说，在时域中 M_p 大，反映到频域里 M_r 也大，反之亦然，因此，M_r 是度量控制系统振荡程度的一项频域指标，在二阶系统的设计中，一般取 $M_r<1.4$，此时系统对单位阶跃响应的最大超调量 $M_p<25\%$。

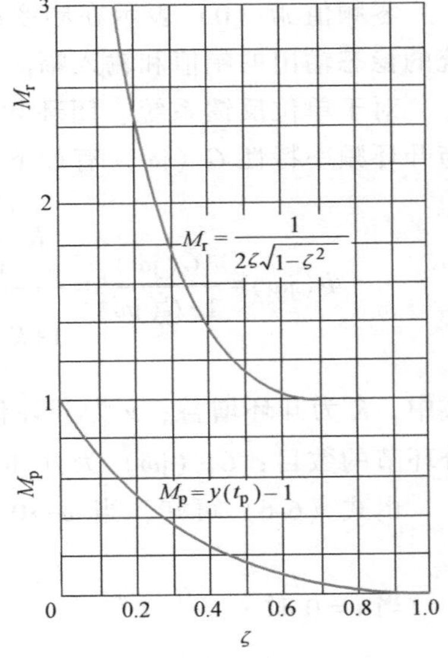

图 6-3　二阶系统的 M_r 和 M_p 随 ζ 变化的关系曲线

将式（6-8）代入描述控制系统的时域性能指标的式（3-25）、式（3-26）和式（3-28）中，分别求出上升时间 t_r、峰值时间 t_p 和调整时间 t_s 与 ω_r 和 ζ 之间的关系为

$$t_r=\frac{\sqrt{1-2\zeta^2}\left(\pi-\arctan\frac{\sqrt{1-\zeta^2}}{\zeta}\right)}{\omega_r\sqrt{1-\zeta^2}} \tag{6-10}$$

$$t_p=\frac{\pi\sqrt{1-2\zeta^2}}{\omega_r\sqrt{1-\zeta^2}} \tag{6-11}$$

$$t_s=\frac{\sqrt{1-2\zeta^2}}{\zeta\omega_r}\ln\frac{1}{\Delta\sqrt{1-\zeta^2}}(\Delta=0.02\sim0.05) \tag{6-12}$$

式（6-10）、式（6-11）和式（6-12）是闭环系统频域指标中谐振频率 ω_r 所表示的时域响应性能指标，由式可知，谐振频率 ω_r 越高，各时间指标就越小，系统的响应速度就越快。

4. 截止频率 ω_b 和带宽 $0\sim\omega_b$

截止频率 ω_b 是指闭环频率特性的幅值 $M(\omega)$ 下降到其零频值 $M(0)$ 的 70.7%时的频率。对于 $M(0)=1$ 的系统，其对数幅值为-3dB 时的频率就是截止频率。而频率范围 $0\sim\omega_b$ 为带宽。

对于二阶系统来说，截止频率 ω_b 与无阻尼自然频率 ω_n 和阻尼比 ζ 有着一定的关系，将 $M(\omega)=0.707$ 代入二阶系统

$$\Phi(s)=\frac{\omega_n^2}{s^2+2\zeta\omega_n s+\omega_n^2}$$

的幅频特性

$$M(\omega)=\frac{\omega_n^2}{\sqrt{(\omega_n^2-\omega^2)^2+(2\zeta\omega_n\omega)^2}}$$

中，可求得

$$\omega_b=\omega_n\sqrt{1-2\zeta^2+\sqrt{2-4\zeta^2+4\zeta^4}} \tag{6-13}$$

单位反馈的二阶系统的开环增益交界频率 ω_c（幅值穿越频率）和闭环截止频率 ω_b 有着一定的关系。

令开环频率特性

$$G(j\omega)=\frac{\omega_n^2}{j\omega(j\omega+2\zeta\omega)}$$

的幅值等于 1，即 $L(\omega)=0\text{dB}$，则有

$$\frac{\omega_n^2}{\omega_c\sqrt{\omega_c^2+(2\zeta\omega_n)^2}}=1$$

解得

$$\omega_c=\omega_n\sqrt{-2\zeta^2+\sqrt{4\zeta^4+1}} \tag{6-14}$$

由式（6-13）、式（6-14）可知，单位反馈的二阶系统的 ω_b 和 ω_c 都与 ζ 有关，当 $\zeta=0.4$ 时，求得 $\omega_b=1.6\omega_c$；当 $\zeta=0.707$ 时，$\omega_b=1.55\omega_c$。在通常取值范围内，即 $0.4\leqslant\zeta\leqslant0.707$ 时，ω_b 与 ω_c 的比例关系可近似为

$$\omega_b=1.6\omega_c \tag{6-15}$$

也就是说开环频率特性有高的增益交界频率时，闭环频率特性就具有高的截止频率。

当输入信号的频率高于截止频率时，输出急剧衰减，形成系统响应的截止状态。因此，截止频率或频带宽反映系统的滤波特性，以及系统响应的快速性，高的截止频率意味着系统能通过高频输入信号，即系统响应快，但对高频噪声却不能抑制。

高阶系统的频率响应与时间响应的指标之间，不像二阶系统那样存在着确定的关系，这给高阶系统进行频率响应分析和设计带来一定的困难。但是高阶系统一般都设计成具有一对共轭复数闭环主导极点的，对于这样的系统，上面讨论的二阶系统频域性能指标和时域性能指标之间的关系仍具有一定的指导意义。此外，还可以通过经验公式来分析和研究高阶系统，常用的有

$$M_p=0.16+0.4(M_r-1) \tag{6-16}$$

$$t_s = \frac{k\pi}{\omega_c} \tag{6-17}$$

式中

$$k = 2 + 1.5(M_r - 1) + 2.5(M_r - 1)^2 \tag{6-18}$$

以上公式建立了频率响应指标 M_r、ω_c 和时域响应的主要指标 M_p 和 t_s 间的关系，在研究高阶系统时，特别是用频率法分析和设计控制系统时，是很有用的。

三、开环对数频率特性与时域性能指标的关系

在研究控制系统的开环对数频率特性与时域性能指标之间的关系时，通常把开环对数频率特性（伯德）图分成低频段、中频段和高频段。

1. 低频段

低频段一般指频率低于开环伯德图第一个转折频率的频段，或者说频率低于中频段的频率范围。频率特性曲线的低频段主要影响时间响应的结尾段。开环伯德图低频段渐近线的斜率反映系统包含积分环节的个数（系统型别），而它的高度则反映系统的开环增益，因此低频渐近线的斜率和高度决定着系统的稳态精度。

2. 中频段

中频段是指开环伯德图增益交界频率 ω_c 附近的频段，即 ω_c 前、后转角频率之间的频率范围。中频段的特征量有增益交界频率 ω_c、相位裕度 γ、对数幅频特性曲线的斜率以及中频带宽，即 ω_c 与其相邻两个转折频率的比值等。

在控制系统的工程设计中，一般闭环频率特性的谐振频率 ω_r 和截止频率 ω_b 都处于这一频段中，谐振峰值的大小决定着时间响应振荡的强弱，而闭环截止频率的高低则决定着时间响应的快慢。因此，频率特性曲线中频段的形状主要影响时间响应的中间段，它决定着时间响应的动态指标。对于最小相位开环传递函数，其对数幅频特性曲线和对数相频特性曲线之间有着确定的关系。一般来说要保证有30°~60°的相位裕度，则对数幅频特性曲线在 ω_c 处的斜率要大于-40dB/dec，为保证有足够的相位裕度，其在 ω_c 附近的斜率应为-20dB/dec。当斜率为-40dB/dec 时，系统有可能不稳定；当斜率为-60dB/dec 或更小时，系统肯定不稳定。

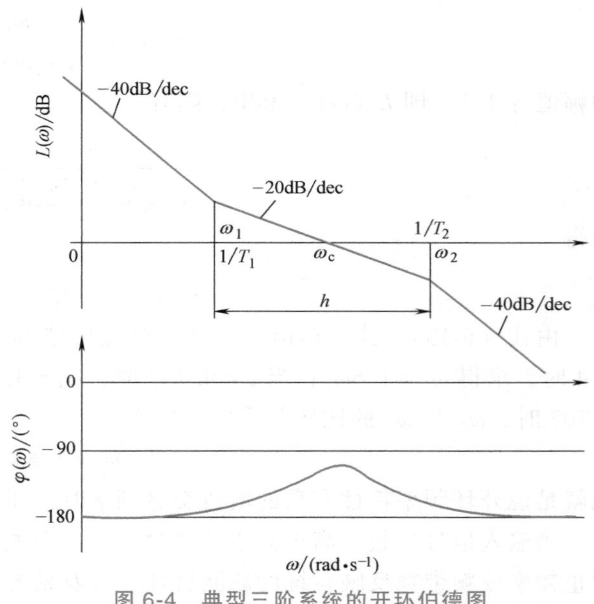

图 6-4　典型三阶系统的开环伯德图

现以如图 6-4 所示的典型三阶系统的开环伯德图来讨论宽度为 h 的中频段以及 ω_c 在中频段中的位置和相位裕度 γ 的关系。从图中可见，该系统在增益交界频率 ω_c 附近，其对数幅频特性曲线有-20dB/dec 的斜率。

根据图示伯德图可写出其开环传递函数为

$$G(s)H(s)=\frac{K(T_1s+1)}{s^2(T_2s+1)}$$

则该系统的相位裕度为

$$\gamma=\arctan T_1\omega_c-\arctan T_2\omega_c$$

令$\frac{1}{T_1}=\omega_1$，$\frac{1}{T_2}=\omega_2$，$h=\frac{\omega_2}{\omega_1}$

则

$$\gamma=\arctan\frac{\omega_c}{\omega_1}-\arctan\frac{\omega_c}{h\omega_1}$$

将该方程两边对$\left(\frac{\omega_c}{\omega_1}\right)$求导，并令其等于零得

$$\frac{d\gamma}{d\left(\frac{\omega_c}{\omega_1}\right)}=\frac{1}{1+\left(\frac{\omega_c}{\omega_1}\right)^2}-\frac{\frac{1}{h}}{1+\left(\frac{\omega_c}{h\omega_1}\right)^2}=0$$

解得

$$h=\left(\frac{\omega_c}{\omega_1}\right)^2$$

即

$$\omega_c=\sqrt{\omega_1\omega_2}\tag{6-19}$$

由此可得系统的最大相位裕度为

$$\gamma_{max}=\arctan\sqrt{h}-\arctan\frac{1}{\sqrt{h}}=\arctan\frac{h-1}{2\sqrt{h}}$$

即

$$\gamma_{max}=\arcsin\frac{h-1}{h+1}\tag{6-20}$$

式（6-19）和式（6-20）表明，调节开环增益，使幅值穿越频率ω_c位于ω_1和ω_2的几何中点时，系统具有最大的相位裕度。并且，中频段越大，相位裕度的最大值也越大。表6-1给出了不同中频宽h的最小M_r和最佳频比的关系。

表6-1 不同中频宽h的最小M_r值和最佳频比

h	5	6	7	8	10	12	15	18
M_r	1.50	1.40	1.33	1.29	1.22	1.18	1.14	1.12
ω_2/ω_c	1.67	1.71	1.75	1.78	1.82	1.85	1.875	1.90
ω_c/ω_1	3.0	3.5	4.0	4.5	5.5	6.5	8.0	9.5
$\gamma(\omega_c)/(°)$	40.6	43.8	46.1	48	50.9	52.9	54.9	56.2
$\frac{h+1}{h-1}$	1.50	1.40	1.33	1.25	1.22	1.18	1.14	1.12

由表中可以看出，初步设计时，可认为

$$M_r\approx\frac{1}{\sin\gamma}=\frac{h+1}{h-1}\tag{6-21}$$

另外，一般可选h在7~12之间，如果希望进一步增大稳定储备，h可增至15~18。由此可再确定ζ、ω_n和M_p、t_s等值。

3. 高频段

所谓高频段是指频率大于 ω_2、小于 $20\omega_c$ 的区域，因为如果转折频率大于 $20\omega_c$，则该转折点对于相角裕度只有 3°的影响，故可忽略不计。高于 $20\omega_c$ 的频率区称为小参数区，像伺服功率放大器、电子测量线路的频带都必须落在这个区域，一般来说，设计中比 ω_c 大 100 倍为宜。高频段伯德图呈很陡的斜线下降有利于降低噪声，也就是说控制系统应是一个低通滤波器。

第三节　控制系统的误差分析和计算

对控制系统的基本要求之一是所谓准确性，即系统的精度，而系统的精度是用系统的误差来度量的。系统的误差可以分为随时间变化的过程值和误差的终值，它们相应地被称为动态误差和稳态误差。在控制系统的设计过程中，对一个稳定的控制系统，设计者更关注该系统的稳态误差，因而本节主要讨论常用的稳态误差，通过理论分析找出系统的结构和参数，特别是系统增益与稳态误差的关系。

一、偏差、误差和稳态误差

偏差信号 $E(s)$ 是指参考输入信号 $X(s)$ 和反馈信号 $B(s)$ 之差（见图 6-5），即

$$E(s)=X(s)-B(s)=X(s)-H(s)Y(s) \tag{6-22}$$

误差信号 $\varepsilon(s)$ 是指被控量的期望值 $Y_a(s)$ 与被控量的实际值 $Y(s)$ 之差，即

$$\varepsilon(s)=Y_a(s)-Y(s) \tag{6-23}$$

由控制系统工作原理可知，当偏差 $E(s)$ 等于零时，系统不进行调节，此时被控量的实际值与期望值相等，于是由式（6-22）可得到被控量的期望值 $Y_a(s)$ 为

$$Y_a(s)=\frac{1}{H(s)}X(s) \tag{6-24}$$

将此式代入式（6-23）中，可求得误差 $\varepsilon(s)$ 为

$$\varepsilon(s)=\frac{1}{H(s)}X(s)-Y(s) \tag{6-25}$$

由式（6-22）和式（6-25）可得偏差 $E(s)$ 与误差 $\varepsilon(s)$ 的关系为

$$\varepsilon(s)=\frac{1}{H(s)}E(s) \tag{6-26}$$

式（6-26）表明：对于单位反馈系统，误差和偏差是相等的；对于非单位反馈系统，误差不等于偏差。但由于偏差和误差之间具有确定性的关系，故往往也把偏差作为误差的度量。

对于如图 6-5 所示的控制系统，在参考输入 $X(s)$ 和干扰 $N(s)$ 联合作用下的输出为

$$Y(s)=\frac{G_1(s)G_2(s)}{1+G_1(s)G_2(s)H(s)}X(s)+\frac{G_2(s)}{1+G_1(s)G_2(s)H(s)}N(s)$$

将该式代入式（6-25）中可得

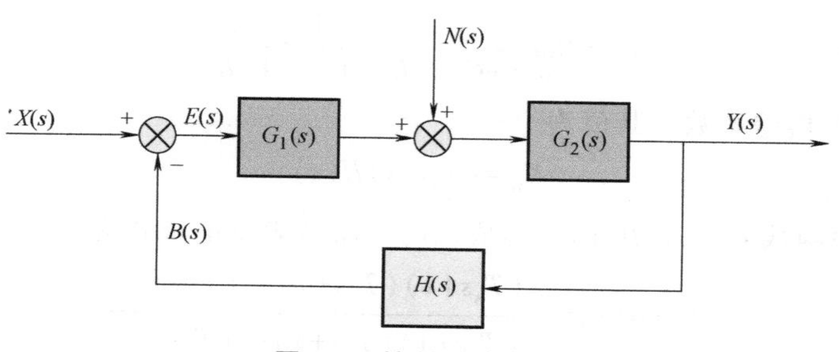

图 6-5　控制系统框图

$$\varepsilon(s)=\left[\frac{1}{H(s)}-\frac{G_1(s)G_2(s)}{1+G_1(s)G_2(s)H(s)}\right]X(s)-\frac{G_2(s)}{1+G_1(s)G_2(s)H(s)}N(s) \tag{6-27}$$

对式（6-27）进行拉氏反变换，就可以求得该系统在参考输入和干扰共同作用下的误差 $\varepsilon(t)$。误差 $\varepsilon(t)$ 包含瞬态分量和稳态分量，对于稳定的控制系统，在瞬态过程结束后，瞬态分量基本消失，而 $\varepsilon(t)$ 的稳态分量就是系统的稳态误差。

二、稳态误差计算

在下面的分析中，我们首先假定组成控制系统的元器件都是理想的线性元器件，且仅仅讨论在参考输入作用下系统的误差。如前所述，偏差和误差之间存在着确定性的关系，同时，在单位反馈系统中，偏差和误差相等，因而在此我们主要讨论稳态偏差 $e_{ss}(t)$。

设某控制系统的开环传递函数为 $G(s)H(s)$，在不考虑干扰的影响时，由式（6-26）和式（6-27）可得

$$E(s)=\frac{1}{1+G(s)H(s)}X(s) \tag{6-28}$$

利用终值定理可求得其稳态偏差 e_{ss} 为

$$e_{ss}=\lim_{t\to\infty}e(t)=\lim_{s\to0}sE(s)=\lim_{s\to0}\frac{s}{1+G(s)H(s)}X(s) \tag{6-29}$$

对于单位反馈系统，则有误差

$$\varepsilon(s)=E(s)=\frac{1}{1+G(s)}X(s) \tag{6-30}$$

稳态误差 ε_{ss} 为

$$\varepsilon_{ss}=\lim_{t\to\infty}\varepsilon(t)=\lim_{s\to0}s\varepsilon(s)=\lim_{s\to0}\frac{s}{1+G(s)}X(s) \tag{6-31}$$

式（6-29）和式（6-31）表明，控制系统的稳态误差或偏差取决于控制系统的输入量 $X(s)$ 和开环传递函数 $G(s)H(s)$ 或 $G(s)$，即取决于控制系统的输入信号的特性及系统的结构和参数。

下面分别讨论参考输入为单位阶跃函数、单位斜坡函数和单位抛物线函数时系统的稳态偏差。

1. 单位阶跃函数输入

当参考输入为单位阶跃函数时，系统的稳态偏差为

$$e_{ss}=\lim_{s\to 0}\frac{s}{1+G(s)H(s)}\frac{1}{s}=\frac{1}{1+K_p} \tag{6-32}$$

式中，K_p 称为位置偏差系数，其值为

$$K_p=\lim_{s\to 0}G(s)H(s) \tag{6-33}$$

将系统的开环传递函数 $G(s)H(s)$ 写成用时间常数表示的形式为

$$G(s)H(s)=\frac{K(T_a s+1)(T_b s+1)\cdots(T_m s+1)}{s^\nu(T_1 s+1)(T_2 s+1)\cdots(T_n s+1)} \tag{6-34}$$

式中，K 为开环增益；ν 为积分环节数，即系统的型别。由式（6-33）和式（6-34）可知

$$0\text{ 型系统}:K_p=K,e_{ss}=\frac{1}{1+K}$$

$$\text{Ⅰ 型系统}:K_p=\infty,e_{ss}=0$$

$$\text{Ⅱ 型系统}:K_p=\infty,e_{ss}=0$$

由此可见，0 型系统在阶跃函数作用下的稳态偏差（误差）为有限值，Ⅰ型及Ⅰ型以上系统在阶跃函数作用下的稳态偏差（误差）等于零。故在阶跃函数作用下的Ⅰ型及Ⅰ型以上系统又称为无差系统，其中Ⅰ型系统称为一阶无差系统。

在控制系统的设计中，若给定系统的稳态偏差（误差），利用式（6-32）就可计算出要求的 K_p 值。例如，单位阶跃输入条件下要求系统的稳态偏差不大于 2%，即要求 $e_{ss}\leqslant$ 2%，则

$$K_p\geqslant\frac{1-e_{ss}}{e_{ss}}=\frac{1-0.02}{0.02}=49$$

即相应的 K_p 必须大于 49；若允许 $e_{ss}\leqslant 5\%$，则 K_p 必须大于 19；若要求 e_{ss} 为零，则 K_p 必须为无穷大，也就是说 $G(s)H(s)$ 的分母中必须包含积分因子。由此可见，只要适当选择 K_p 的大小，就可把稳态偏差（误差）限制在允许范围内，K_p 越大，稳态偏差（误差）就越小。在实际的控制系统设计中，人们常在前向通道中设置参数可调的比例环节，以使系统满足给定的精度要求。

2. 单位斜坡函数输入

当参考输入为单位斜坡函数时，系统的稳态偏差为

$$e_{ss}=\lim_{s\to 0}\frac{s}{1+G(s)H(s)}\frac{1}{s^2}=\frac{1}{K_v} \tag{6-35}$$

式中，K_v 为速度偏差系数，其值为

$$K_v=\lim_{s\to 0}sG(s)H(s) \tag{6-36}$$

由式（6-34）和式（6-36）可知

$$0\text{ 型系统}:K_v=0,e_{ss}=\infty$$

$$\text{Ⅰ 型系统}:K_v=K,e_{ss}=\frac{1}{K}$$

$$\text{Ⅱ 型系统}:K_v=\infty,e_{ss}=0$$

由此可见，在单位斜坡函数作用下，0 型系统的稳态偏差（误差）为无穷大，Ⅰ型系统的稳态偏差（误差）为有限值Ⅱ型及Ⅱ型以上系统的稳态偏差等于零。故在单位斜坡函数

作用下的Ⅱ型及Ⅱ型以上系统称为无差系统，其中Ⅱ型系统又称二阶无差系统。

由式（6-35）可知，斜坡输入下的稳态偏差（误差）与速度偏差系数 K_v 成反比。例如，若要求斜坡输入下稳态偏差 e_{ss} 小于1%，则 K_v 必须大于100；要使 $e_{ss}\to 0$，则 $K_v\to\infty$，这要求开环传递函数 $G(s)H(s)$ 分母中包含两个积分因子。应该指出，斜坡输入下的稳态偏差（误差）不是速度偏差（误差），而是速度输入下的位置偏差（误差）。

3. 单位抛物线函数输入

当参考输入为单位抛物线函数时，系统的稳态偏差为

$$e_{ss}=\lim_{s\to 0}\frac{s}{1+G(s)H(s)}\frac{1}{s^3}=\frac{1}{K_a} \tag{6-37}$$

式中，K_a 称为加速度偏差系数，其值为

$$K_v=\lim_{s\to 0}s^2G(s)H(s) \tag{6-38}$$

由式（6-34）和式（6-38）可知

$$0\text{ 型系统}:K_a=0,e_{ss}=\infty$$

$$\text{Ⅰ 型系统}:K_a=0,e_{ss}=\infty$$

$$\text{Ⅱ 型系统}:K_a=K,e_{ss}=1/K$$

$$\text{Ⅲ 型系统}:K_a=0,\ e_{ss}=0$$

由此可见，在单位抛物线函数输入条件下，只有Ⅲ型及Ⅲ型以上的系统，其稳态偏差（误差）才等于零。

综合以上分析结果，将计算公式与系统型别关系列于表6-2。

表6-2　稳态偏差与系统类型和输入函数的关系

输入信号 $x(t)$ / 系统类型	单位阶跃输入 $x(t)=1$	单位斜坡输入 $x(t)=t$	单位抛物线输入 $x(t)=\frac{1}{2}t^2$
0型	$\frac{1}{1+K_p}$	∞	∞
Ⅰ型	0	$\frac{1}{K_v}$	∞
Ⅱ型	0	0	$\frac{1}{K_a}$

在此可总结出以下结论：

1）对于同一系统，在不同的参考输入作用下，系统的稳态偏差（误差）是不同的。

2）系统的稳态偏差（误差）与系统的型别有关。在相同的参考输入作用下，系统的型别愈高，则精度也愈高。

3）系统的稳态偏差（误差）随开环增益的增高而减小。

位置偏差系数 K_p 反映系统跟踪阶跃函数输入的能力；速度偏差系数 K_v 反映系统跟踪斜坡（等速）函数输入的能力；而加速度偏差系数 K_a 则反映了系统跟踪抛物线（等加速度）函数输入的能力。它们都是衡量系统被控量的实际值与期望值接近程度的尺度。这三个系数又称为静态偏差系数。

例6-2　已知某单位反馈控制系统的开环传递函数为

$$G(s)H(s)=\frac{2.5(s+1)}{s^2(0.25s+1)}$$

试求在参考输入 $x(t)=4+6t+3t^2$ 作用下系统的稳态误差。

解 该系统的偏差系数为

$$K_p=\lim_{s\to 0}G(s)H(s)=\lim_{s\to 0}\frac{2.5(s+1)}{s^2(0.25s+1)}=\infty$$

$$K_v=\lim_{s\to 0}sG(s)H(s)=\lim_{s\to 0}s\frac{2.5(s+1)}{s^2(0.25s+1)}=\infty$$

$$K_a=\lim_{s\to 0}s^2G(s)H(s)=\lim_{s\to 0}s^2\frac{2.5(s+1)}{s^2(0.25s+1)}=2.5$$

该系统参考输入的拉氏变换为

$$X(s)=\frac{4}{s}+\frac{6}{s^2}+\frac{6}{s^3}$$

因该系统为单位反馈系统，所以其稳态偏差 e_{ss} 与稳态误差 ε_{ss} 相等，即稳态误差为

$$\varepsilon_{ss}=e_{ss}=\frac{4}{1+K_p}+\frac{6}{K_v}+\frac{6}{K_a}$$

$$=\frac{4}{1+\infty}+\frac{6}{\infty}+\frac{6}{2.5}=2.4$$

三、在干扰作用下的稳态误差

对于如图 6-5 所示的系统，在干扰作用下，其偏差可由式（6-26）和式（6-27）求得

$$E_N(s)=-\frac{G_2(s)H(s)}{1+G_1(s)G_2(s)H(s)}N(s) \tag{6-39}$$

利用拉氏变换的终值原理，可得干扰输入 $N(s)$ 作用下的稳态偏差为

$$e_{Nss}=\lim_{s\to 0}sE_N(s)=-\lim_{s\to 0}\frac{sG_2(s)H(s)}{1+G_1(s)G_2(s)H(s)}N(s) \tag{6-40}$$

此式表明，在干扰作用下，系统的稳态偏差与开环传递函数、干扰及干扰作用的位置有关。

因此，在参考输入和干扰的联合作用下，系统总的稳态偏差为

$$e_s=e_{ss}+e_{Nss} \tag{6-41}$$

总的稳态误差为

$$\varepsilon_s=\varepsilon_{ss}+\varepsilon_{Nss}=\frac{e_s}{H(0)} \tag{6-42}$$

例 6-3 系统框图如图 6-6 所示，求当输入信号 $x(t)=1(t)$，干扰信号 $N(t)=1(t)$ 时，系统的总的稳态偏差 e_s 和总的稳态误差 ε_s。

解 因为该系统为单位反馈系统，所以其总的稳态偏差与总的稳态误差相等，即 $e_s=\varepsilon_s$。先求输入信号 $x(t)=1(t)$ 引起的稳态偏差为

$$e_{ss}=\lim_{s\to 0}\frac{s}{1+\frac{10}{s}}\frac{1}{s}=0$$

再求干扰信号 $N(t)=1(t)$ 引起的稳态偏差

$$e_{Nss}=\lim_{s\to 0}s\frac{-\frac{10}{s}}{1+\frac{10}{s}}\frac{1}{s}=\lim_{s\to 0}\frac{-10}{s+10}=-1$$

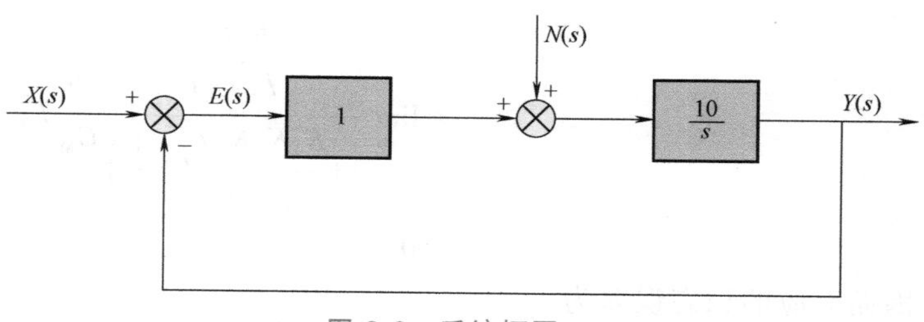

图 6-6 系统框图

所以总的稳态偏差和稳态误差为

$$e_s=\varepsilon_s=e_{ss}+e_{Nss}=-1$$

例 6-4 某直流他励伺服电动机调速系统框图如图 6-7 所示，试求扰动转矩 $T_N(s)$ 引起的稳态误差。

解 该系统为一恒值调节系统，K_c 是测速负反馈系数，因此这是一个非单位反馈控制系统，先求扰动作用下的稳态偏差 e_{Nss}，然后再求其稳态误差 ε_{Nss}。

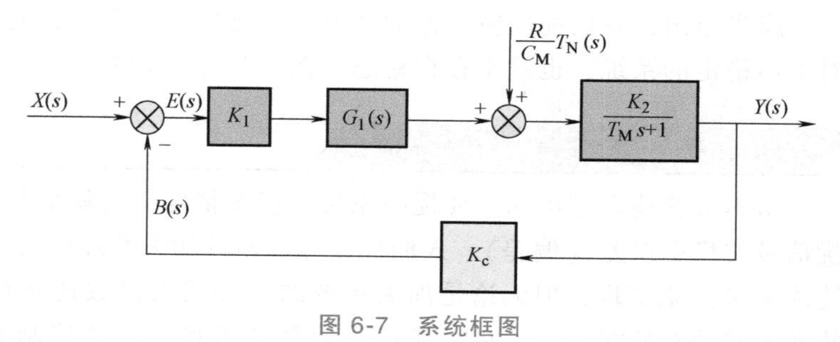

图 6-7 系统框图

假设，$G_1(s)=1$，该系统即为一阶系统。图中 R 为电动机电枢电阻，C_M 为电动机转矩常数，T_N 是扰动转矩。因此干扰作用为一常值阶跃干扰，所以其引起的稳态偏差为

$$e_{Nss}=-\lim_{s\to 0}s\frac{\frac{K_2}{T_M s+1}K_c}{1+\frac{K_1K_2K_c}{T_M s+1}}\left(-\frac{R}{C_M s}T_N\right)$$

$$=\frac{K_2K_c}{1+K_1K_2K_c}\frac{R}{C_M}T_N$$

则对应的稳态误差为

$$\varepsilon_{Nss}=\frac{e_{Nss}}{K_c}=\frac{K_2}{1+K_1K_2K_c}\frac{R}{C_M}T_N$$

当 $K_1K_2K_c\gg 1$ 时，扰动引起的稳态误差为

$$\varepsilon_{Nss}\approx\frac{1}{K_1K_c}\frac{R}{C_M}T_N$$

该式表明，扰动作用点与偏差信号间的放大倍数 K_1 越大则误差越小。

若 $G_1(s)=1+\frac{1}{s}$，则称之为比例加积分控制，此时扰动引起的稳态偏差为

$$e_{Nss}=-\lim_{s\to 0}s\frac{\frac{K_2K_c}{T_M s+1}}{1+\frac{K_1K_2K_c}{T_M s+1}\left(1+\frac{1}{s}\right)}\left(-\frac{R}{C_M s}T_N\right)$$

$$=\lim_{s\to 0}\frac{\dfrac{K_2K_c}{T_M s+1}}{1+\dfrac{K_1K_2K_c}{T_M s+1}\left(1+\dfrac{1}{s}\right)}\frac{R}{C_M}T_N$$

$$=0$$

因而对应的稳态误差为

$$\varepsilon_{Nss}=0$$

从物理意义上看，在干扰作用点与偏差信号之间加上积分环节就等于加入了静态放大倍数为∞的环节，因此其稳态偏差（误差）等于零。同样可以证明，若在干扰作用点后面增加积分环节，将不能使稳态偏差（误差）等于零。

应当指出，我们前面所讨论的系统的稳态偏差（误差）是在系统稳定的前提下进行的，对于不稳定的系统，也就不存在稳态偏差（误差）问题。

四、提高系统稳态精度的措施

由本节前述内容可知，要提高系统的稳态精度，也就是要减小控制系统对输入信号和干扰信号的稳态误差（偏差）。人们往往可以通过加大开环放大倍数或串入积分环节（提高系统的型次）来实现，但无论是加大系统的开环放大倍数还是提高系统的型次，都有可能导致系统的动态性能变差，有时甚至会使系统不稳定。若控制系统既要求稳态误差（偏差）小，又要求具有良好的动态性能，这时可采用复合控制的方法，或称前馈的方法对误差进行补偿，其方法主要有以下两种。

1. 按输入补偿

以补偿参考输入引起的误差的前馈控制如图 6-8 所示。

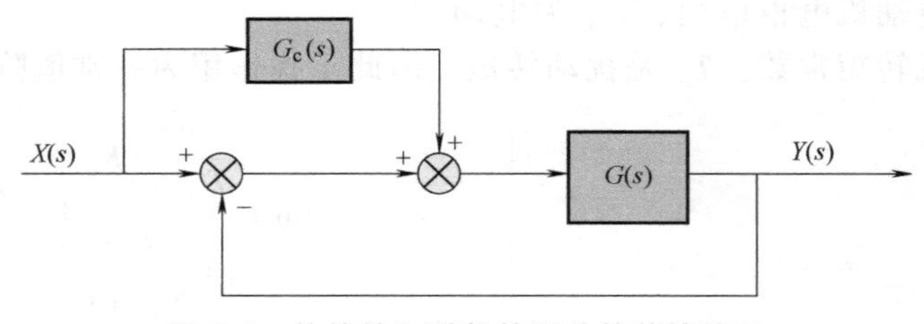

图 6-8　补偿输入引起的误差的前馈控制

图中 $G_c(s)$ 为补偿器的传递函数，由图可得系统的输出为

$$Y(s)=\frac{1+G_c(s)}{1+G(s)}G(s)X(s) \tag{6-43}$$

系统的稳态偏差为

$$E(s)=X(s)-Y(s)=X(s)-\frac{1+G_c(s)}{1+G(s)}G(s)X(s)$$

$$=\frac{1-G_c(s)G(s)}{1+G(s)}X(s)$$

因为系统为单位反馈系统，则 $\varepsilon(s)=E(s)$，令 $\varepsilon(s)=E(s)=0$ 则有

$$G_c(s)=\frac{1}{G(s)} \tag{6-44}$$

因此，根据（6-44）设计补偿器时，可使系统在参考输入作用下稳态误差（偏差）为零。由图 6-8 也可看出，该补偿器放在系统的回路之外，因此在设计过程中，可先设计系统的回

路，保证其具有良好的动态性能，然后再设置补偿器传递函数 $G_c(s)$，以便提高系统对输入信号的稳态精度。

2. 按干扰补偿

如图 6-9 所示的为增加前馈控制通路，补偿干扰引起的误差的前馈控制的系统框图。

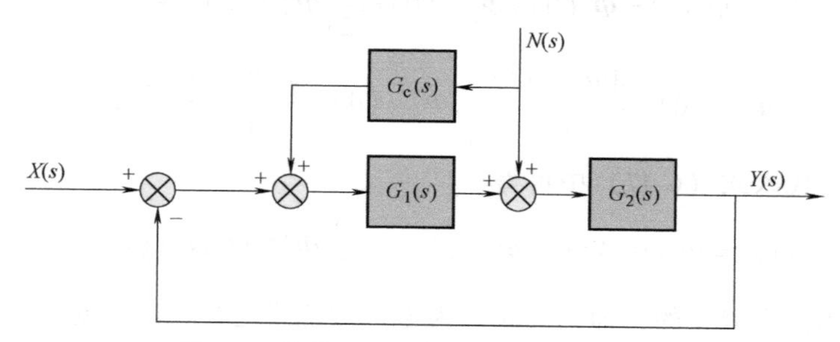

图 6-9 补偿干扰引起的误差的前馈控制

图中 $G_c(s)$ 为补偿器的传递函数，由图可得该系统在干扰作用下的输出为

$$Y(s)=\frac{G_2(s)+G_c(s)G_1(s)G_2(s)}{1+G_1(s)G_2(s)}N(s) \tag{6-45}$$

为消除干扰 $N(s)$ 的影响，必须使

$$G_2(s)+G_c(s)G_1(s)G_2(s)=0$$

由此可得

$$G_c(s)=-\frac{1}{G_1(s)} \tag{6-46}$$

根据式（6-46）确定补偿器的传递函数时，就可以消除干扰引起的误差。

很明显，这样设计的控制系统之所以能对干扰实现全补偿，是因为干扰送入最后一个加法点的两条通道的信号大小相等，极性相反。在设计中，人们常常把反馈回路设计成满足动态响应方面的要求，而用前馈回路来补偿干扰引起的误差，使系统满足精度要求。

从式（6-44）和式（6-46）可以看出，这两种补偿环节的传递函数 $G_c(s)$ 均是前向通道传递函数 $G(s)$ 和 $G_1(s)$ 的倒数。在实际系统中，除比例环节外，$G(s)$ 和 $G_1(s)$ 都是分母阶次大于分子阶次的分式多项式，因此补偿传递函数 $G_c(s)$ 的分子阶次大于分母阶次。这样的传递函数难以从物理上实现，在这种情况下，只可能让设计的补偿网络尽量逼近 $G_c(s)$，因而系统误差就不可能完全消除。虽然增加前馈通道使系统的复杂性增加，但只要设计得当，仍可以用较简单的结构取得良好的控制性能。

五、动态误差系数

利用静态偏差系统求取稳态误差（偏差），只能求得在与单位阶跃函数、单位斜坡函数和单位抛物线函数有关的输入作用下的稳态误差的终值，而无法求出在任意形式的输入作用下，系统稳态误差随时间变化的规律。研究动态误差系数就可能提供一些关于误差随时间变化的信息，即系统在给定输入作用下的稳态误差的变化规律。

当计算在参考输入作用下系统的稳态误差时，令式（6-27）中的 $N(s)=0$，并令

$$\Phi_\varepsilon(s)=\frac{1}{H(s)}-\frac{G_1(s)G_2(s)}{1+G_1(s)G_2(s)H(s)}$$

称为误差信号 $\varepsilon(s)$ 对参考输入 $X(s)$ 的传递函数，则式（6-27）可写成

$$\varepsilon(s)=\Phi_{\varepsilon}(s)X(s) \tag{6-47}$$

将误差传递函数 $\Phi_{\varepsilon}(s)$ 在 $s=0$ 的邻域内展开成泰勒级数得

$$\Phi_{\varepsilon}(s)=\Phi_{\varepsilon}(0)+\Phi_{\varepsilon}^{(1)}(0)s+\frac{1}{2!}\Phi_{\varepsilon}^{(2)}(0)s^{2}+\cdots \tag{6-48}$$

式中
$$\Phi_{\varepsilon}^{(1)}(0)=\left.\frac{\mathrm{d}\Phi_{\varepsilon}(s)}{\mathrm{d}s}\right|_{s=0},\Phi_{\varepsilon}^{(2)}(0)=\left.\frac{\mathrm{d}^{2}\Phi_{\varepsilon}(s)}{\mathrm{d}s^{2}}\right|_{s=0},\cdots$$

将式（6-48）代入式（6-47）中可得

$$\varepsilon(s)=\Phi_{\varepsilon}(0)X(s)+\Phi_{\varepsilon}^{(1)}sX(s)+\frac{1}{2!}\Phi_{\varepsilon}^{(2)}(0)s^{2}X(s)+\cdots \tag{6-49}$$

设系统在输入作用前是静止的，即初始状态为零，对此式进行拉氏反变换，可得到系统的动态误差为

$$\varepsilon_{ss}(t)=\Phi_{\varepsilon}(0)x(t)+\Phi_{\varepsilon}^{(1)}(0)x^{(1)}(t)+\frac{1}{2!}\Phi_{\varepsilon}^{(2)}(0)x^{(2)}(t)+\cdots \tag{6-50}$$

显然，由于式（6-48）所示级数是在 $s=0$ 的邻域展开的，故式（6-50）计算所得的误差是在 $s\to0$，即 $t\to\infty$ 时的误差，即动态误差，也就是系统过渡过程结束后误差的变化规律。

若将式（6-50）各项系数写成如下的形式

$$\frac{1}{K_0}=\Phi_{\varepsilon}(0)$$

$$\frac{1}{K_1}=\Phi_{\varepsilon}^{(1)}(0)=\left.\frac{\mathrm{d}\Phi_{\varepsilon}(s)}{\mathrm{d}s}\right|_{s=0}$$

$$\frac{1}{K_2}=\frac{1}{2!}\Phi_{\varepsilon}^{(2)}(0)=\left.\frac{1}{2!}\frac{\mathrm{d}^{2}\Phi_{\varepsilon}(s)}{\mathrm{d}s}\right|_{s=0}$$

$$\cdots$$

则式（6-50）可写成

$$\varepsilon_{ss}(t)=\frac{1}{K_0}x(t)+\frac{1}{K_1}x^{(1)}(t)+\frac{1}{K_2}x^{(2)}(t)+\cdots \tag{6-51}$$

式（6-51）右边第一项反映了参考输入信号本身引起的稳态误差，故称 K_0 为动态位置误差系数；第二项反映了参考输入信号的一阶导数引起的稳态误差，故称 K_1 为动态速度误差系数；第三项反映了参考输入信号的二阶导数引起的稳态误差，故称 K_2 为动态加速度误差系数。

例 6-5　设某单位反馈系统的开环传递函数为

$$G(s)H(s)=\frac{10}{s(s+1)}$$

利用动态误差系数，求该系统在参考输入 $x(t)=a_0+a_1t+a_2t^2$ 作用下的稳态误差。

解　该系统的误差传递函数为

$$\Phi_{\varepsilon}(s)=\frac{1}{H(s)}-\frac{G(s)}{1+G(s)H(s)}=\frac{1}{H(s)[1+G(s)H(s)]}$$

因 $H(s)=1$，所以

$$\Phi_{\varepsilon}(s)=\frac{1}{1+\frac{10}{s(s+1)}}=\frac{s^2+s}{s^2+s+10}$$

将 $\Phi_{\varepsilon}(s)$ 在 $s=0$ 的邻域内展开成泰勒级数可得

$$\Phi_{\varepsilon}(s)=0.1s+0.09s^2-0.019s^3+\cdots$$

则动态误差系数

$$K_0=\infty,\ K_1=\frac{1}{0.1}=10,\ K_2=\frac{1}{0.09}=11.1$$

因为参考输入 $x(t)=a_0+a_1t+a_2t^2$

所以 $$\frac{\mathrm{d}x(t)}{\mathrm{d}t}=a_1+2a_2t,\ \frac{\mathrm{d}^2x(t)}{\mathrm{d}t^2}=2a_2,\ \frac{\mathrm{d}^3x(t)}{\mathrm{d}t^3}=0$$

由式（6-51）可求出稳态误差为

$$\varepsilon_{ss}(t)=0+0.1(a_1+2a_2t)+0.09(2a_2)+0=0.1a_1+0.18a_2+0.2a_2t$$

由此可见，只要 $a_2\neq0$，当 $t\to\infty$ 时，$\varepsilon_{ss}\to\infty$，这与用静态偏差系数所求得的稳态偏差的值是相同的，但利用动态误差系数还能求得系统过渡过程结束以后任意时刻的稳态误差的大小。

习　题

6-1　对于例 6-1 中描述的系统，当参数 α 变化 5%时，确定 $\Phi(s)$ 的变化值；当输入为 $x(t)=2\cos0.5t$ 时，计算 $\Phi(s)$ 的变化值和系统稳态响应的变化。

6-2　如图 6-10 所示为一内燃机的速度控制系统框图，系统的增益常数 K 的稳定值为 10，当其有 5%的变化，系统参考速度输入有一单位阶跃变化时，求发动机输出速度的误差。

6-3　一带有速度反馈环节的位置控制系统的前向通道传递函数为 $G(s)=K/[s(s+p)]$，反馈通道的传递函数为 $H(s)=1+\alpha s$，若各参数正常值分别为 $K=10$，$p=2$，$\alpha=0.14$，试确定闭环系统传递函数对 K、p 和 α 的灵敏度；当 K、p、α 的值有 5%的变化时，当系统输入为单位斜坡函数时，分别计算该系统的稳态误差的变化量。

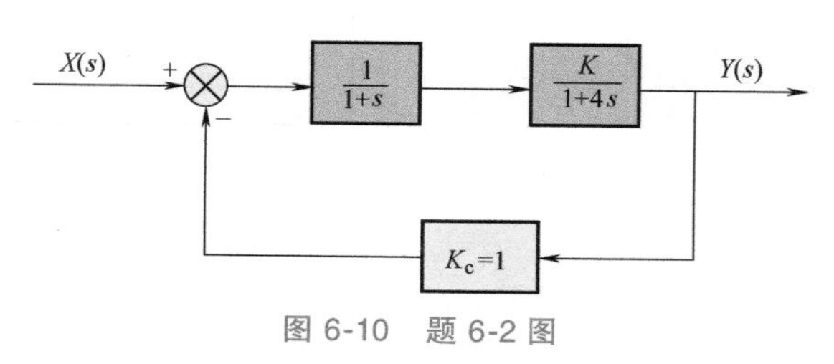

图 6-10　题 6-2 图

6-4　当系统的开环传递函数分别为如下各式，设输入信号分别为单位阶跃、单位斜坡和单位抛物线函数，试求单位反馈控制系统的静态位置、速度、加速度误差系数及其稳态误差。

（1）$G(s)=\dfrac{50}{(0.1s+1)(2s+1)}$　　（2）$G(s)=\dfrac{K}{s(0.1s+1)(0.5s+1)}$

（3）$G(s)=\dfrac{K}{s(s^2+4s+200)}$　　（4）$G(s)=\dfrac{K(2s+1)(4s+1)}{s^2(s^2+2s+10)}$

6-5　某单位反馈控制系统的开环传递函数为 $G(s)=100/[s(0.1s+1)]$，试求当输入 $x(t)=1+t+\alpha t^2\ (\alpha\geqslant0)$ 时的稳态误差。

6-6　某单位反馈系统，其开环传递函数为 $G(s)=10/[s(0.1s+1)]$。

（1）试求其静态误差系数 K_p、K_v、K_a。

（2）当输入 $x(t)=a_0+a_1t+\frac{1}{2}a_2t^2$ 时，试求系统的稳态误差。

6-7　证明：如果控制系统的扰动是一个斜坡函数，那么只要在扰动作用点前有两个积分器，就可以消除斜坡扰动引起的稳态误差。

6-8　已知单位反馈控制系统的开环传递函数为 $G(s)=K/[s(s+\alpha)]$。

（1）若要求闭环频域指标 $M_r=1.04$，$\omega_r=11.55\text{s}^{-1}$，试确定 K 和 α 的值。

（2）对（1）中确定的 K 和 α，计算其 M_p、t_s 和带宽。

6-9　某控制系统框图如图 6-11 所示。

（1）当不存在速度反馈（$T_D=0$）时，试求单位斜坡输入引起的稳态误差。

（2）当 $T_D=0.15$ 时，试求单位斜坡输入引起的稳态误差。

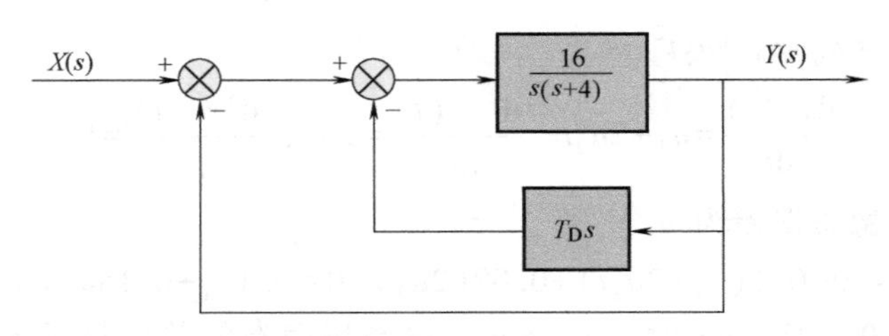

图 6-11　题 6-9 图

6-10　某控制系统框图如图 6-12 所示。

（1）计算 $T_D=0$ 时，闭环系统的性能指标 t_r、t_p、M_p 和 $x(t)=t$ 输入下的 e_{ss}。

（2）若希望 $\zeta=0.6$，T_D 应为何值，并重复（1）的计算。

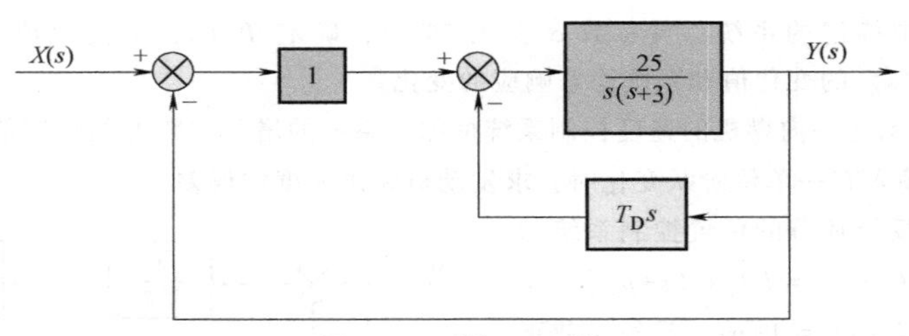

图 6-12　题 6-10 图

第七章 控制系统的校正设计

第一节　校正设计概述

控制系统的校正是指调整系统使其满足给定的性能指标要求。而系统的性能指标主要由稳态精度、响应速度与相对稳定性三方面构成。在控制系统设计中，这些指标通常以时域特征量（即调整时间、最大超调量等）或频域特征量（相位裕度、幅值裕度、带宽等）给出。在对控制系统进行校正时，假设被控制对象已经给定，即系统固定部分的传递函数是确定的并且不能改变。

为使系统满足给定的性能要求，对系统调整时首先调整增益。但在大多数情况下，仅仅调整增益并不能使系统的性能得到充分改善。随着增益的提高，系统稳定状态的跟踪精度会提高，但是稳定性会随之变坏，甚至造成系统不稳定。因此需要考虑改变系统的结构，或者在原系统中增加附加装置或元器件，以改善系统的性能使系统满足各方面的性能指标要求。为此目的而引入的附加装置就称为校正装置。一般来说，引入校正装置可使原有系统缺陷获得补偿。

如果校正装置 $G_c(s)$ 与系统的固有传递函数 $G(s)$ 串联连接，如图 7-1a 所示，则称这种校正为串联校正。如果校正装置设置于某环节的反馈回路上，如图 7-1b 所示，则称这种校正为反馈校正或并联校正。

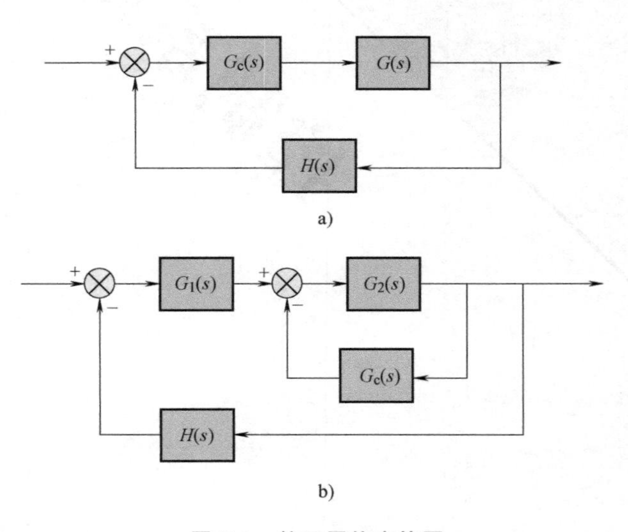

图 7-1　校正网络方块图

a）串联校正　b）并联校正

在系统开环伯德图上对系统进行校正是频率法校正的一种方法。伯德图虽然不能严格定量地给出闭环系统的动态特性，但伯德图的形状决定着闭环系统的性能。一般说来伯德图的低频段影响着系统的稳态误差，在要求系统输出以某一精度跟踪输入时，就要求系统在低频段具有相应的增益。伯德图在低频段的高度越高，则闭环系统的跟踪精度越高。伯德图的中频段决定着闭环系统的相对稳定性与响应的快速性。为保证系统有足够的相位裕度 $\gamma(\omega_c)$，则对数幅频特性曲线中频段的斜率应为−20dB/dec，并且在增益交界频率附近有一定的延伸段，而增益交界频率的取值与闭环系统的响应速度有关，ω_c 的取值越大，则系统响应的快速性越好。伯德图的高频段表征着系统结构的复杂性及对高频噪声的抑制能力。通常情况下，在控制系统校正过程中为使校正后的系统不过于复杂，应保持高频段形状不变。

因此，频率法校正的实质就是在系统中加入频率特性曲线形状合适的校正装置，也就是通过引入校正装置的零点和极点，来改变整个系统的零点和极点分布，从而改变系统的频率特性，使校正后的系统开环伯德图具有理想的形状。从伯德图的一般形状来看，需要进行校正的情况有以下几种类型：

1）系统稳定并有满意的瞬态响应，但稳态时的跟踪误差过大。这时必须提高低频段增益以减小稳态误差，如图 7-2a 所示。同时保持中频段和高频段形状不变。

2）系统稳定且稳态时的跟踪误差符合要求，但是瞬态响应较差。这时应改变频率特性的中频段与高频段，提高增益交界频率，如图 7-2b 所示。

3）系统基本稳定，但稳态误差和瞬态响应都不理想，也就是说整个频率特性都必须予以改善。这时需同时增加低频增益和改变中频段形状，如图 7-2c 所示。

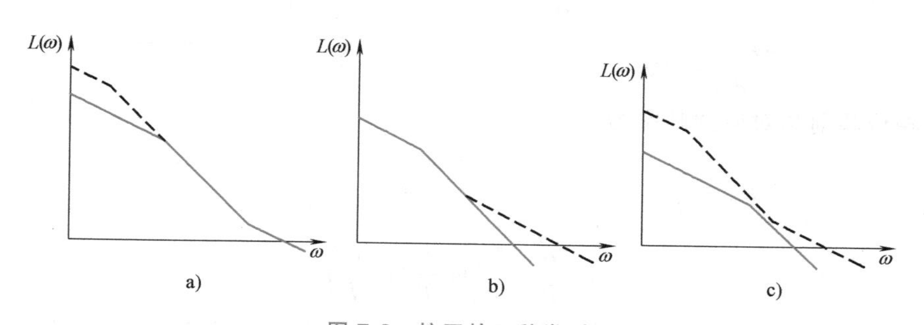

图 7-2 校正的三种类型

a）增加低频增益 b）改善中频段特性 c）兼有前两种

第二节 校正装置及其特性

根据校正装置对伯德图形状的影响作用不同，控制系统常采用的串联校正装置分为相位超前校正装置、相位滞后校正装置与滞后超前校正装置三大类。而根据组成校正装置的元器件不同，又可分为无源校正装置与有源校正装置两类。

一、无源校正装置

无源校正装置是由阻容元件组成的无源 RC 四端网络。本身无增益，对输入信号起衰减作用，由于网络的输入阻抗低且输出阻抗高，因此存在着负载效应。使用时需增加隔离放大器以提高增益并起隔离作用，消除负载效应对系统的影响。

1. 超前网络

如图 7-3 所示为一超前校正网络。所谓超前，就是指在稳定的正弦信号作用下，网络的输出正弦信号在相应上超前于输入正弦信号。它的传递函数为

$$G_c(s)=\frac{U_c(s)}{U_r(s)}=\frac{R_2}{R_1+R_2}\frac{R_1C_1s+1}{\dfrac{R_2}{R_1+R_2}R_1C_2s+1}$$

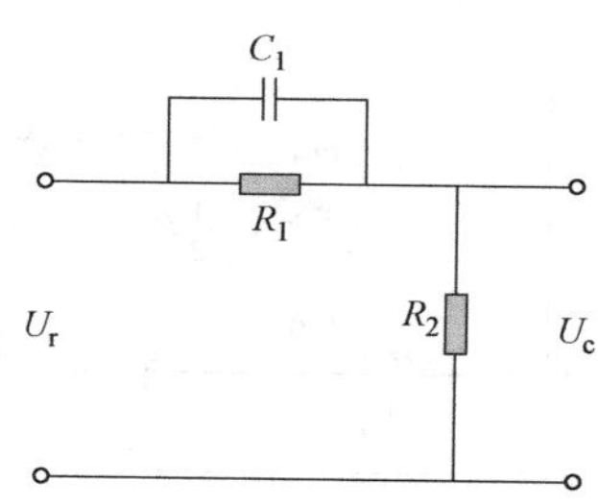

图 7-3 相位超前校正网络

令

$$T=R_1C_1,\ \alpha=\frac{R_1+R_2}{R_2}>1$$

则传递函数可写为

$$G_c(s)=\frac{1}{\alpha}\left(\frac{Ts+1}{\frac{T}{\alpha}s+1}\right)=\frac{s+\frac{1}{T}}{s+\frac{\alpha}{T}} \tag{7-1}$$

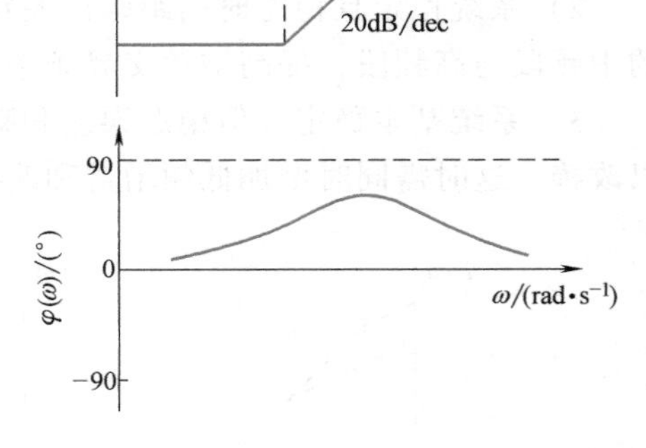

图 7-4　相位超前校正网络伯德图

超前校正环节的伯德图如图 7-4 所示。其转角频率 $\omega_1=\frac{1}{T}$，$\omega_2=\frac{\alpha}{T}$。由于校正环节的相频特性为

$$\varphi_c(\omega)=\arctan T\omega-\arctan\frac{T\omega}{\alpha}$$

令

$$\frac{d\varphi_c(\omega)}{d\omega}=0$$

可得最大相位超前角对应的频率为

$$\omega_m=\frac{\sqrt{\alpha}}{T} \tag{7-2}$$

由于

$$\lg\frac{\sqrt{\alpha}}{T}=\frac{1}{2}\left(\lg\frac{1}{T}+\lg\frac{\alpha}{T}\right)$$

所以实际上 ω_m 出现在两个转角频率的几何中点处。而最大相位超前角 φ_m，可以从如图 7-5 所示的超前校正环节的奈奎斯特图中求出。从原点向半圆作切线，切线与正实轴的夹角即为最大相位超前角 φ_m，由图可以看出

$$\sin\varphi_m=\frac{\frac{1}{2}\left(1-\frac{1}{\alpha}\right)}{\frac{1}{2}\left(1+\frac{1}{\alpha}\right)}=\frac{\alpha-1}{\alpha+1}$$

$$\varphi_m=\arcsin\frac{\alpha-1}{\alpha+1} \tag{7-3}$$

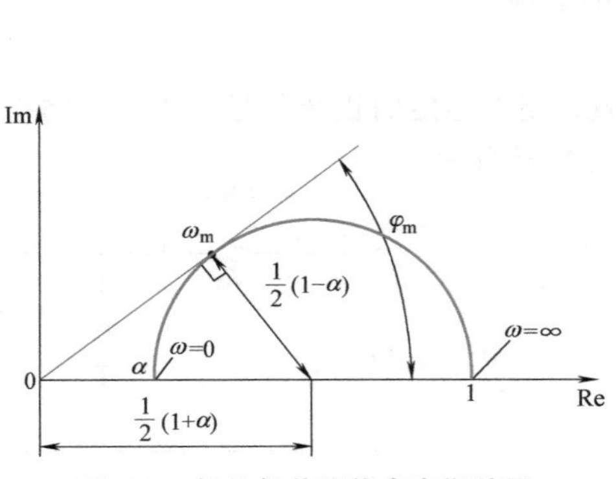

图 7-5　相位超前网络奈奎斯特图

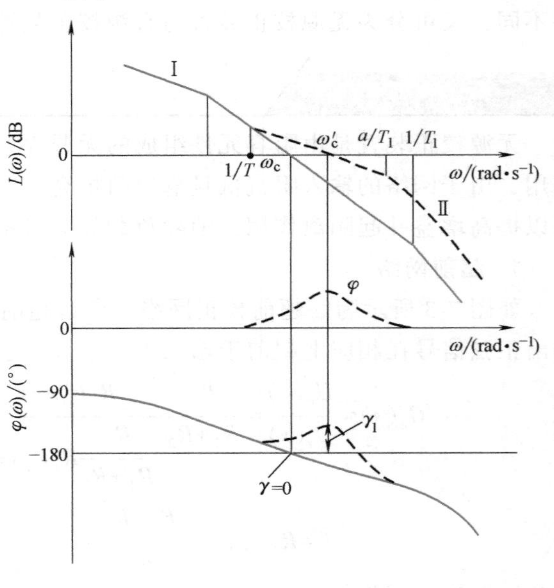

图 7-6　相位超前校正网络对系统的影响

超前校正环节可以为系统提供一个相位超前角。使系统的频带加宽，改善动态性能。如图 7-6 曲线Ⅰ所示为一临界稳定系统，相位裕度 $\gamma=0$。为使系统有足够的相位裕度 $\gamma=\gamma_1$，引入超前校正环节，如图中虚线所示。这样被校正后的系统在新的增益交界频率附近相频特性曲线升高，系统具有一定的相位裕度 $\gamma=\gamma_1$。交界频率 ω_c 处的斜率由 -40dB/dec 改变为 -20dB/dec。因此系统的超调量有所改善，同时随着 ω_c 的增大，瞬态响应的时间减小。

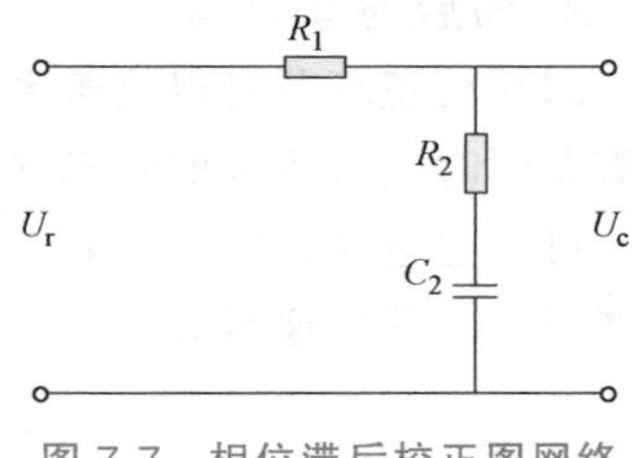

图 7-7　相位滞后校正图网络

2. 滞后网络

如图 7-7 所示为一滞后校正网络，它的传递函数为

$$G_c(s)=\frac{U_c(s)}{U_r(s)}=\frac{R_2C_2s+1}{(R_1+R_2)C_2s+1}$$

令

$$T=R_2C_2,\ \beta=\frac{R_1+R_2}{R_2}>1$$

则传递函数可改写为

$$G_c(s)=\frac{Ts+1}{\beta Ts+1}=\frac{1}{\beta}\left(\frac{s+\frac{1}{T}}{s+\frac{1}{\beta T}}\right) \tag{7-4}$$

滞后校正网络的伯德图如图 7-8 所示。转角频率分别为 $\omega_1=\frac{1}{T}$，$\omega_2=\frac{1}{\beta T}$。最大相位滞后角 φ_m，出现在两转折频率的几何中点处

$$\omega_m=\frac{1}{T\sqrt{\beta}} \tag{7-5}$$

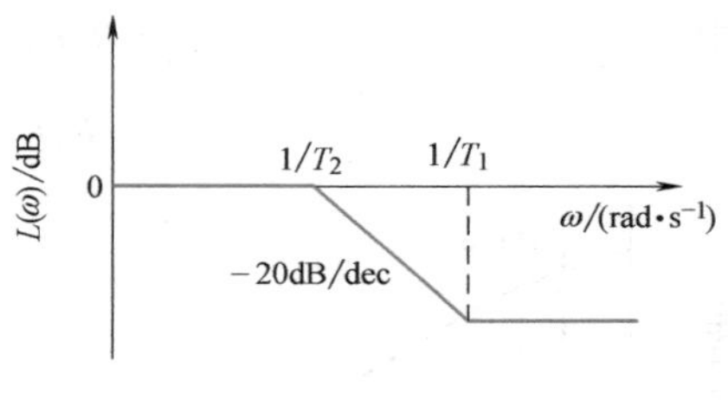

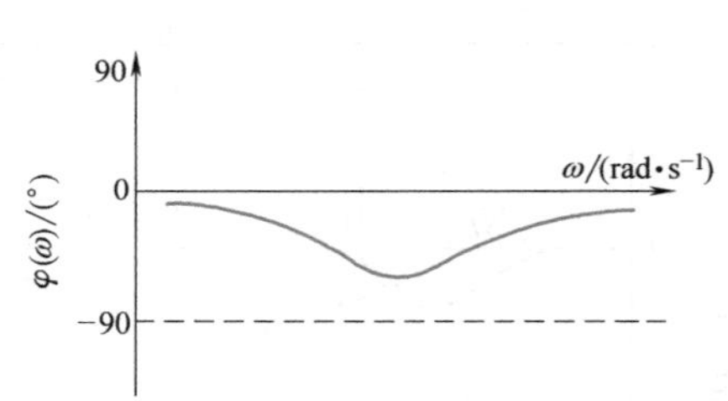

图 7-8　相位滞后校正网络的伯德图

由如图 7-9 所示的滞后环节的奈奎斯特图可以求出最大相位滞后角

$$\varphi_m=-\arcsin\frac{\beta-1}{\beta+1} \tag{7-6}$$

$$\beta=\frac{1+\sin(-\varphi_m)}{1-\sin(-\varphi_m)}$$

对系统进行滞后校正时，并非利用相位上的滞后对系统进行校正。而是由于系统串联了滞后环节以后在高频段会产生衰减的特性，使幅频特性曲线的穿越频率 ω_c 提前，从而达到稳定的要求，但是由于 ω_c 的减小，系统响应的快速性将变差。

另外，滞后校正环节还常用于稳定的闭环系统中，以提高稳态精度。图 7-10 中的 G（jω）是一个稳定系统，但稳态精度不满足要求，通过串联滞后环节，使系统的开环增益提高 20lgβdB，而满足闭环系统

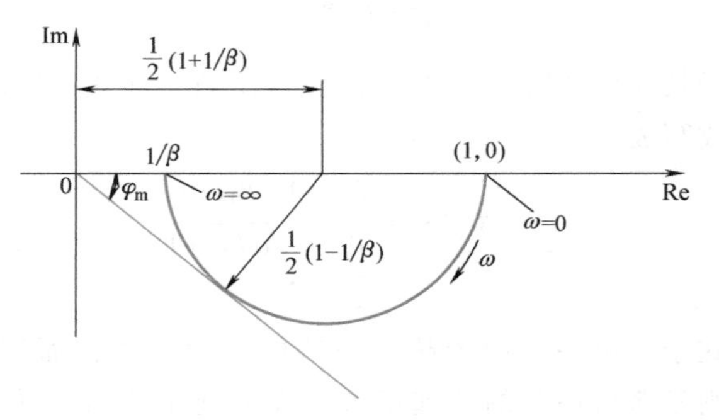

图 7-9　相位滞后校正网络奈奎斯特图

对稳态精度的要求。由于滞后环节的转折频率$\frac{1}{T}$和$\frac{1}{\beta T}$向左远离增益交界频率ω_c，系统的稳定性与动态品质不受滞后环节的影响。

3. 滞后-超前网络

超前校正环节可以改善系统的动态性能，而滞后校正环节则能改善系统的稳态性能。如果需要同时改善系统的瞬态响应品质和稳态跟踪精度，则需要同时采用超前校正与滞后校正。可以通过在系统中串联滞后-超前校正网络来达到要求。如图 7-11 所示为一滞后-超前校正网络。它的传递函数为

$$
\begin{aligned}
G_c(s)=\frac{U_c(s)}{U_r(s)}&=\frac{(R_1C_1s+1)(R_2C_2s+1)}{(R_1C_1s+1)(R_2C_2s+1)+R_1C_2s} \\
&=\frac{(T_1s+1)(T_2s+1)}{T_1T_2s^2+(T_1+\alpha T_2)s+1}
\end{aligned}
\tag{7-7}
$$

式中

$$T_1=R_1C_1,T_2=R_2C_2,\alpha=\frac{R_1+R_2}{R_2}=1+\frac{R_1}{R_2}$$

$$R_1C_1+R_2C_2+R_1C_2=T_1+\alpha T_2 \tag{7-8}$$

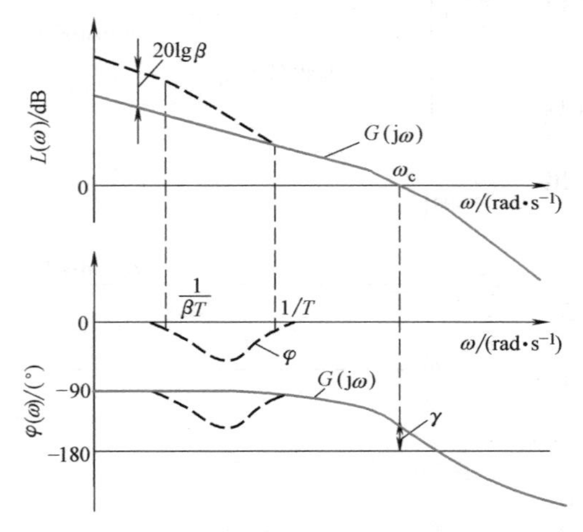

图 7-10 相位滞后校正网络对系统的影响

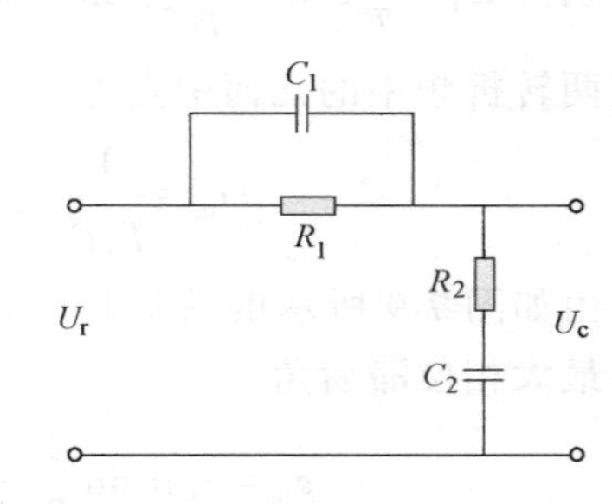

图 7-11 滞后-超前校正网络

设 $T_2>T_1$ 且 $\alpha\gg 1$，则此式可改写为

$$T_1+\alpha T_2\approx\frac{T_1}{\alpha}+\alpha T_2$$

于是滞后-超前校正环节的传递函数，即式（7-7）可改写成

$$G_c(s)=\frac{T_1s+1}{\frac{T_1}{\alpha}s+1}\ \frac{T_2s+1}{\alpha T_2s+1} \tag{7-9}$$

式中，第一项即为超前环节的传递函数，而第二项则是滞后环节的传递函数。滞后-超前环节的伯德图如图 7-12 所示。当输入信号的频率由 0→∞ 变化时，

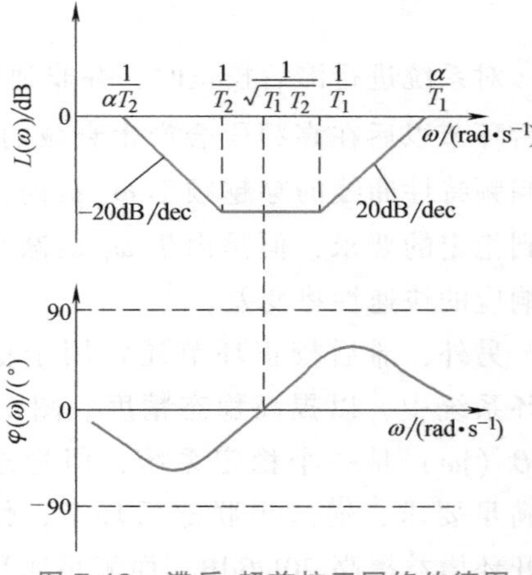

图 7-12 滞后-超前校正网络伯德图

网络输出信号的相位由滞后变为超前。而当 $\omega=1/\sqrt{T_1T_2}$ 时，其相位角为零。

二、有源校正装置

无源校正装置由于本身无增益只有衰减，且输入阻抗高，输出阻抗低，在使用时需要隔离放大器，适用于一般电子线路简单的伺服系统中。若系统调节要求高，并希望校正装置参数可以随意整定，则一般采用有源校正装置（即调节器）。调节器的种类很多，按调节器所能实现的调节规律来分，则有比例（P）、积分（I）和微分（D）以及三者的各种组合，如PI调节器、PD调节器、PID调节器等。调节器是由高增益运算放大器加上 RC 反馈网络构成的，增益可调。运算放大器由于有极高的输入阻抗，因而能起级间隔离作用，可以忽略负载效应的影响。

1. 运算放大器

运算放大器（简称运放）是一种直流放大器，具有很高的开环增益（约 $10^6\sim10^8$），与很高的输入阻抗（约 $10^6\Omega$ 以上）。它有同相与反相两个输入端，把同相端接地，反相端接上反馈回路时，可获得负反馈，如图7-13所示。

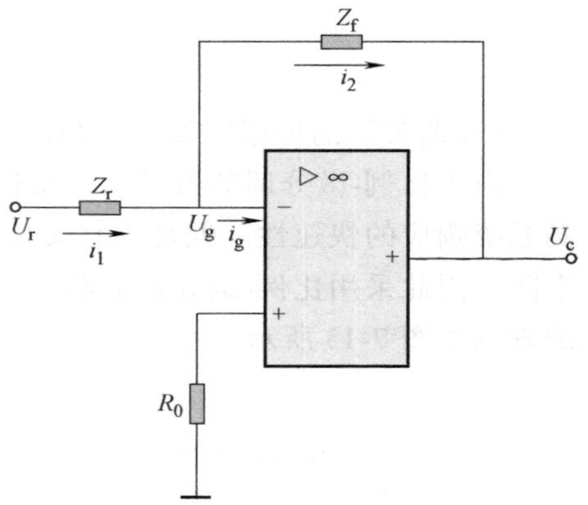

运放由于输入阻抗高，所以输入电流近似为零，即

$$i_g\approx0$$

因此根据基尔霍夫定律有 $i_1=i_2$

由于 $U_c=-U_gK$

当 K 很大时（10^6 以上）$U_g=-\dfrac{U_c}{K}\approx0$

因此运放输入端电压 U_g 近似为零，通常把它称为“虚地”。因为

图7-13　运放原理

$$I_1(s)=\frac{U_r(s)-U_g(s)}{Z_r(s)}$$

$$I_2(s)=\frac{U_g(s)-U_c(s)}{Z_f(s)}$$

并且 $I_1(s)=I_2(s)$，$U_g(s)=0$

所以运放的传递函数为

$$G(s)=\frac{U_c(s)}{U_r(s)}=-\frac{Z_f(s)}{Z_r(s)} \tag{7-10}$$

由此可以看出，运算放大器的传递函数 $G(s)$ 等于反馈阻抗 $Z_f(s)$ 与输入阻抗 $Z_r(s)$ 之比，符号为负。只要改变反馈阻抗与输入阻抗的形式，就可以组成具有各种特性的校正装置和模拟典型环节。

2. PD调节器

比例-微分（PD）调节器是一种相位超前校正环节。它的构成如图7-14a所示，传递函数由式（7-10）可知

$$G_c(s)=-\frac{Z_f(s)}{Z_r(s)}=-\frac{R_1}{R_0/(R_0C_0s+1)}=-K(T_1s+1) \tag{7-11}$$

式中　$K=\dfrac{R_1}{R_0}$，$T_1=R_0C_0$

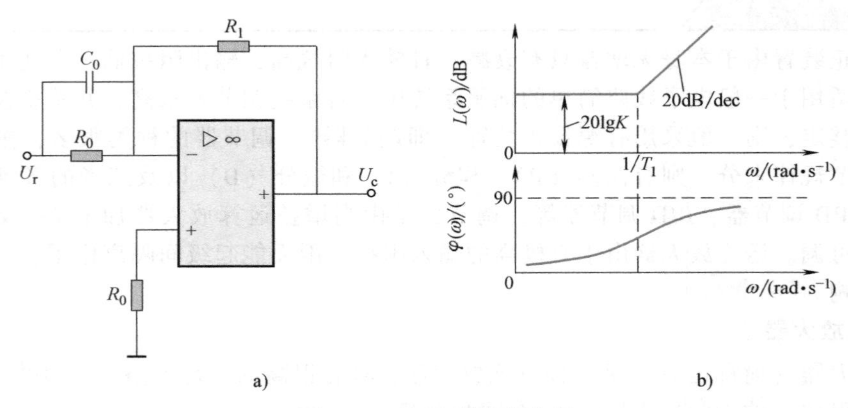

图 7-14　比例-微分调节器

a）结构图　b）伯德图

PD 调节器的伯德图如图 7-14b 所示。

由于比例-微分调节器对系统相位的超前作用，因此它可以改善系统的相对稳定性和提高系统响应的快速性。但是，它又是一个高通滤波器，将使系统对高频信号的抑制能力明显下降，因此采用比例-微分调节器容易引入高频干扰，这是它的缺点。PD 调节器对系统性能的影响如图 7-15 所示。

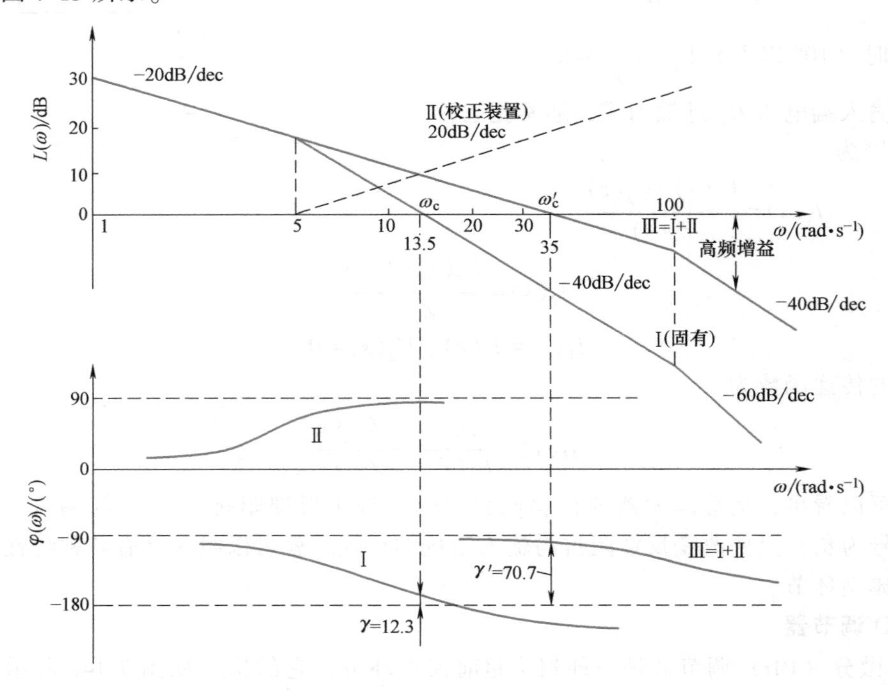

图 7-15　比例-微分校正对系统性能的影响

系统原来的开环传递函数为 $G_1(s)$（图中曲线Ⅰ所示。）

$$G_1(s)=\frac{K_1}{s(T_1s+1)(T_2s+1)}=\frac{35}{s(0.2s+1)(0.01s+1)}$$

校正装置传递函数为

$$G_c(s)=K_c(T_cs+1)$$

式中，$K_c=1$，$T_c=T_1$。

经校正后系统开环传递函数 $G(s)$ 为（图中曲线Ⅲ所示）

$$G(s)=G_c(s)G_1(s)=\frac{K_1}{s(T_2s+1)}=\frac{35}{s(0.01s+1)}$$

由此可见，比例-微分环节与原系统中的大惯性环节的作用相互抵消，校正后的系统实际上变为了一个典型Ⅰ型系统。中频段斜率变为−20dB/dec，相位裕度 γ 由原来 12.3°提高至 70.7°，穿越频率 ω_c 则由 $13.5s^{-1}$ 提高至 $35s^{-1}$。该 PD 调节器改善了系统的稳定性，也改善了系统的动态品质。但是系统由于高频部分增益的提高，对高频干扰的抑制能力显著下降。

3. PI 调节器

比例-积分（PI）调节器是一种相位滞后校正环节。它的构成如图 7-16a 所示，传递函数为

$$G(s)=-\frac{Z_f(s)}{Z_r(s)}=-\frac{R_1+\dfrac{1}{C_1s}}{R_0}=-K\frac{(T_1s+1)}{T_1s} \tag{7-12}$$

式中，$K=\dfrac{R_1}{R_0}$，$T_1=R_1C_1$。

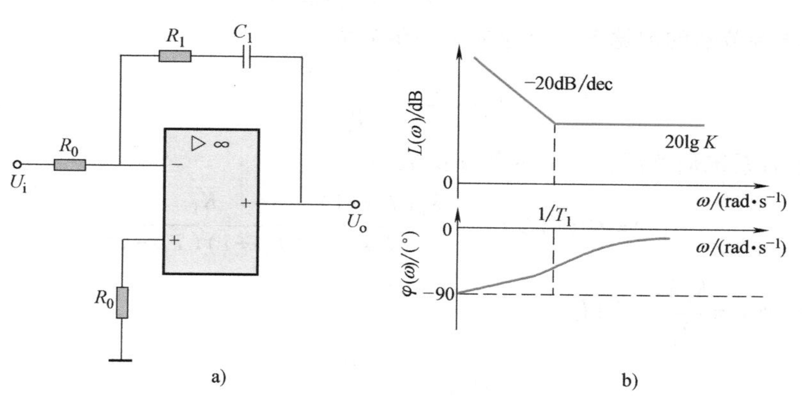

图 7-16 比例积分调节器

a）结构图 b）伯德图

PI 调节器的伯德图如图 7-16b 所示。

比例-积分调节器由于存在积分环节，因此可以提高系统的无静差阶次，使系统的稳态性能得到很大改善，但同时对系统的稳定性产生不利影响。应用时应使转折频率$\dfrac{1}{T_1}$向左远离增益交界频率 ω_c，这样可以减小校正环节对系统稳定性的不利影响。比例-积分调节器对系统性能影响如图 7-17 所示。

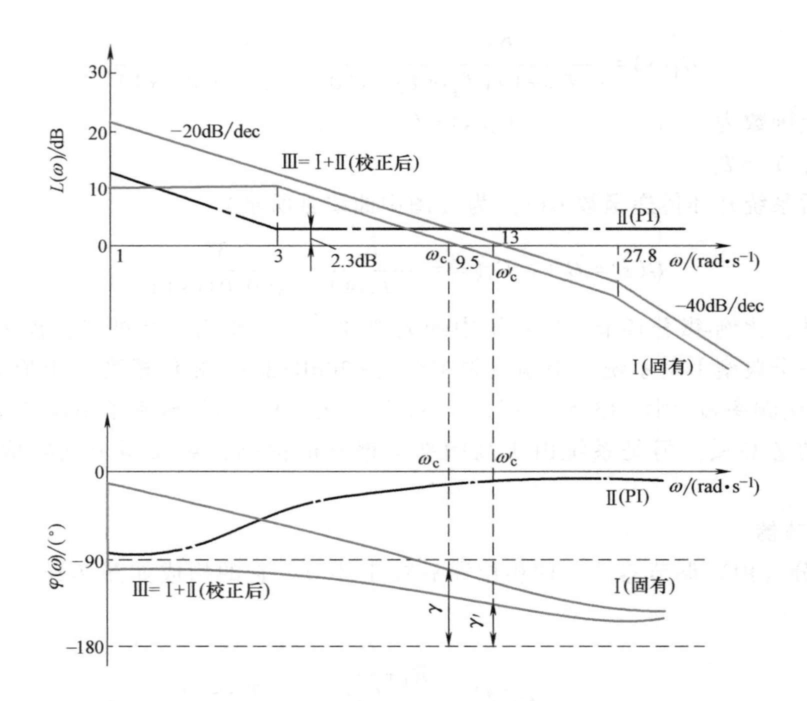

图 7-17 比例-积分校正对系统性能的影响

图 7-17 中曲线Ⅰ为系统固有部分伯德图，对应的传递函数为

$$G_1(s)=\frac{K_1}{(T_1s+1)(T_2s+1)}$$

点画线Ⅱ为 PI 调节器的伯德图，对应的传递函数为

$$G_c(s)=\frac{K_c(T_cs+1)}{T_cs}$$

曲线Ⅲ为校正后系统伯德图，对应的传递函数为

$$G(s)=G_c(s)G_1(s)=\frac{K_c(T_cs+1)}{T_cs}\,\frac{K_1}{(T_2s+1)(T_1s+1)}$$

取 $T_c=T_1$，并令 $K=\frac{K_cK_1}{T_c}$，则有

$$G(s)=\frac{K}{s(T_2s+1)}$$

这样，原系统又被校正成为典型Ⅰ型系统。系统由原来的“0”型变为Ⅰ型，从而实现了对阶跃信号的无静差控制，改善系统稳态性能。由于积分环节的影响，稳定裕度则由原来的 γ 变为 γ'，相对稳定性变差。

4. PID 调节器

比例-微分校正能改善系统的动态品质，但使系统在高频段的抗干扰能力下降。比例-积分校正能改善系统的稳态性能，但又使系统稳定性变差。为了兼得二者优点又尽可能减小不利影响，常采用比例-积分-微分（PID）调节器对系统校正。PID 调节器的构成与它的伯德图如图 7-18 所示，它的传递函数为

$$G(s)=-\frac{Z_f(s)}{Z_r(s)}=-\frac{(T_1s+1)(T_2s+1)}{T_3s} \tag{7-13}$$

式中，$T_1=R_1C_1$，$T_2=R_0C_0$，$T_3=R_0C_1$。

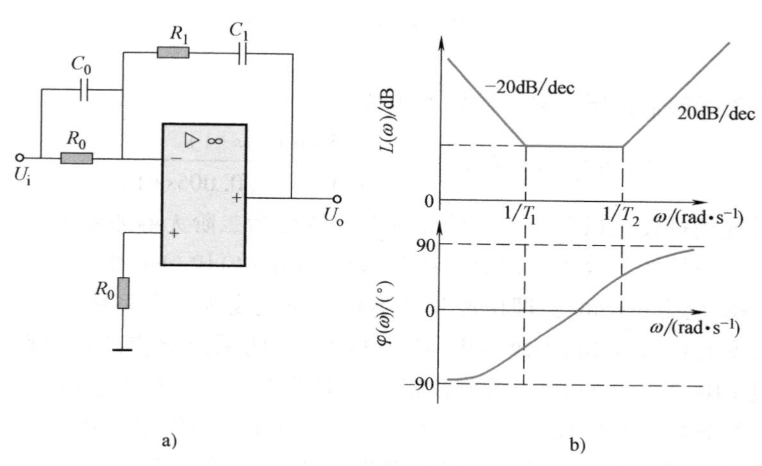

图 7-18 PID 调节器

a）结构图 b）伯德图

PID 调节器对系统性能的影响如图 7-19 所示。其中曲线Ⅰ为系统固有部分的伯德图，对应的传递函数为

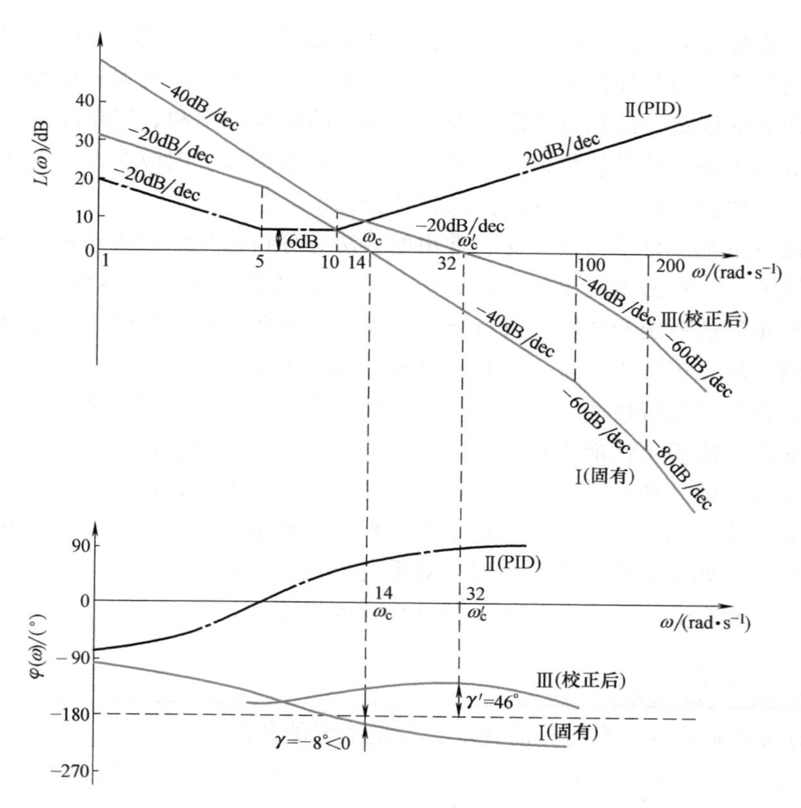

图 7-19 PID 校正对系统性能的影响

$$G_1(s)=\frac{35}{s(0.2s+1)(0.01s+1)(0.005s+1)}$$

曲线Ⅱ为 PID 调节器的伯德图，对应的传递函数为

$$G_c(s)=\frac{10(0.1s+1)(0.2s+1)}{s}$$

曲线Ⅲ为校正后系统的伯德图，对应的传递函数为

$$G(s)=G_c(s)G_1(s)=\frac{350(0.1s+1)}{s^2(0.01s+1)(0.005s+1)}$$

可以看出系统经过校正以后，由一阶无静差系统变为二阶无静差系统。系统在低频段增益的提高表明了稳态性能的改善，同时，中频段斜率由-40dB/dec 变为-20dB/dec，相位裕度由原来的 $\gamma=-8°$ 变为 $\gamma=46°$，即由原先的不稳定系统变为稳定系统并有了足够的稳定储备。增益交界频率则由 $\omega_c=14s^{-1}$ 改变为 $\omega_c'=32s^{-1}$，说明系统响应的快速性也获得了改善。所以系统在经过 PID 调节器的滞后-超前校正后，静动态性能均获得了改善。但是微分环节的作用使系统的高频增益有所提高，说明系统抑制高频噪声的作用下降。通常可以选择适当的 PID 调节器类型，使校正装置的高频段斜率为 0dB/dec，便可以避免这一缺陷。

第三节　控制系统的串联校正

系统的性能指标是对闭环系统而言的，它主要由稳定性、快速性与精度三个方面构成。而频率法校正则在系统的开环伯德图上进行，所以必须将性能指标要求转换为对开环伯德图形状的要求，即表征稳定性的相位裕度、表征快速性的穿越频率和表征精度的开环增益，通常把这三个参数称为系统的设计指标。如果给出的是性能指标，则应在设计校正时将这些性能指标通过一些近似公式或经验公式转换为设计指标。

在用频率法对系统进行串联校正时，常用的方法有分析法与综合法两种。分析法是从系统固有传递函数 $G(s)$ 的伯德图出发，经过分析判断，选取一种校正装置 $G_c(s)$ 加入到系统中，然后对校正后的系统开环特性进行分析。如能使闭环系统满足性能指标要求，设计也就完成了；否则，应重选校正装置，直到满足指标要求为止。

综合法，也称为希望特性法，是另一种确定校正装置的方法。它是从系统要求达到的品质指标出发，先求出能满足性能指标要求的开环伯德图，即希望特性曲线。然后，再将希望特性曲线与系统固有的开环频率特性曲线进行比较，这样，就可以确定两者间的差异，求得所需的校正装置。应用综合法时，关键在于如何根据品质指标要求确定希望的开环频率特性曲线即希望伯德图。如果解决了这个问题，对系统的校正也就容易了。

下面就分析法和综合法的实际校正步骤进行详细讨论。

一、分析法的超前校正步骤

1）根据对误差系数等稳态指标的要求，确定系统的开环增益 K。

2）根据增益 K，计算未校正系统 G（jω）的相位裕度 γ，并画出伯德图。

3）确定需要的最大相位超前角 φ_m，公式为

$$\varphi_m = \gamma_{要求} + (5° \sim 10°)_{补偿} - \gamma_{原有}$$

4）计算 α 值，公式为 $$\alpha = \frac{1+\sin\varphi_m}{1-\sin\varphi_m}$$

5）在未校正系统的伯德图上寻找与幅值等于 $-20\lg\sqrt{\alpha}$ dB 对应的频率，以该点作为新的增益交界频率 ω_c。

6）确定超前网络的转角频率

$$\omega_c = \omega_m = \frac{\sqrt{\alpha}}{T},\ \omega_1 = \frac{1}{T} = \frac{\omega_c}{\sqrt{\alpha}},\ \omega_2 = \frac{\alpha}{T} = \omega_c\sqrt{\alpha}$$

7）将系统增益提高 α 倍，确定校正装置的传递函数 $G_c(s) = \alpha\dfrac{s+\omega_1}{s+\omega_2}$

8）确定超前校正网络参数。

例 7-1　设有单位反馈系统的开环传递函数为

$$G(s) = \frac{4K}{s(s+2)}$$

若要使系统的稳态速度偏差系数 $K_v = 20s^{-1}$，相位裕度 γ 不小于 50°，求系统的校正装置。

解　1）调整增益 K 使系统满足稳态性能指标

$$K_v = \lim_{s\to 0} sG(s) = \lim_{s\to 0}\frac{s\times 4K}{s(s+2)} = 2K = 20s^{-1}$$

即

$$K = 10$$

2）由 $K=10$，根据未校正系统的开环频率特性

$$G(j\omega) = \frac{40}{j\omega(j\omega+2)} = \frac{20}{j\omega(0.5j\omega+1)}$$

画出的伯德图如图 7-20 所示。由图可求出系统的相位裕度为 17°，幅值裕度为 $+\infty$ dB。可见，为了满足系统稳态性能指标，结果使相位裕度减小，瞬态响应品质变坏。

3）根据要求的相位裕度 γ 不小于 50°计算最大相位超前角

$$\varphi_m = 50° + 5° - 17° = 38°$$

4）计算 α 值

$$\alpha = \frac{1+\sin\varphi_m}{1-\sin\varphi_m} = \frac{1+\sin 38°}{1-\sin 38°} = 4.2$$

5）由于 $-20\lg\sqrt{\alpha} = -20\lg\sqrt{4.2} = -6.2$dB，从图 7-20 中得知 -6.2dB 相应的频率

$$\omega_c = \omega_m = 9s^{-1}$$

6）计算超前网络的转角频率

$$\omega_1 = \frac{1}{T} = \frac{\omega_c}{\sqrt{\alpha}} = \frac{9}{\sqrt{4.2}}s^{-1} = 4.41s^{-1}$$

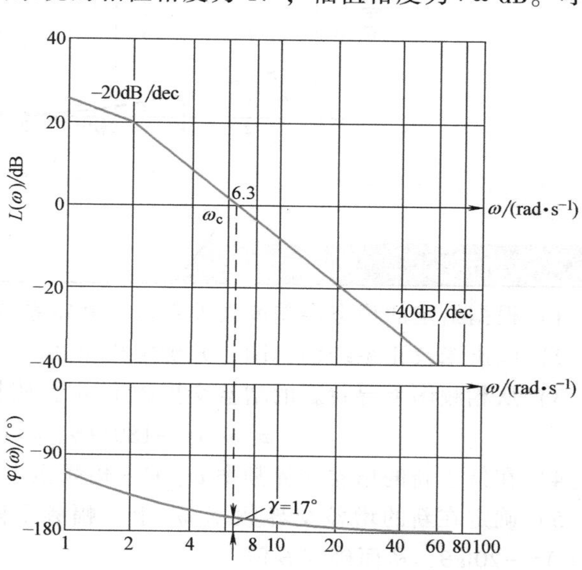

图 7-20　$G(j\omega) = \dfrac{20}{j\omega(0.5j\omega+1)}$ 的伯德图

$$\omega_2=\frac{\alpha}{T}=\omega_c\sqrt{\alpha}=9\times\sqrt{4.2}\,\text{s}^{-1}=18.4\text{s}^{-1}$$

7）确定校正装置传递函数为

$$G_c(s)=\alpha\frac{s+\omega_1}{s+\omega_2}=4.2\times\frac{s+4.41}{s+18.4}=\frac{0.227s+1}{0.054s+1}$$

校正后的系统开环传递函数为

$$G_c(s)G(s)=\frac{0.227s+1}{0.054s+1}\frac{20}{s(0.5s+1)}$$

它的伯德图如图 7-21 所示。可以看出校正后的系统相位裕度 $\gamma=50°$，系统的稳定性获得很大改善。并且 ω_c 由原来的 6.3s^{-1} 提高至 9s^{-1}，这意味着闭环系统响应的快速性得到了改善。

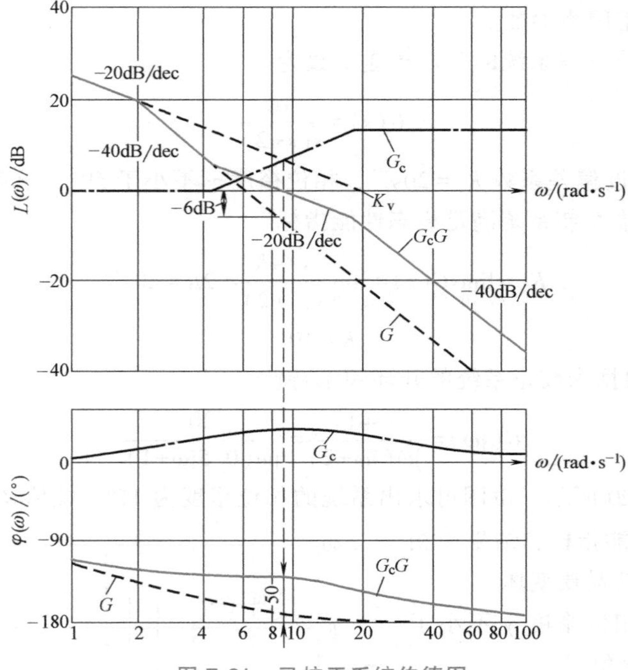

图 7-21 已校正系统伯德图

二、分析法的滞后校正步骤

1）根据给定的稳态误差或误差系数，确定系统的开环增益 K。

2）画出未校正系统伯德图，并确定相位裕度与幅值裕度。

3）从相频图上寻找新的增益交界频率 ω_c，使其满足

$$\varphi(\omega_c)=-180°+\gamma_{要求}+(5°\sim10°)_{补偿}$$

4）在低于新的增益交界频率 ω_c 的一倍频至十倍频范围内选择转角频率 $\omega=1/T$。

5）确定在新的增益交界频率 ω_c 上，幅频下降至 0dB 所必须的衰减量 $L(\omega_c)$，并使 $L(\omega_c)=-20\lg\beta$，从而确定 β 值。

6）另一转折频率由 $\omega=1/(\beta T)$ 确定。

例 7-2 设系统的开环传递函数为

$$G(s)=\frac{K}{s(s+1)(0.5s+1)}$$

要求系统校正后，稳态速度偏差系数 $K_v=5s^{-1}$，相位裕度不低于 40°，幅值裕度不低于 10dB，求校正装置。

解 1）计算增益 K。由于

$$K_v=\lim_{s\to 0}sG(s)=\lim_{s\to 0}\frac{sK}{s(s+1)(0.5s+1)}=K=5s^{-1}$$

即当系统开环增益 $K=5$ 时，就能满足稳态精度要求。

2）画出 $G(j\omega)=\dfrac{5}{j\omega(j\omega+1)(0.5j\omega+1)}$ 的伯德图，如图 7-22 中虚线所示。

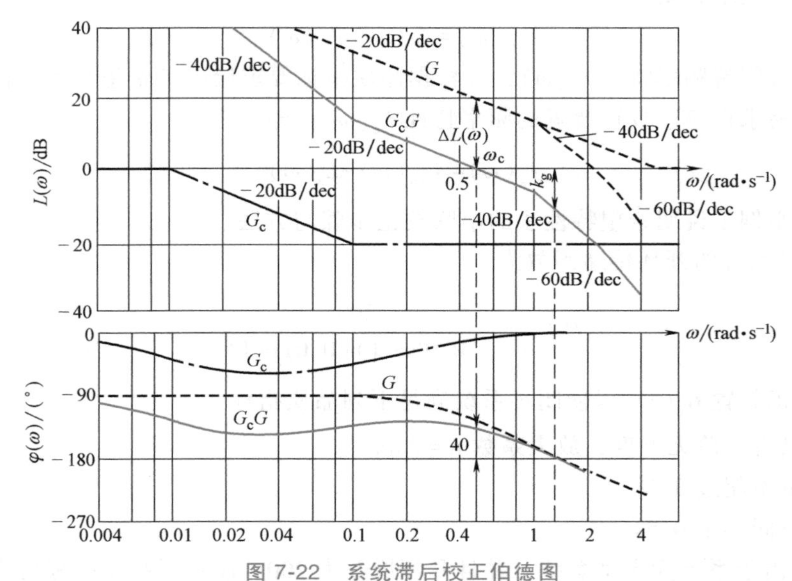

图 7-22 系统滞后校正伯德图

G—未校正系统 G_c—校正装置 G_cG—已校正系统

3）在相频图上寻找 ω_c。使 $\varphi(\omega_c)=-180°+40°+12°=-128°$ 可以发现当 $\omega_c=0.5s^{-1}$，对应的相位角正好为 $-128°$。

4）选取 $\omega=\dfrac{1}{T}=0.1s^{-1}$ 作为滞后网络的一个转角频率。

5）在新的增益交界频率 ω_c 处，原幅频特性需衰减 -20dB 才能降至为 0dB，令 $20\lg\beta=20$dB，可得 $\beta=10$。

6）确定滞后网络的另一转角频率为 $\omega=1/(\beta T)=0.01s^{-1}$。

7）校正装置的传递函数为

$$G_c(s)=\frac{1}{10}\times\frac{s+0.1}{s+0.01}=\frac{10s+1}{100s+1}$$

校正后系统开环传递函数为

$$G_c(s)G(s)=\frac{5(10s+1)}{s(100s+1)(s+1)(0.5s+1)}$$

从伯德图上可以看出它的相位裕度 $\gamma=40°$，幅值裕度 $K_g=11\text{dB}$，完全符合设计指标要求。

三、希望特性法的串联校正

具有串联校正装置的系统框图如图 7-23 所示。其中 $G_s(s)$ 是系统固有部分的传递函数，$G_c(s)$ 是要求的串联校正装置的传递函数。

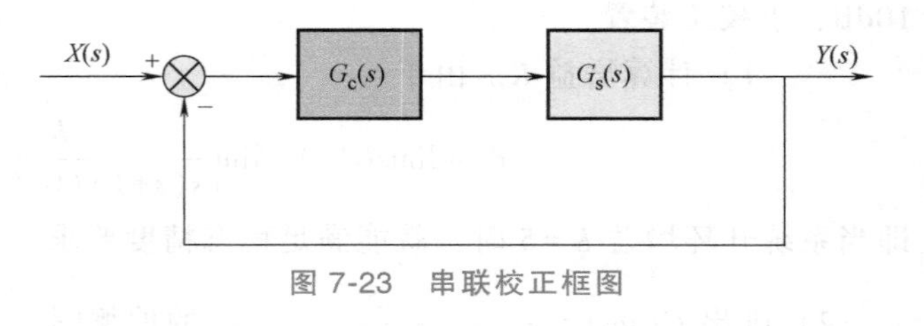

图 7-23　串联校正框图

系统希望开环传递函数为

$$G_{xw}(s)=G_c(s)G_s(s) \tag{7-14}$$

以对数幅频特性表示，则有

$$L_{xw}(\omega)=L_c(\omega)+L_s(\omega) \tag{7-15}$$

当已知系统固有频率特性 $L_s(\omega)$，并根据品质指标要求绘出了希望频率特性曲线 $L_{xw}(\omega)$ 以后，则很容易求得串联校正装置的频率特性 $L_c(\omega)$，即

$$L_c(\omega)=L_{xw}(\omega)-L_s(\omega) \tag{7-16}$$

以下通过举例来说明希望特性法的串联校正步骤与方法。

例 7-3　设系统的开环传递函数为

$$G_s(s)=\frac{200}{s(0.05s+1)(0.01s+1)}$$

求串联校正装置 $G_c(s)$ 以使闭环系统满足下列品质指标：

1）系统具有一阶无差度，放大系数 $K=200\text{s}^{-1}$。

2）超调量不超过 30%。

3）调整时间小于 0.5s。

解　(1) 由于系统为 I 型系统，并且开环增益为 200，满足了品质指标对系统放大系数的要求。

(2) 绘制系统开环伯德图，如图 7-24 中曲线 $L_s(\omega)$ 所示。

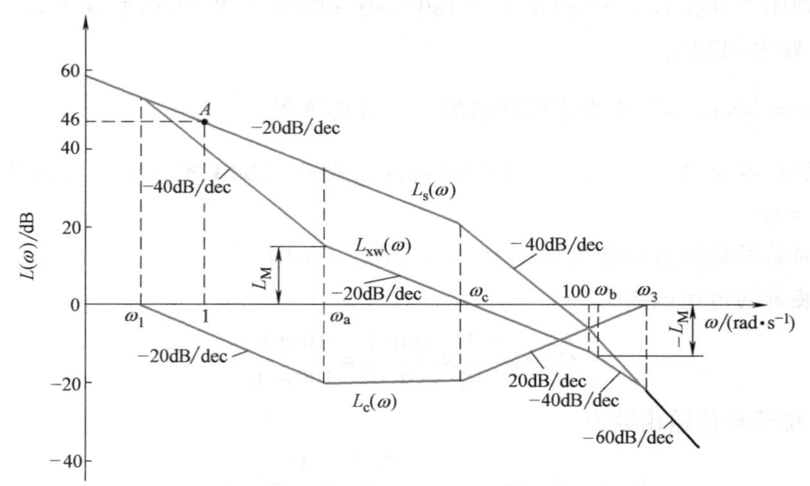

图 7-24　希望特性法串联校正伯德图

（3）绘制希望伯德图。

1）根据经验公式 $\omega_c=K\pi/t_s$，由于 $t_s=0.5s$ 并取 $K=3.5$，计算得增益交界频率 $\omega_c=22s^{-1}$。

2）过 $\omega_c=22s^{-1}$ 作一条−20dB/dec 斜线，即为希望频率特性曲线的中频段渐近线。

3）取 $\pm L_M=\pm14dB$ 截取中频段长度，从而得 $\omega_a=4.2s^{-1}$，$\omega_b=110s^{-1}$，但由于系统高频转折点出现在 $\omega=100s^{-1}$ 处，为使校正装置尽量简单，取中频段延伸至 $\omega=100s^{-1}$ 处为止。

4）过点（ω_a，L_M）作一条斜率为−40dB/dec 的斜线交原伯德图低频段于 $\omega_1=0.46s^{-1}$ 处。

5）过 $\omega=100s^{-1}$ 与中频段渐近线交点作一条斜率为−40dB/dec 的斜线交原伯德图高频段于 $\omega_3=174s^{-1}$ 处，从而获得预期的希望伯德图，如图 7-24 中 $L_{xw}(\omega)$ 所示。

（4）根据 $L_c(\omega)=L_{xw}(\omega)-L_s(\omega)$，画出校正装置伯德图，如图 7-24 中 $L_c(\omega)$ 所示。

（5）由 $L_c(\omega)$ 写出校正装置的传递函数为

$$G_c(s)=\frac{(\tau_1 s+1)(\tau_2 s+1)}{(T_1 s+1)(T_2 s+1)}$$

式中

$$T_1=\frac{1}{0.46}s=2.17s,\ \tau_1=\frac{1}{4.2}s=0.24s,$$

$$\tau_2=\frac{1}{20}s=0.05s,\ T_2=\frac{1}{174}s=0.00574s$$

所以

$$G_c(s)=\frac{(0.24s+1)(0.05s+1)}{(2.17s+1)(0.00574s+1)}$$

（6）选择无源滞后-超前校正网络作为系统的校正装置，相应元件参数的计算略。

第四节　控制系统的并联校正

控制系统中除了采用串联校正外，还常采用并联校正的方法改善系统的动态品质。并联校正也称为反馈校正，是指将系统的某些环节用局部反馈包围的一种校正方式，即从系统中的某环节取出信号并使其经过校正环节后加到该环节的输入端进而形成反馈包围，从而改变了信号的变化规律，实现校正系统的目的。

一、反馈校正对系统品质的影响

反馈校正可以减小系统中某些元件的非线性和参数不稳定对系统动态品质的影响。对比如图 7-25a、b 所示的两个系统，就可以看出反馈校正的作用。

如图 7-25a 所示的没有加入反馈装置时系统的传递函数为

$$G_s(s)=\frac{Y(s)}{X(s)}$$

假定 $X(s)$ 恒定不变，当 $G_s(s)$ 的参数发生变化时，输出 $Y(s)$ 的变化与系统 $G_s(s)$ 的变化成正比。

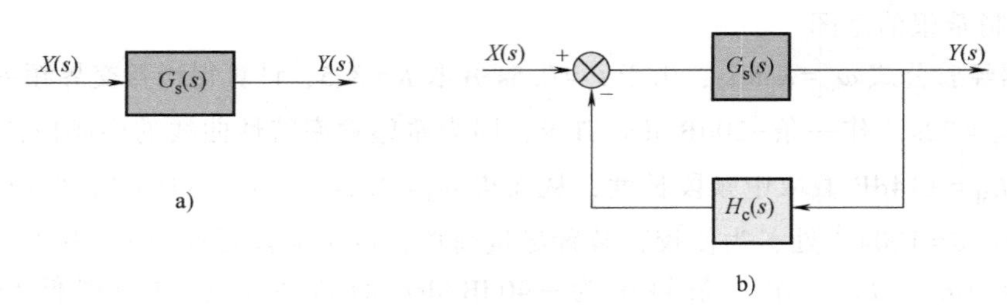

图 7-25　系统框图

如图 7-25b 所示的加入了反馈装置的系统的传递函数为

$$\frac{Y(s)}{X(s)}=\frac{G_s(s)}{1+G_s(s)H_c(s)}$$

若在某需要的频率区间内能使

$$|G_s(j\omega)H_c(j\omega)|\gg 1$$

则原传递函数的表达式可近似为

$$\frac{Y(s)}{X(s)}\approx\frac{G_s(s)}{G_s(s)H_c(s)}=\frac{1}{H_c(s)}$$

可以看出，当 $X(s)$ 恒定不变时，输出 $Y(s)$ 几乎可以不受 $G_s(s)$ 参数变化的影响，而只由反馈校正装置的特性 $H_c(s)$ 所决定。正是基于这点，经常用局部反馈来校正某些环节，以消除这些环节对系统产生的不良影响。不过，此时对反馈环节的特性要求就严格了。

二、局部反馈的校正方法

反馈校正形式有多种，常用的有硬反馈与软反馈两种。硬反馈指在控制过程中反馈量与输出量成正比的一种反馈形式，反馈装置为比例环节。软反馈则指反馈量与输出量的导数成正比的一种反馈形式，是只在瞬态中起作用的一种反馈，反馈装置为微分环节。

下面以惯性环节和积分环节为例，讨论它们分别被不同形式的反馈包围时的情况。

1. 惯性环节被硬反馈包围时

如图 7-26a 所示，包围后的等效传递函数变为

$$G_e(s)=\frac{\dfrac{K}{Ts+1}}{1+K_c\dfrac{K}{Ts+1}}=\frac{\dfrac{K}{1+KK_c}}{\left(\dfrac{T}{1+KK_c}\right)s+1}\tag{7-17}$$

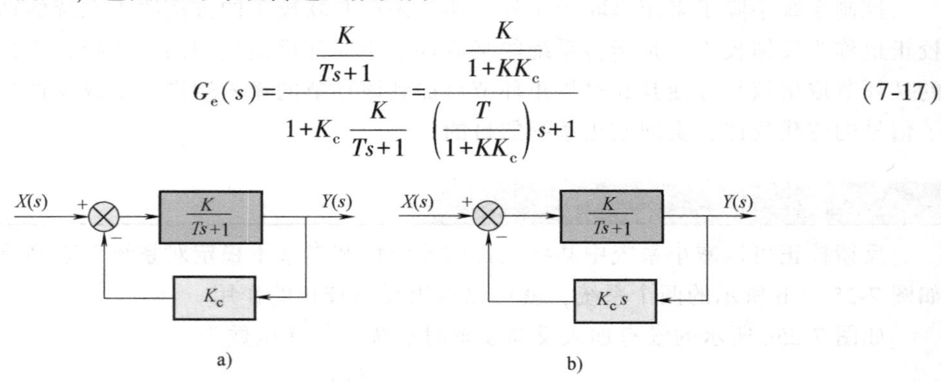

图 7-26　反馈对惯性环节的影响

可以看出，硬反馈使得惯性环节的时间常数 T 减小到原来 $1/(1+KK_c)$ 倍。时间常数的减小，降低了开环系统在交界频率处的相位滞后，提高了系统的相位稳定裕量，改善了闭环系

统的稳定性。但是同时，被反馈包围的环节增益也减小到原来的 $1/(1+KK_c)$ 倍，为保持整个系统的开环增益不变，必须提高其余部分的放大倍数。

2. 惯性环节被软反馈包围时

如图 7-26b 所示，包围后的等效传递函数为

$$G_e(s)=\frac{K}{(T+KK_c)s+1} \tag{7-18}$$

可以看出，软反馈并没有改变惯性环节的结构，只是使其时间常数由 T 变到 $(T+KK_c)$，增加了它的惯性，而没有改变增益。

3. 积分环节被硬反馈包围

如图 7-27a 所示，包围后的等效传递函数为

$$G_e(s)=\frac{1/K_c}{\frac{1}{KK_c}s+1} \tag{7-19}$$

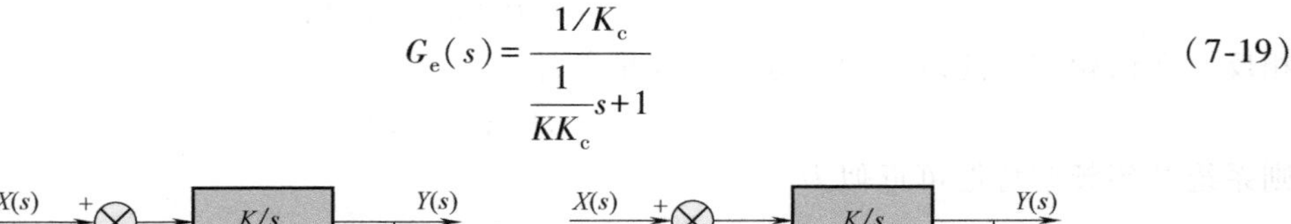

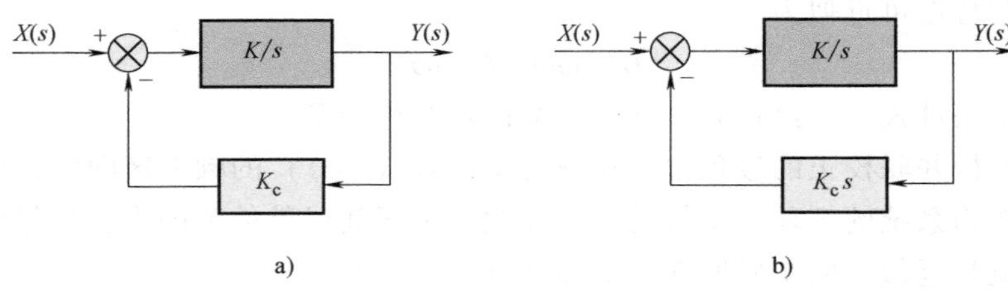

图 7-27 反馈对积分环节的影响

可见，硬反馈将积分环节转变为惯性环节，传递系数为 $1/K_c$，而时间常数 $T=1/(KK_c)$。显然，积分环节的消除对闭环系统的稳定性是有利的。

4. 积分环节被软反馈包围时

如图 7-27b 所示，包围后的等效传递函数为

$$G_e(s)=\frac{K}{(1+KK_c)s} \tag{7-20}$$

由此可见，软反馈不改变积分环节结构，但时间常数减小到原来的 $1/(1+KK_c)$ 倍。

三、反馈校正的近似法分析

在分析串联校正时，将系统的开环对数幅频特性与校正装置的对数幅频特性进行代数相加，就能得到校正后的系统开环对数幅频特性。在用希望特性法对系统校正时，只要把希望伯德图与系统原伯德图相减就可以获得校正装置的伯德图。所以采用串联校正时，无论分析还是设计都很简单。但是，在分析和设计并联校正时不能用这种简单的方法进行。下面讨论并联校正时常采用的近似分析法。

设系统的并联校正结构如图 7-28 所示，它的开环频率特性（即小闭环频率特性）为

$$G_K(j\omega)=\frac{G_s(j\omega)}{1+G_s(j\omega)H_c(j\omega)}$$

如果在某个频率范围内满足条件式

$$|G_s(j\omega)H_c(j\omega)|\gg 1 \tag{7-21}$$

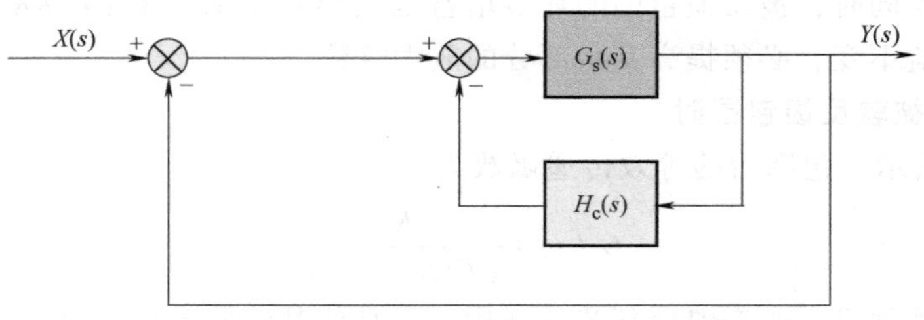

图 7-28　并联校正框图

则在该频率范围内，系统开环频率特性可近似为

$$G_K(j\omega)=\frac{G_s(j\omega)}{G_s(j\omega)H_c(j\omega)}=\frac{1}{H_c(j\omega)} \tag{7-22}$$

相反，在该频率区间以外的部分如果满足条件式

$$|G_s(j\omega)H_c(j\omega)|\ll 1 \tag{7-23}$$

则系统开环频率特性可近似为

$$G_K(j\omega)=G_s(j\omega) \tag{7-24}$$

也就是说在满足条件式（7-23）时，并联反馈已不起作用了。

这样，在分析并联校正的过程中，在满足条件式（7-21）的频率区间内，用校正装置频率特性的倒数作为系统的开环频率特性，而在此频率区间以外的范围内，均保持原开环频率特性不变，这就是近似法的实质所在。下面举例加以说明。

例 7-4　设控制对象的传递函数为

$$G_s(s)=\frac{K}{s(T_1s+1)(T_2s+1)}$$

式中，$T_1=0.25\text{s}$，$T_2=0.0625\text{s}$，$K=100\text{s}^{-1}$。

采用的并联校正装置的传递函数为

$$H_c(s)=\frac{K_cs^2}{T_cs+1}$$

式中，$K_c=0.25$，$T_c=1.25\text{s}$。试分析校正后的系统开环频率特性。

解　系统开环传递函数为

$$G_k(s)=\frac{G_s(s)}{1+G_s(s)H_c(s)}$$

1）先绘制 $G_s(j\omega)$ 的伯德图，如图 7-29a 所示。可以看出，截止频率 $\omega_c=19\text{s}^{-1}$，并得相位裕度 $\gamma=-38°$。系统不稳定。

2）绘制校正装置的伯德图 $H_c(j\omega)$，如图 7-29b 所示。而 $1/H_c(j\omega)$ 的伯德图形正好与 H_c 的图形对称于零分贝线。

3）绘制 $G_s(j\omega)H_c(j\omega)$ 的伯德图如图 7-29c 所示。可以看出图形 $G_s(j\omega)H_c(j\omega)$ 与零分贝线的交点为 ω_i 与 ω_j。当频率位于区间 $\omega_i<\omega<\omega_j$ 内时，$|G_s(j\omega)H_c(j\omega)|>1$。而当 $\omega<\omega_i$ 和 $\omega>\omega_j$ 时，由于图形位于零分贝线以下，显然满足条件式 $|G_s(j\omega)H_c(j\omega)|<1$。

4）绘制等效对数频率特性曲线，如图 7-29d 所示。

当 $\omega<\omega_i$ 和 $\omega>\omega_j$ 时　　　$G_K(j\omega)=G_s(j\omega)$

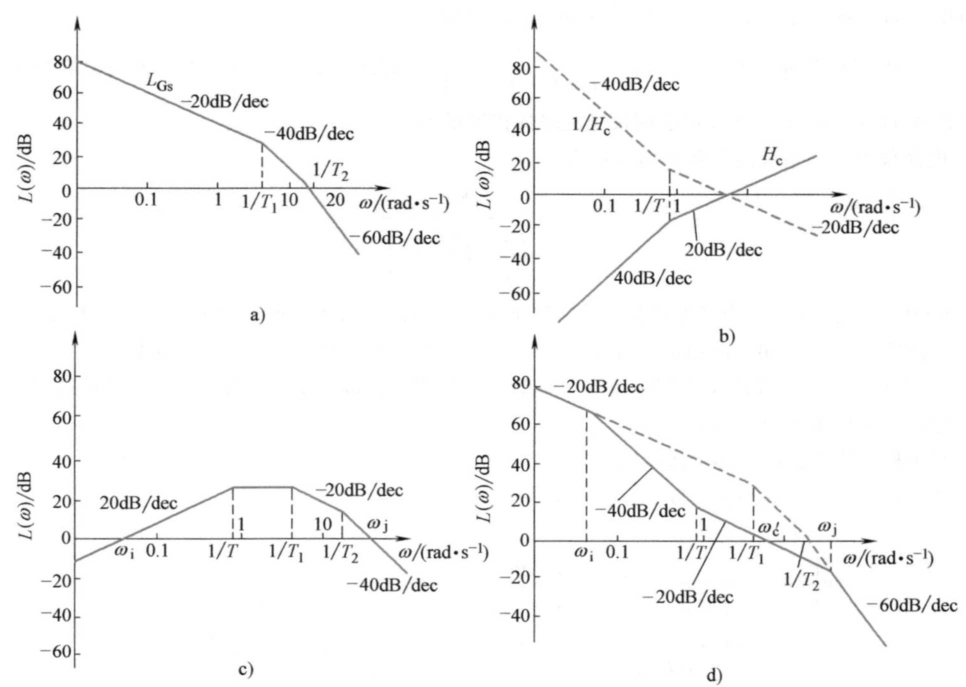

图 7-29 并联校正的近似法分析

当 $\omega_i<\omega<\omega_j$ 时 $\qquad G_K(j\omega)=1/H_c(j\omega)$

从等效对数幅频特性图可写出系统开环传递函数为

$$G_K(s)=\frac{100(Ts+1)}{s(T_is+1)(T_js+1)^2}=\frac{100(1.25s+1)}{s(25s+1)(0.027s+1)^2}$$

5）从图 7-29c 中可以看到，当 $\omega=\omega_c$ 时，由于 $20\lg|G_s(j\omega)H_c(j\omega)|\gg0$，故能满足 $|G_s(j\omega)H_c(j\omega)|\gg1$。故采用近似法估算相位裕度不会引起过大误差。校正后新的增益交界频率 $\omega_c'=5s^{-1}$，相位裕度为

$$\begin{aligned}\gamma(\omega_c')&=180°+\left(-90°+\arctan T\omega_c'-\arctan\frac{\omega_c'}{\omega_i}-2\arctan\frac{\omega_c'}{\omega_j}\right)\\&=180°+[-90°+\arctan(1.25\times5)-\arctan(25\times5)-2\arctan(0.027\times5)]\\&=66.8°\end{aligned}$$

与三阶设计的基本形式一致。

习题

7-1 回答下列问题，着重于物理概念的说明。

（1）有源校正装置与无源校正装置主要区别是什么？在实现校正规律时，它们的作用是否相同？

（2）对系统串联滞后校正装置，在什么情况下可提高系统的稳态精度？在什么情况下可提高系统的稳定性？

（3）PI 调节器和 PD 调节器能对系统性能产生什么影响？

7-2 控制系统的开环传递函数为 $G_K(s)=\dfrac{K}{s(0.1s+1)}$，要求校正后系统稳态速度偏差系数 $K_v\geq100$，并

且相位裕度 $\gamma(\omega_c)\geqslant 50°$，试确定超前校正网络的传递函数。

7-3　系统的开环传递函数为 $G_K(s)=\dfrac{K}{s(s+1)(0.25s+1)}$，要求校正后系统稳态速度偏差系数 $K_v\geqslant 10$，并且相位裕度 $\gamma(\omega_c)\geqslant 30°$。试确定超前校正网络的传递函数。

7-4　电液位置控制系统的开环传递函数为

$$G(s)=\frac{K_v}{s\left(\dfrac{s^2}{\omega_n^2}+2\dfrac{\zeta_n}{\omega_n}s+1\right)}$$

式中，$\omega_n=110\text{s}^{-1}$，$\zeta_n=0.5$，为确保系统的稳态性能 $K_v\geqslant 320$，要求系统的调整时间 $t_s\leqslant 0.28\text{s}$，相位裕度 $\gamma\geqslant 45°$，幅值裕度 $K_g\geqslant 10\text{dB}$，试用希望特性法确定系统的滞后-超前校正装置的传递函数。

7-5　如图 7-30 所示，曲线Ⅰ为伺服系统固有部分的伯德图，曲线Ⅱ为串联校正装置的伯德图。

（1）绘制校正后系统的开环伯德图。

（2）写出校正后系统的开环传递函数。

（3）计算校正后系统的相位裕度。

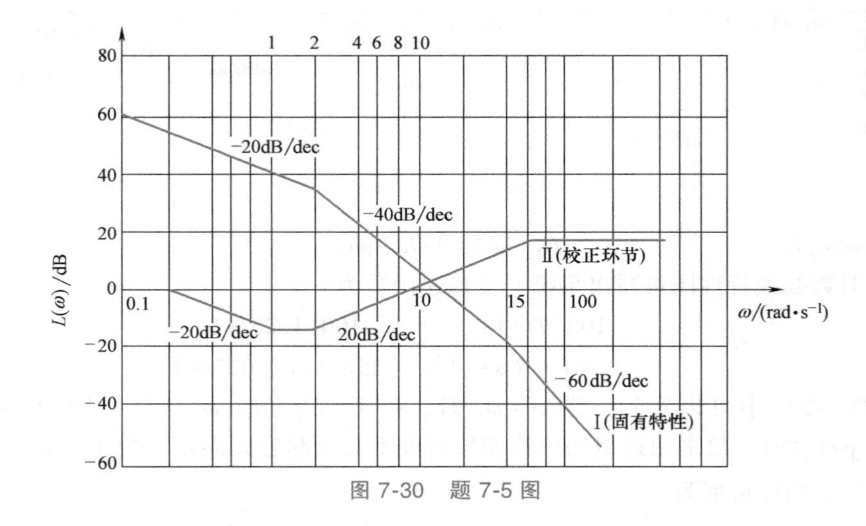

图 7-30　题 7-5 图

第八章 控制系统的工程设计

在第七章中，我们已经比较全面地介绍了控制系统的校正设计。而在实际的控制系统设计中，无论是校正方法还是调节器的参数都有很大的选择余地。因此，在设计中如何保证控制系统具有较好的动态性能是设计的关键。本章主要从工程设计的角度讨论满足一定的动态性能指标的控制系统的设计方法。

所谓工程设计方法是指在系统的静态结构已经确定后，选择动态校正环节并计算其参数，以满足控制系统动态性能指标的设计方法，这种方法又称动态设计方法。它主要是在频率法的基础上，归纳出一些适合一般控制系统的简单设计法则，最后把控制系统的设计问题归结为若干代数方程来求解。

第一节　控制系统工程设计的概述

控制系统工程设计的本质是选择校正环节或调节器的结构形式，计算其参数，以使系统满足根据实际需要提出的动态性能指标的要求。但在实际设计过程中，校正环节或调节器在系统中的位置和结构形式又有很多种选择，例如串联校正和并联校正之间就有很大不同，同是比例-积分（PI）调节器，在结构上又有各种不同的实现方法。这就使得工程设计无法提出一种严格而又统一的设计步骤。此外，从工程上给出的动态性能指标，往往是以最直观的时域指标 M_p、t_s 等来表述的，而在实际分析和设计时常用频域指标，于是就要求建立不同类型性能指标之间的相互关系。

本章所叙述的工程设计方法，是基于频率法的设计方法。前一章中我们已讲述了一般的频率法设计步骤，即根据实际控制过程的要求确定系统的稳态特性和动态性能指标，然后根据时域和频域指标关系确定系统的主要参数（如穿越频率 ω_c、相位裕度 γ 和增益 K 等）；由此作出频域内预期的开环频率特性曲线；最后通过比较预期开环频率特性和控制对象的固有频率特性，来确定校正环节或调节器的结构参数。用这样的方法进行设计，在一般的场合下能设计出动态性能比较好的系统，但有时所得的校正特性往往难以实现（如所得校正环节的传递函数的分子阶次高于分母阶次），或者即使能实现，结构也很复杂。因此，必须采用适当的方法，把频率设计方法转化为适合于工程系统的实用的工程设计方法。在一般的控制系统的工程设计中，人们往往规定校正方法以串联校正——调节器校正为主。并且通过简化处理，将整个系统转化为低阶系统。此外还会把系统归结为几种典型结构，由此将工程设计问题局限于几种典型系统的设计问题。

第二节　典型系统的特性

控制系统的一般技术要求，可以通过典型频率特性的各种特征反映出来。通常，频率特性曲线的低频段可以反映系统的准确性；中频段的斜率则反映控制系统的快速性和稳定性；高频段则主要反映系统的高频抗干扰能力。因此，在控制系统的工程设计中，就可以人为地假设几种典型的频率特性作为预期特性，然后，通过校正，使实际系统的频率特性向此靠近，使设计出来的控制系统具有良好的动态性能指标。

通常用的表征典型的频率特性的系统有“典型Ⅰ型系统”和“典型Ⅱ型系统”。应当指出，实际的控制系统可能比典型系统更复杂，但经过简化，可以逼近典型系统的特性。本章介绍的典型系统的频率特性和传递函数都是经过抽象归纳的，不能误解为实际系统必有如此固定的形式。无论是典型Ⅰ型系统还是典型Ⅱ型系统，其频率特性曲线中频段的斜率均为-20dB/dec。可以证明，在 ω_c 选择确定时，它们肯定是稳定且具有一定裕度的。因此，在下面的分析中，将不再讨论它们的稳定性问题。

1. 典型Ⅰ型系统

（1）传递函数　如图 8-1 所示的典型Ⅰ型系统的开环传递函数为

$$G_K(s)=\frac{K}{s(Ts+1)} \tag{8-1}$$

该系统的闭环传递函数为

$$G_B(s)=\frac{K}{Ts^2+s+K} \tag{8-2}$$

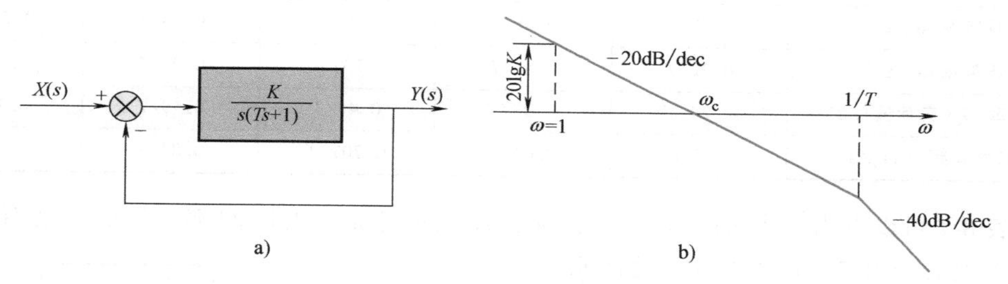

图 8-1　典型Ⅰ型系统

a）系统框图　b）开环对数幅频特性曲线

典型Ⅰ型系统的特征为：

1）开环传递函数中含有一个积分环节，其对数幅频特性曲线低频段的斜率为-20dB/dec，所以典型Ⅰ型系统是一阶无差的。

2）因为　$K=\omega_c$，$\omega_c<\dfrac{1}{T}$

所以

$$K<\frac{1}{T},\ KT<1 \tag{8-3}$$

（2）参数之间的关系　在两个主要参数 K 和 T 之间，应存在什么样的关系，系统才有更好的性能？这个问题，实质上是 ω_c 和$\dfrac{1}{T}$之间应保持多大间距的问题，这主要取决于系统所需的相位裕度的大小，此时相位裕度

$$\gamma(\omega_c)=180°-90°-\arctan\omega_c T=90°-\arctan\omega_c T \tag{8-4}$$

由此可知，ω_c 上升，$\gamma(\omega_c)$ 就减小。在实际系统的设计中，T 往往由固有特性所确定，于是只有 K 这个参数可变。因此，该设计问题就归结为确定合理的开环增益 K。

将式（8-2）改写为

$$G_B(s)=\frac{K/T}{s^2+\frac{1}{T}s+\frac{K}{T}} \tag{8-5}$$

可以看出这是一个标准的二阶系统。对照第六章中所述的二阶系统的时域和频域性能指标的关系，可以得到 KT 与各特征参数的关系见表 8-1。

表 8-1　典型Ⅰ型系统各特征参数的关系

参数关系 KT/s	0.25	0.39	0.5	0.69	1.0
阻尼比 ζ	1.0	0.8	0.707	0.6	0.5
超调量 M_P/(%)	0	1.5	4.3	9.5	16.3
$\Delta=\pm5\%$的调整时间 t_s/s	$9.4T$	$6T$	$6T$	$6T$	$6T$
上升时间 t_r/s	∞	$6.67T$	$4.72T$	$3.34T$	$2.41T$
相位裕度 $\gamma(\omega_c)$/(°)	76.3	69.9	65.3	59.2	51.8
谐振峰值 M_r	1	1	1	1.04	1.15
谐振频率 ω_r/s^{-1}	0	0	0	$0.44/T$	$0.707/T$
闭环带宽 ω_b/s^{-1}	$0.32/T$	$0.54/T$	$0.707/T$	$0.95/T$	$1.27/T$
穿越频率 ω_c(实际值)/s^{-1}	$0.24/T$	$0.37/T$	$0.46/T$	$0.59/T$	$0.79/T$
无阻尼固有频率 ω_n/s^{-1}	$0.5/T$	$0.62/T$	$0.707/T$	$0.83/T$	$1/T$

从表 8-1 可以看出，当 $KT=0.5$s 时，无论超调量还是上升时间都比较好，因而在工程设计中常把 $KT=0.5$s 作为“最佳设计原则”。当 KT 变小时，超调将下降，但上升时间将变长；反之，若 KT 增大，上升时间会缩短，但超调量会上升。

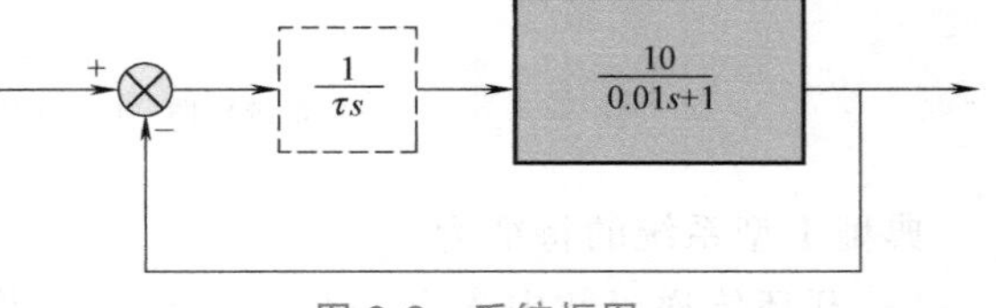

图 8-2　系统框图

例 8-1　如图 8-2 所示的控制系统，其固有部分为一惯性环节，加入一积分调节器作串联校正，构成一个无静差系统。试根据“最佳设计原则”确定 τ 的数值，并求该系统的动态性能指标 t_r、t_s、M_p 和 ω_c。

解　因该系统的固有部分为一惯性环节，$T=0.01$s，$K=10$，按“最佳设计原则”有

$$\frac{K}{\tau}T=\frac{1}{2}\quad \tau=2KT=2\times10\times0.01\text{s}=0.2\text{s}$$

该系统的动态性能指标为

上升时间　$t_r=4.72T=4.72\times0.01\text{s}=0.0472\text{s}$

调整时间（$\Delta=\pm5\%$）　$t_s=6T=6\times0.01\text{s}=0.06\text{s}$

超调量　$M_p=4.3\%$

穿越频率　$\omega_c=0.46/T=0.46/0.01\text{s}^{-1}=46\text{s}^{-1}$

2. 典型Ⅱ型系统

（1）传递函数　如图 8-3 所示的典型Ⅱ型系统的开环传递函数为

$$G_K(s)=\frac{K(T_1s+1)}{s^2(T_2s+1)} \tag{8-6}$$

该系统的闭环传递函数为

$$G_{\mathrm{B}}(s)=\frac{K(T_1 s+1)}{T_2 s^3+s^2+KT_1 s+1} \tag{8-7}$$

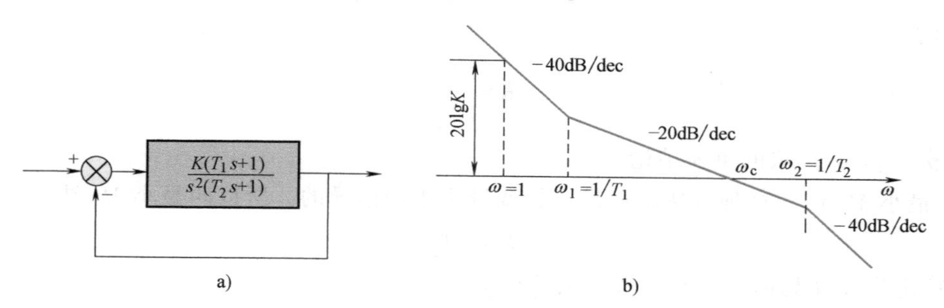

图 8-3 典型Ⅱ型系统

a）系统框图 b）开环对数幅频特性曲线

典型Ⅱ型系统的特征为：

1）开环传递函数中含有两个积分环节，其对数幅频特性曲线低频段的斜率为−40dB/dec，所以典型Ⅱ型系统是二阶无差的。

2）由图 8-3b 可知

$$20\lg K=40\lg\frac{1/T_1}{1}+20\lg\frac{\omega_{\mathrm{c}}}{1/T_1}$$

$$K=\frac{1}{T_1^2}\times T_1\omega_{\mathrm{c}}=\frac{\omega_{\mathrm{c}}}{T_1} \tag{8-8}$$

若

$$h=\frac{\omega_2}{\omega_1}=\frac{1/T_2}{1/T_1}=\frac{T_1}{T_2}$$

则相位裕度

$$\begin{aligned}\gamma(\omega_{\mathrm{c}})&=180°-2\times90°+\arctan\omega_{\mathrm{c}}T_1-\arctan\omega_{\mathrm{c}}T_2\\&=\arctan\omega_{\mathrm{c}}T_1-\arctan\omega_{\mathrm{c}}T_2\end{aligned} \tag{8-9}$$

由此可知，$1/T_1$ 和 $1/T_2$ 相距愈大（中频段愈宽），系统的相对稳定性愈高。另外，K 值的大小，将影响 ω_{c} 的位置。因此，典型Ⅱ型系统的工程设计就归结为 h 值和 ω_{c} 的选择问题。

（2）参数之间的关系 在 K、T_1 和 ω_{c} 之间的关系方面，有若干种不同的处理方法，出发点不一，但结果却大同小异，比较常用的有下面几种。

1）最大 $\gamma(\omega_{\mathrm{c}})$ 法（最佳调节法）。这种方法是将 ω_{c} 取在 $\omega_1=1/T_1$ 和 $\omega_2=1/T_2$ 的几何中点处，且可以证明，此时 $\gamma(\omega_{\mathrm{c}})$ 最大。即

$$\frac{\omega_{\mathrm{c}}}{\omega_1}=\frac{\omega_2}{\omega_{\mathrm{c}}}\quad \omega_{\mathrm{c}}=\sqrt{\omega_1\omega_2}$$

通常取 $h=4$（称为最佳调节）。

由式（8-8）可知

$$\begin{aligned}K&=\frac{\omega_{\mathrm{c}}}{T_1}=\omega_1\omega_{\mathrm{c}}=\omega_1\sqrt{\omega_1\omega_2}=\omega_1\sqrt{h\omega_1^2}\\&=\sqrt{h}\,\omega_1^2=\sqrt{h}/T_1^2\end{aligned}$$

又 $T_1=hT_2$，所以

$$K=\frac{1}{h\sqrt{h}T_2^2} \tag{8-10}$$

当 $h=4$ 时

$$K=\frac{1}{8T_2^2} \tag{8-11}$$

这就是最大 $\gamma(\omega_c)$ 法的重要结论。

2）最小 M_p 法。这种方法是以最小超调量为指标推导的，所以叫最小 M_p 法。

设 $$T_1=hT_2$$

由最佳频比公式（具体可查阅参考文献［5］）

$$\frac{\omega_2}{\omega_c}=\frac{2h}{h+1},\ \frac{\omega_c}{\omega_1}=\frac{h+1}{2}$$

与最大 $\gamma(\omega_c)$ 方法相同，同样也存在

$$K=\omega_1\omega_c$$

于是有

$$K=\omega_1\omega_c=\omega_1\frac{h+1}{2}\omega_1=\frac{h+1}{2h^2}\omega_2^2=\frac{h+1}{2h^2T_2^2} \tag{8-12}$$

将该式与式（8-10）相比，可知这是最小 M_p 法特有的参数配合规律，其关键是 ω_c 的位置并非在中频段的中点，而是略微偏右。

在不同的 h 值下，按最小 M_p 法确定位置的典型Ⅱ型系统具有表 8-2 所列的动态性能指标。

表 8-2 典型Ⅱ型系统的动态性能指标（按最小 M_p 法）

h	3	4	5	6	7	8	9	10
t_s/T_2	12	11	9	10	11	12	13	14
$M_p/(\%)$	52.6	43.6	37.6	33.2	29.8	27.2	25	23.3

3）最大 $\gamma(\omega_c)$ 法与最小 M_p 法的比较。当 $h=4$ 时

最大 $\gamma(\omega_c)$ 法	最小 M_p 法
$\frac{\omega_2}{\omega_c}=\frac{\omega_c}{\omega_1}=\sqrt{4}=2$	$\frac{\omega_2}{\omega_c}=\frac{2\times4}{4+1}=1.6$
	$\frac{\omega_c}{\omega_1}=\frac{4+1}{2}=2.5$
$K=\frac{1}{8T_2^2}$	$K=\frac{5}{32T_2^2}=\frac{1}{6.4T_2^2}$
$M_p=43.6\%$	$M_p=43.6\%$
$t_s/T_2=14(t_r/T_2=3.1)$	$t_s/T_2=11(t_r/T_2=2.65)$

当 $h=5$ 时

$\dfrac{\omega_2}{\omega_c}=\dfrac{\omega_c}{\omega_1}=\sqrt{5}=2.236$	$\dfrac{\omega_2}{\omega_c}=\dfrac{2\times5}{5+1}=1.67$
	$\dfrac{\omega_c}{\omega_1}=\dfrac{5+1}{2}=3$
$K=\dfrac{1}{5\sqrt{5}T_2^2}=\dfrac{1}{11.18T_2^2}$	$K=\dfrac{5+1}{2\times25T_2^2}=\dfrac{1}{8.33T_2^2}$
$M_p=37\%$	$M_p=37.6\%$
$t_s/T_2=12$	$t_s/T_2=9$

从上述比较可以得出如下结论：

1）同是典型Ⅱ型系统，最大 $\gamma(\omega_c)$ 法和最小 M_p 法的区别仅在于 ω_c 的位置取法不同。

2）在同样的 h 值之下，最小 M_p 法所取 ω_c 较偏右，由于 ω_c 偏离了中心，系统超调量稍大，但过渡过程时间相对较短，因而在抗扰性能方面有所改善。

3）随着 h 增大，超调量会减小，但 h 过大后，过渡过程时间反而会增加，因而除非对快速性有所要求，否则 h 以取 4~5 为宜。

4）无论哪一种方法，ω_c 不能超过 $\dfrac{1}{T_2}$，因而系统的快速性指标也不能无限制地提高。

例 8-2　有一系统，其固有部分如图 8-4 所示，试将其校正为典型Ⅱ型系统。

解　为了将固有系统校正到典型Ⅱ型系统，可以采用 PI 调节器，其传递函数为

$$G_c(s)=\frac{K_p(\tau s+1)}{\tau s}$$

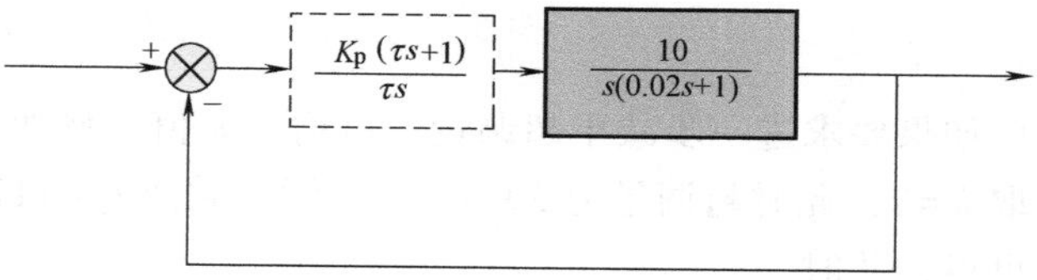

于是系统的开环传递函数为

$$G_K(s)=\frac{10K_p(\tau s+1)}{\tau s^2(0.02s+1)}$$

图 8-4　系统框图

所以本例的设计问题也就是寻求校正环节的参数 K_p 和 τ。

（1）按最大 $\gamma(\omega_c)$ 法设计

取 $h=4$，因为对于该系统　$T_2=0.02s\quad T_1=\tau$

所以

$$\tau=hT_2=4\times0.02\text{s}=0.08\text{s}$$

$$\omega_1=\frac{1}{\tau}=\frac{1}{0.08}\text{s}^{-1}=12.5\text{s}^{-1}$$

因为

$$\frac{10K_p}{\tau}=\frac{1}{h\sqrt{h}T_2^2}=\frac{1}{8\times0.02^2}$$

所以

$$K_p=\frac{0.08}{10\times8\times0.02^2}\text{s}^{-1}=2.5\text{s}^{-1}$$

$$\omega_c=\sqrt{\omega_1\omega_2}=\sqrt{\frac{1}{0.08}\times\frac{1}{0.02}}\text{s}^{-1}=25\text{s}^{-1}$$

$$M_p=43\%$$

$$t_s=14T_2=14\times0.02\text{s}=0.28\text{s}$$

(2) 按最小 M_p 法设计

取 $h=5$

$$\tau = hT_2 5\times 0.02\text{s} = 0.1\text{s}$$

因为
$$\frac{10K_p}{\tau} = \frac{h+1}{2h^2 T_2^2}$$

所以
$$K_p = \frac{\tau(h+1)}{2h^2 T_2^2 \times 10} = \frac{0.1\times 6}{2\times 25\times 4\times 10^{-3}}\text{s}^{-1} = 3\text{s}^{-1}$$

$$\omega_c = \frac{h+1}{2h} \quad \omega_2 = \frac{6}{10}\times\frac{1}{0.02}\text{s}^{-1} = 30\text{s}^{-1}$$

$$M_p = 43.6\%$$

$$t_s = 9T_2 = 9\times 0.02\text{s} = 0.18\text{s}$$

按两种方法设计的典型Ⅱ型系统的对数幅频特性曲线如图 8-5 所示。

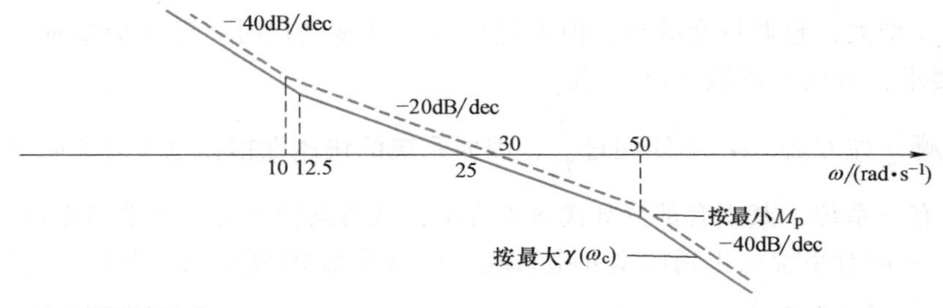

图 8-5 按两种方法设计的对数幅频特性曲线

如果要求进一步减小超调量，可增大 h 值。例如，若系统要求超调量≤30%，由表 8-2，可取 $h=7$，此时超调量为 29.8%，但调整时间 $t_s = 11T_2 = 11\times 0.02\text{s} = 0.22\text{s}$，略有增加。经计算可得，此时

$$\tau = 7\times 0.02\text{s} = 0.14\text{s}$$

$$\omega_c = \frac{h+1}{2h}\omega_2 = \frac{8}{14}\times 50\text{s}^{-1} = 28.6\text{s}^{-1}$$

$$K_p = \frac{\tau(h+1)}{2h^2 T_2^2 \times 10} = \frac{8\times 0.14}{2\times 49\times 4\times 10^{-4}\times 10}\text{s}^{-1} = 2.86\text{s}^{-1}$$

因此，用最小 M_p 法设计控制系统时，可以根据实际需要选择 h 值，这也是工程设计中大多采用最小 M_p 法的原因。

3. 典型Ⅰ型和Ⅱ型系统跟随性能的比较

这里仍以例 8-2 来说明，如果对于$\dfrac{10}{s(0.02s+1)}$而言，并不要求二阶无差，只要求较小的 M_p 和 $t_r(t_s)$。那么能否选择典型Ⅰ型系统特性作为它的预期特性呢？为了得到一个合理的典型Ⅰ型系统的预期特性，只需串联一个放大环节 K_p，按照 $KT=0.5$ 这个基本关系，则有

$$10K_p T_2 = 0.5$$

$$K_p = \frac{0.5}{10T_2} = \frac{0.05}{0.02}\text{s}^{-1} = 2.5\text{s}^{-1}$$

其他指标为

$$M_p = 4.3\%$$

$$t_s = 6T_2 = 6 \times 0.02\text{s} = 0.12\text{s}$$

此时，无论哪一个指标都比 $h=5$ 的典型Ⅱ型系统好。确切地说，如果仅仅要求给定输入下的跟随性能指标，在无差度方面没有特殊要求，而且在两种典型系统的特性中可任意选取一种作为预期特性的话，通常可选择典型Ⅰ型系统的特性作为预期特性。

4. 典型Ⅰ型和Ⅱ型系统抗扰性能的比较

在如图 8-6 所示框图中，$N(s)$ 为干扰输入，$Y(s)$ 为输出，以 PI 调节器为校正环节。可得出扰动传递函数为

$$\frac{Y(s)}{N(s)} = \frac{\dfrac{K_2}{T_2 s+1}}{1+\dfrac{K_p K_0 K_2(\tau s+1)}{\tau s(T_1 s+1)(T_2 s+1)}} = \frac{K_p \tau s(T_1 s+1)}{\tau s(T_1 s+1)(T_2 s+1)+K_p K_0 K_2(\tau s+1)}$$

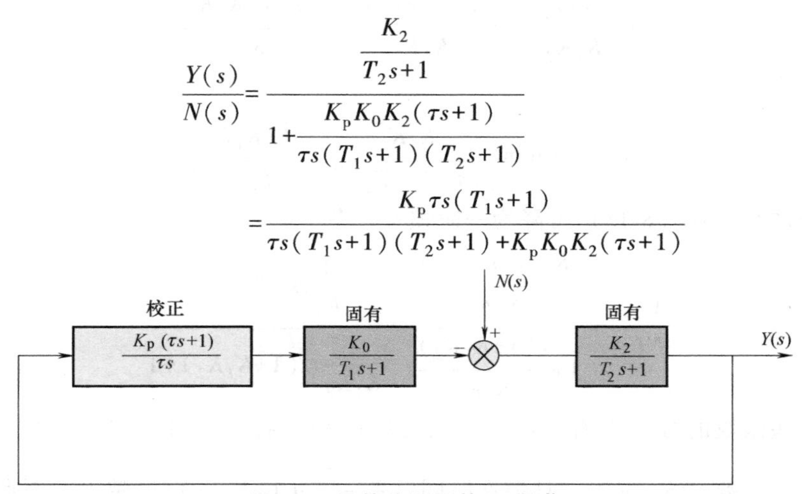

图 8-6 干扰作用下的 PI 调节

令 $K_1 = K_p K_0$，则

$$\frac{Y(s)}{N(s)} = \frac{K_2 \tau s(T_1 s+1)}{\tau T_1 T_2 s^3+\tau(T_1+T_2)s^2+\tau(1+K_1 K_2)s+K_1 K_2} \tag{8-13}$$

该式为一个三阶多项式，在工程设计中，当其满足一定条件时，可对其作降阶处理。

一般三阶系统的传递函数为

$$G(s) = \frac{K}{as^3+bs^2+cs+1} \tag{8-14}$$

其频率特性为

$$G(\text{j}\omega) = \frac{K}{a(\text{j}\omega)^3+b(\text{j}\omega)^2+c(\text{j}\omega)+1} = \frac{K}{(1-b\omega^2)+\text{j}\omega(c-a\omega^2)}$$

若满足

$$b\omega^2 \ll 1,\ a\omega^2 \ll c \tag{8-15}$$

则三阶系统可降为一阶系统，即

$$G(\text{j}\omega) \approx \frac{K}{1+\text{j}\omega c} \tag{8-16}$$

考虑到在穿越频率 ω_c 附近的频率特性对系统性能影响较大，那么上述近似的条件又可写成

$$\omega_c \ll \sqrt{\frac{1}{b}},\ \omega_c \ll \sqrt{\frac{c}{a}} \tag{8-17}$$

因一般工程计算中允许误差在5%~10%以内，则条件式（8-17）可写成

$$\omega_c \leqslant \sqrt{\frac{1}{10b}} \approx \frac{1}{3}\sqrt{\frac{1}{b}}, \ \omega_c \leqslant \sqrt{\frac{c}{10a}} \approx \frac{1}{3}\sqrt{\frac{c}{a}}$$

统一写成

$$\omega_c \leqslant \frac{1}{3}\min\left\{\sqrt{\frac{1}{b}}, \sqrt{\frac{c}{a}}\right\} \tag{8-18}$$

在本例中

$$a=\frac{\tau T_1 T_2}{K_1 K_2}, \ b=\frac{\tau(T_1+T_2)}{K_1 K_2}, \ c=\frac{\tau(1+K_1 K_2)}{K_1 K_2}$$

频率近似条件为

$$\omega_c \leqslant \frac{1}{3}\min\left\{\sqrt{\frac{K_1 K_2}{\tau(T_1+T_2)}}, \sqrt{\frac{1+K_1 K_2}{T_1 T_2}}\right\} \tag{8-19}$$

在满足上述条件时，式（8-13）可降为一阶惯性环节

$$\frac{Y(s)}{N(s)}=\frac{\dfrac{K_2 \tau s(T_1 s+1)}{K_1 K_2}}{1+\dfrac{\tau(1+K_1 K_2)}{K_1 K_2}s}=\frac{\dfrac{1}{K_1}\tau s(T_1 s+1)}{\dfrac{1}{K_1 K_2}\tau s(1+K_1 K_2)+1} \tag{8-20}$$

由于在传递函数的分子上有 s 项，所以对阶跃型的扰动，最后稳态响应必为零。τ 越大，则微分放大系数 τ/K_1 越大，且惯性时间常数$\dfrac{\tau}{K_1 K_2}(1+K_1 K_2)$ 也越大。因此扰动的恢复时间就长，扰动造成的降落峰值也越大。而 K_1 越大（其中 K_p 可调），则微分放大系数愈小，降落峰值也愈小。τ 的选取，可按典型Ⅰ型系统和典型Ⅱ型系统两种方式选取。若按典型Ⅰ型系统选择，取 $\tau_1=T_2>5T_1$；若按典型Ⅱ型系统选择，近似认为$\dfrac{1}{T_2 s+1}$为积分环节 $1/T_2 s$，这样可取 $\tau_2=hT_1$，则 $\tau_2=5T_1$，所以 $\tau_2<\tau_1$。也就是说，按典型Ⅰ型系统设计的抗扰性能不如按典型Ⅱ型系统设计的抗扰性能好。

上述对典型Ⅰ型和Ⅱ型系统性能比较的讨论中得出的两个结论是在特定的条件下才成立的，在实际的工程设计中，没有必要特别严格地区别两种典型系统的优劣。一则因为实际系统作很多假设和简化才能逼近典型系统，设计结果和实际情况本来就存在差异。二则因为系统的动态特性涉及的因素很多，关系很复杂，条件变了，就很可能得到不同的结论。在实际的控制系统设计过程中，要视具体情况运用上述结论。

第三节　工程设计原则

从前面的叙述中，可以看出控制系统工程设计的概貌：即先根据系统的对象（或称固有部分）的传递函数选定预期特性的典型型式，然后按照它们的特征关系，找出合适的串联校正装置，以实现想要典型系统的特性。在多数情况下，两种典型系统均能实现，这时就

要根据技术要求来确定到底选哪一种。

一、非典型系统简化为典型系统的近似条件

在例 8-2 中，设计出的预期特性受固有特性中的时间常数 0.02s 的影响，或者说所设计出的预期特性总是在固有特性的基础上构成的，这是利用典型系统进行设计的一个特点。

如图 8-7 所示的双惯性环节，其中 $T_1>T_2$，可采用 PI 调节器校正，这个调节器可以按照典型Ⅰ型系统选择参数，也可以按典型Ⅱ型系统选择参数，下面分别说明。

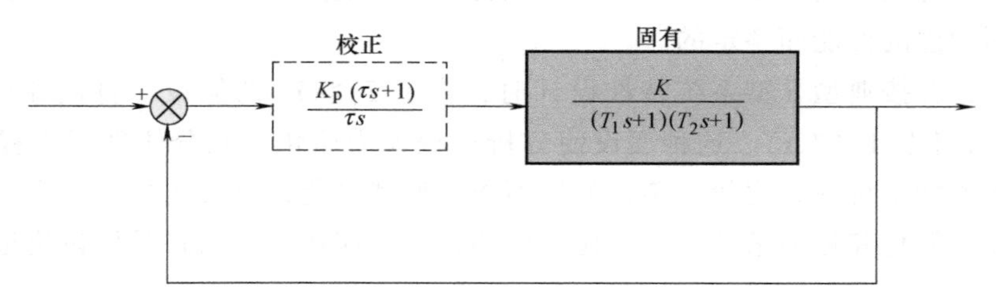

图 8-7　双惯性环节的校正

1. 按典型Ⅰ型系统作为预期特性设计

取 $\tau=T_1$，则零点可与一个极点对消，这时的开环传递函数为

$$G_K(s)=\frac{K_pK}{\tau s(T_2s+1)}$$

这实际上已经是一个典型Ⅰ型系统，若要实现其预期的典型特性，就必须保证 $KT=0.5$ 这个“最佳”条件，为此有

$$\frac{K_pK}{T_1}T_2=0.5$$

即

$$\frac{K_pK}{T_1}=\frac{0.5}{T_2} \tag{8-21}$$

设计结果即为

$$\tau=T_1,\ K_p=\frac{0.5T_1}{KT_2} \tag{8-22}$$

2. 按典型Ⅱ型系统为预期特性设计

由于典型Ⅱ型系统包含两个积分环节，而如图 8-7 所示框图中只有一个积分环节，但当 $T_1\gg T_2$ 时，可近似地认为惯性环节 $\frac{1}{T_1s+1}$ 为积分环节 $\frac{1}{T_1s}$，取 $\tau=5T_2$（$h=5$），由式（8-12）可得

$$\frac{K_pK}{\tau T_1}=\frac{h+1}{2h^2T_2^2}=\frac{6}{50T_2^2}$$

所以

$$\frac{K_pK}{T_1}=\frac{6\times5T_2}{50T_2^2}=0.6\frac{1}{T_2} \tag{8-23}$$

由此可得设计结果为

$$\tau=5T_2,\ K_p=\frac{0.6T_1}{KT_2} \tag{8-24}$$

通过以上的分析可以看出，在两种情况之下都采用了 PI 调节器，所以无论是按典型Ⅰ型系统设计或者是按典型Ⅱ型系统设计，最后总是归结为如何选择调节器的参数的问题，这也是工程设计的主要任务。由式（8-22）和式（8-24）可知，两者仅一个系数有区别，这也就是说，PI 调节器选择不同的参数时，系统就体现不同的典型特性。比如 K_p 选择较大值时，系统便偏向Ⅱ型系统的特性，超调量就大一些；反之，K_p 选择较小值时，系统就偏向典型Ⅰ型系统的特性，超调量就小一些。在实际的设计过程中，PI 调节器的参数是通过调试使系统达到理想的性能而整定的。

另一方面，在按典型Ⅱ型系统特性设计时，作了 $T_1 \gg T_2$ 的假设，将惯性环节 $1/(T_s s+1)$ 简化为积分环节 $1/(T_1 s)$。这种假设使分析过程大为简化，充分体现了工程设计方法的优越性。由于实际系统总是比较复杂，如果不作近似和简化设计过程将会相当复杂，而在实际工程设计中，简化和近似条件又必须比较确切，易于应用。下面将具体讨论近似和简化的条件。

3. 几种近似和简化方法

（1）低频段近似　若系统的开环传递函数为

$$G_K(s)=\frac{K_pK(\tau s+1)}{\tau s(T_1s+1)(T_2s+1)} \tag{8-25}$$

要将该系统转化为典型Ⅱ型系统，只要将惯性环节 $1/(T_1s+1)$ 近似为积分环节 $1/(T_1s)$ 即可。是否可以简化，主要是根据 T_1 和 T_2 的相对关系来判定，根据计算，若满足

$$\frac{T_1}{T_2}>10 \tag{8-26}$$

则可以将惯性环节 $1/(T_1s+1)$ 简化为积分环节。则式（8-25）可以近似写成

$$G_K(s)=\frac{K_pK(\tau s+1)}{\tau s^2T_1(T_2s+1)} \tag{8-27}$$

（2）高频小惯性群的近似　若系统的固有部分传递函数为

$$G(s)=\frac{K}{s(T_1s+1)(T_2s+1)},T_1>T_2$$

其校正环节（PI）的传递函数为

$$G_c(s)=\frac{K_p(\tau s+1)}{\tau s}$$

则该系统的开环传递函数为

$$G_K(s)=\frac{K_pK(\tau s+1)}{\tau s^2(T_1s+1)(T_2s+1)},\ \tau>T_1 \tag{8-28}$$

该系统的开环传递函数与典型Ⅱ型系统的相比，多了一个惯性环节，若取

$$T=T_1+T_2$$

并把两个惯性环节合并为一个惯性环节，则

$$G'_K(s)=\frac{K_pK(\tau s+1)}{\tau s^2[(T_1+T_2)s+1]}=\frac{K_pK(\tau s+1)}{\tau s^2(Ts+1)} \tag{8-29}$$

于是便和典型Ⅱ型系统的传递函数具有了相似的形式。其近似条件为

$$\begin{cases}\frac{1}{T_2}\gg\omega_c\\ \frac{1}{T_1+T_2}>\omega_c\end{cases} \tag{8-30}$$

如果小惯性群的惯性环节个数大于2，也可以采用同样的方式，即

$$T_1+T_2+T_3+\cdots+T_n=T_\Sigma$$

并保证

$$\frac{1}{T_\Sigma}>\omega_c \tag{8-31}$$

（3）一个大惯性和一群小惯性同时存在的近似　当系统固有部分的传递函数为

$$G(s)=\frac{K}{(T_1s+1)(t_1s+1)(t_2s+1)+\cdots+(t_ns+1)}$$

且有

$$T_1\gg t_1+t_2+\cdots+t_n=T_\Sigma$$

根据式（8-26），当

$$\frac{T_1}{T_\Sigma}>10$$

时$\frac{1}{T_1s+1}$可近似为$\frac{1}{T_1s}$，则

$$G(s)=\frac{K}{T_1s(T_\Sigma s+1)} \tag{8-32}$$

除了上面叙述的三种控制系统的形式外，工程中还有一些其他形式的控制系统，为使用方便起见，把一些常用的控制对象、所需选用的调节器、参数配合和设计问题等按典型Ⅰ型和Ⅱ型分列成表，见表8-3和表8-4。表中基本上概括了大部分工程系统的实际情况，从表中还可以发现，同一对象，往往可以配成不同的典型系统，而其关键在于调节器的型式和参数的选择。下面将通过举例进一步说明。

表8-3　校正成典型Ⅰ型系统时调节器的选择

对象	$\frac{K_0}{(T_1s+1)(T_2s+1)}$	$\frac{K_0}{Ts+1}$	$\frac{K_0}{s(Ts+1)}$	$\frac{K_0}{(T_1s+1)(T_2s+1)(T_3s+1)}$ T_1、T_2基本相等，T_3略小	$\frac{K}{(T_1s+1)}\ \frac{h_1h_2\cdots h_n}{(t_1s+1)\cdots(t_ns+1)}$ $T_\Sigma=t_1+t_2+\cdots+t_n<T_1$
调节器	$K_p\frac{\tau s+1}{\tau s}$	$\frac{K_p}{s}$	K_p	$K_p\frac{(\tau_1s+1)(\tau_2s+1)}{\tau_1s}$	$K_p\frac{\tau s+1}{\tau s}$
参数配合	$\tau=T_1$			$\tau_1=T_1,\tau_2=T_3$	$\tau=T_1$
结果	$\frac{K_pK_0}{\tau s(T_2s+1)}$	$\frac{K_pK_0}{s(Ts+1)}$	$\frac{K_pK_0}{s(Ts+1)}$	$\frac{K_pK_0}{\tau_1s(T_2s+1)}$	$\frac{K_pKh_1\cdots h_n}{\tau s(T_\Sigma s+1)}$
设计问题	$\frac{K_pK_0T_2}{\tau}=?$ （常取＝0.5）	$K_pK_0T=?$	$K_pK_0T=?$	$\frac{K_pK_0T_2}{\tau_1}=?$	$\frac{K_pKh_1\cdots h_n}{\tau}T_\Sigma=?$

表 8-4 校正为典型Ⅱ型系统时调节器的选择

对象	$\frac{K_0}{s(Ts+1)}$	$\frac{K_0}{s(T_1s+1)(T_2s+1)}$ T_1、T_2 相近	$\frac{K_0}{(T_1s+1)(T_2s+1)}$ $T_1 \gg T_2$	$\frac{K_1}{T_0s}\frac{K_\Sigma}{T_\Sigma s+1}$ $K_\Sigma=k_1k_2\cdots k_n$ $T_\Sigma=t_1+t_2+\cdots+t_n$	$\frac{K_0}{s(T_1s+1)(T_2s+1)}$	$\frac{K_1K_\Sigma}{(T_1s+1)(T_\Sigma s+1)}$ $T_1 \gg T_\Sigma$
调节器	$K_p\frac{\tau s+1}{\tau s}$	$K_p\frac{(\tau_1s+1)(\tau_2s+1)}{\tau_1s}$	$K_p\frac{\tau s+1}{\tau s}$	$K_p\frac{\tau s+1}{\tau s}$	$K_p\frac{\tau s+1}{\tau s}$	$K_p\frac{\tau s+1}{\tau s}$
参数配合		$\tau_2=T_2$(或 T_1)	$\frac{1}{T_1s+1}\approx\frac{1}{T_1s}$			$\frac{1}{T_1s+1}\approx\frac{1}{T_1s}$
结果	$\frac{K_pK_0(\tau s+1)}{\tau s^2(Ts+1)}$ $\tau>T$	$\frac{K_pK_0(\tau_1s+1)}{\tau_1s^2(T_1s+1)}$	$\frac{K_pK_0(\tau s+1)}{T_1\tau s^2(T_2s+1)}$	$\tau=hT_\Sigma$ $\frac{K_pK_1K_\Sigma(\tau s+1)}{T_0\tau s^2(T_\Sigma s+1)}$	$\frac{K_pK_0(\tau s+1)}{\tau s^2[(T_1+T_2)s+1]}$	$\frac{K_pK_1K_\Sigma(\tau s+1)}{T_1\tau s^2(T_\Sigma s+1)}$
设计问题	$h=\tau/T$ $\frac{K_pK_0}{\tau}=\frac{h+1}{2h^2T^2}$	$h=\tau_1/T_1$ $\frac{K_pK_0}{\tau_1}=\frac{h+1}{2h^2T_1^2}$	$h=\tau/T_2$ $\frac{K_pK_0}{T_1\tau}=\frac{h+1}{2h^2T_2^2}$	$h=\tau/T_\Sigma$ $\frac{K_pK_1K_\Sigma}{T_0\tau}=\frac{h+1}{2h^2T_\Sigma^2}$	$h=\tau/(T_1+T_2)$ $\frac{K_pK_0}{\tau}=\frac{h+1}{2h^2(T_1+T_2)^2}$	$h=\tau/T_\Sigma$ $\frac{K_pK_1K_\Sigma}{T_1\tau}=\frac{h+1}{2h^2T_\Sigma^2}$

例 8-3　设有某控制系统调节对象的传递函数为

$$G(s)=\frac{K_0}{(T_1s+1)(T_2s+1)(T_3s+1)(T_4s+1)}$$

式中，$K_0=2$，$T_1=0.4\text{s}$，$T_2=0.08\text{s}$，$T_3=0.015\text{s}$，$T_4=0.005\text{s}$。求调节器的传递函数 $G_c(s)$。

解　首先按典型Ⅰ型系统的特性来选择调节器的形式和参数。

（1）用积分调节器　因为所有时间常数均较小，因而可以将它们相加为一个总的时间常数

$$T_\Sigma=T_1+T_2+T_3+T_4=(0.4+0.08+0.015+0.005)\text{s}=0.5\text{s}$$

调节器的传递函数为

$$G_c(s)=\frac{1}{\tau s}$$

加调节器后的开环传递函数近似形式为

$$G_K(s)=\frac{1}{\tau s}\frac{K_0}{T_\Sigma s+1}$$

便与一个典型Ⅰ型系统的传递函数有了相似的形式，为使其具有预期的特性，由表 8-3 可知参数必须满足

$$\frac{K_0T_\Sigma}{\tau}=0.5,\quad \tau=2K_0T_\Sigma=2\times2\times0.5\text{s}=2\text{s}$$

根据表 8-1，最后得到的系统的主要性能指标为

$$M_p=4.3\%,t_s\approx6T_\Sigma=6\times0.5\text{s}=3\text{s}$$

$$\omega_c=0.46/T_\Sigma=0.46/0.5\text{s}^{-1}=0.92\text{s}^{-1}$$

由此可见，该系统校正后过渡时间太长，穿越频率低。

（2）用 PI 调节器　调节器的传递函数为

$$G_c(s)=K_p\frac{\tau s+1}{\tau s}，取\ \tau=T_1=0.4\text{s}$$

则

$$T_\Sigma=T_2+T_3+T_4=(0.08+0.015+0.005)\text{s}=0.1\text{s}$$

此时开环传递函数为

$$G_K(s)=K_p\frac{\tau s+1}{\tau s}\frac{K_0}{(T_1+s)(T_\Sigma s+1)}=\frac{K_pK_0}{\tau s(T_\Sigma s+1)}$$

便与一个典型Ⅰ型系统的传递函数有了相似形式，由表 8-3 可知，应满足

$$\frac{K_pK_0T_\Sigma}{\tau}=0.5$$

则

$$K_p=\frac{0.5\tau}{K_0T_\Sigma}=\frac{0.5\times0.4}{2\times0.1}=1$$

根据表 8-1，得到该系统校正后的动态性能指标为

$$M_p=4.3\%,\ t_s=6T_\Sigma=6\times0.1\text{s}=0.6\text{s}$$

$$\omega_c=0.46/T_\Sigma=0.46/0.1\text{s}^{-1}=4.6\text{s}^{-1}$$

由此可见，采用 PI 调节器的设计结果较采用积分调节器有很大改进，系统的过渡过程大为缩短，系统穿越频率也有所增大。

（3）采用 PID 调节器　调节器的传递函数为

$$G_c(s)=K_p\frac{(\tau_1 s+1)(\tau_2 s+1)}{\tau_1 s}$$

取

$$\tau_1=T_1,\tau_2=T_2,T_\Sigma=T_3+T_4=(0.015+0.005)\mathrm{s}=0.02\mathrm{s}$$

则系统经 PID 校正后的开环传递函数为

$$G_K(s)=K_p\frac{(\tau_1 s+1)(\tau_2 s+1)}{\tau_1 s}\frac{K_0}{(T_1 s+1)(T_2 s+1)(T_\Sigma s+1)}$$

$$=\frac{K_p K_0}{\tau_1 s(T_\Sigma s+1)}$$

便与一个典型Ⅰ型系统的传递函数具有了相似的形式，由表 8-3 可知

$$\frac{K_p K_0 T_\Sigma}{\tau_1}=0.5\quad K_p=\frac{0.5\tau_1}{T_\Sigma K_0}=\frac{0.5\times0.4}{0.02\times2}=5$$

根据表 8-1，得到该系统经 PID 校正后的动态性能指标为

$$M_p=4.3\%,\ t_s=6T_\Sigma=6\times0.02\mathrm{s}=0.12\mathrm{s}$$

$$\omega_c=0.46/T_\Sigma=0.46/0.02\mathrm{s}^{-1}=23\mathrm{s}^{-1}$$

与上述两种校正方法相比较，PID 校正快速性更好，系统穿越频率也是最高。

本例按典型Ⅰ型系统为预期特性，用三种不同的调节器进行分析，得出了不同的计算结果。从动态性能指标的比较可以看出：积分调节器效果最差，比例-积分（PI）调节器次之，比例-积分-微分调节器（PID）效果最好，即过渡过程最短，穿越频率最大，这是由调节器本身的性质所决定的。PI 调节器的比例部分强化了给定信号的起始作用，而 PID 调节器更以其微分部分的“预置”作用进一步加速了给定信号传输给系统输出响应的过程。在设计中应掌握这一层概念，而不要被死板的代数计算所左右。下面继续讨论本例的系统在按典型Ⅱ型系统特性校正的情况。

（4）按典型Ⅱ型系统特性设计调节器　由于系统调节对象的传递函数 $G(s)$ 中不含有积分环节，因而以单级 PI 或 PID 调节器均无法得到典型Ⅱ型系统，只有近似地把其惯性环节 $1/(T_1 s+1)$ 看作 $1/(T_1 s)$，才能得到近似的含两个积分环节的典型Ⅱ型系统，但同时必须保证

$$\frac{T_1}{T_\Sigma}>10$$

因此，若以 PI 调节器校正，则系统校正后的开环传递函数为

$$G_K(s)=K_p\frac{\tau s+1}{\tau s}\frac{1}{T_1 s}\frac{K_0}{T_\Sigma s+1}\tag{8-33}$$

式中　$T_\Sigma=T_2+T_3+T_4=(0.08+0.015+0.005)\mathrm{s}=0.1\mathrm{s}$

则

$$\frac{T_1}{T_\Sigma}=\frac{0.4}{0.1}=4<10$$

这表明此时不能进行式（8-33）的近似。

若以 PID 调节器校正，则系统校正后的开环传递函数为

$$G_K(s)=K_p\frac{(\tau_1 s+1)(\tau_2 s+1)}{\tau_1 s}\frac{K_0}{(T_1 s+1)(T_2 s+1)(T_3 s+1)(T_4 s+1)}$$

取 $\tau_2=T_2=0.08\text{s}$，则

$$\begin{aligned}G_K(s)&=K_p\frac{\tau_1 s+1}{\tau_1 s}\frac{K_0}{(T_1 s+1)(T_\Sigma s+1)}\\&\approx\frac{K_0K_p(\tau_1 s+1)}{\tau_1 T_1 s^2(T_\Sigma s+1)}\end{aligned}\tag{8-34}$$

式中

$$T_\Sigma=T_3+T_4=(0.015+0.005)\text{s}=0.02\text{s}$$

则

$$\frac{T_1}{T_\Sigma}=\frac{0.4}{0.02}=20>10$$

式（8-34）的近似成立，于是可按典型Ⅱ型系统特性设计调节器参数。由表 8-4 可知（取 $h=5$）

$$\tau_1=hT_\Sigma=5\times0.02\text{s}=0.1\text{s}$$

$$\frac{K_0K_p}{\tau_1 T_1}=\frac{h+1}{2h^2T_\Sigma^2}=\frac{5+1}{2\times5^2\times0.02^2}=\frac{6}{50\times0.02^2}=300$$

则

$$K_p=\frac{300\tau_1 T_1}{K_0}=\frac{300\times0.1\times0.4}{2}=6$$

即为所设计 PID 调节器的参数。

例 8-4 设控制系统的调节对象的传递函数为

$$G(s)=\frac{60}{0.25s+1}\times\frac{0.3}{0.005s+1}$$

求其调节器的传递函数 $G_c(s)$。

解 （1）按典型Ⅰ型系统特性设计 采用 PI 调节器进行校正，由表 8-3 可知，其校正环节的传递函数为

$$G_c(s)=K_p\frac{\tau s+1}{\tau s}$$

此时，整个系统的开环传递函数为

$$G_K(s)=K_p\frac{\tau s+1}{\tau s}\times\frac{18}{(0.25s+1)(0.005s+1)}$$

取

$$\tau=T_1=0.25\text{s}$$

则

$$G_K(s)=\frac{18K_p}{0.25s(0.005s+1)}$$

即为典型Ⅰ型系统形式的传递函数，且

$$\frac{18K_{p}T_{2}}{\tau}=0.5,\quad K_{p}=\frac{0.5\times0.25}{18\times0.005}=1.4$$

按典型Ⅰ型系统特性校正 PI 调节器的传递函数为

$$G_{c}(s)=\frac{1.4(0.25s+1)}{0.25s}$$

（2）按典型Ⅱ型系统特性设计　采用 PI 调节器，根据表 8-4，其校正环节的传递函数可写成

$$G_{c}(s)=K_{p}\frac{\tau s+1}{\tau s}$$

因

$$\frac{0.25}{0.005}=50\gg5$$

所以

$$\frac{1}{0.25s+1}\approx\frac{1}{0.25s}$$

则此时的开环传递函数为

$$G_{K}(s)=\frac{K_{p}(\tau s+1)}{\tau s}\frac{18}{0.25s(0.005s+1)}=\frac{18K_{p}(\tau s+1)}{0.25\tau s^{2}(0.005s+1)}$$

即为典型Ⅱ型系统形式的传递函数，设 $h=5$，则

$$\tau_{\text{Ⅱ}}=h\times0.005\text{s}=5\times0.005\text{s}=0.025\text{s}$$

$$\frac{18K_{p}}{0.025\times0.25}=\frac{h+1}{2h^{2}\times0.005^{2}}$$

所以

$$K_{p}=\frac{6\times0.025\times0.25}{2\times5^{2}\times0.005^{2}\times18}=1.67$$

所设计 PI 调节器的传递函数为

$$G_{c}(s)=1.67\times\frac{0.025s+1}{0.025s}$$

从该例可以发现，采用 PI 调节器对同一对象进行校正时，常常有两种选择参数的途径：既可按典型Ⅰ型系统的特性，也可按典型Ⅱ型系统的特性进行校正设计。按典型Ⅱ型系统设计所得的 PI 调节器的放大倍数较大。这表明该系统校正后“冲劲”较大，因此可能使超调量增加，在实际系统的设计和调试中也证实了这个结论。

二、利用典型系统预期特性进行工程设计的一般步骤

从上述几个例子中，可以归纳出一般控制系统工程设计方法的过程和独特的特点。

1. 工程设计方法包含的过程

1）对系统固有调节（控制）对象的传递函数进行分析，当其满足一定条件时，可对其作近似处理。

2）将简化后的传递函数与所选调节器的传递函数相乘进而求出系统的开环传递函数。

3）对消部分零点和极点，求得近似典型Ⅰ型或典型Ⅱ型系统的传递函数。

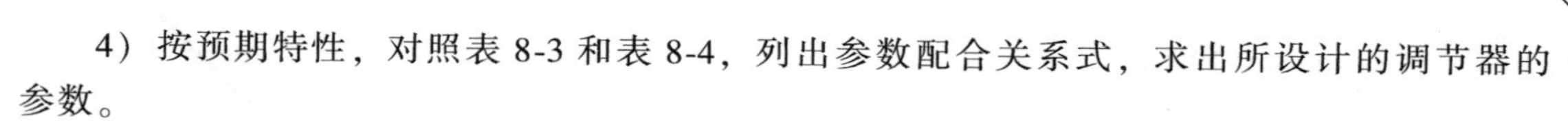

4）按预期特性，对照表 8-3 和表 8-4，列出参数配合关系式，求出所设计的调节器的参数。

2. 工程设计方法的特点

1）工程设计所设计的仅仅是作为串联校正环节的有源调节器的参数。正因为采用了有源调节器，其传递函数比较准确，其参数的调整具有线性、独立的优点，因而校正效果好。

2）对一个具体的控制系统来说，其高、中、低频段的划分是相对的，将其在高频段和低频段作近似处理，是指把时间常数特别大的惯性环节视作积分环节，把一群时间常数较小的惯性环节合并成一个时间常数为各小时间常数总和的惯性环节。这样既保持了最重要的中频段的相对精确性，又避免了作图法不必要的繁琐，从而使调节（控制）对象的传递函数在形式上总可以归纳为几种基本种类，然后可配上合适的调节器。

3）在将控制系统传递函数简化为基本型式并将调节器规范化之后，便可将参数设计规范化（如表 8-3、表 8-4 所示）。这为实现计算机辅助设计打下了良好的基础。

4）按工程设计方法所得到的系统，其动态性能不能逾越典型Ⅰ型或典型Ⅱ型系统动态性能指标的范围，也就是说，用 P、PI 和 PID 调节器串联校正，不能任意配置系统的极点。希望了解极点配置方面知识的读者，可参阅文献［3］。

习　题

8-1　某单位反馈控制系统的固有控制部分的传递函数为 $G(s)=\dfrac{10}{0.05s+1}$，试按无静差要求设计一个串联调节器，并按“最佳设计原则”确定调节器的有关参数，并求出校正后系统的动态性能指标 t_r、t_s、M_p、ω_c 和 $\gamma(\omega_c)$。

8-2　某单位反馈控制系统的固有控制部分的传递函数为 $G(s)=\dfrac{20}{s(0.005s+1)}$，现要求将其校正为典型Ⅱ型系统，试设计调节器并确定其参数，求出校正后控制系统的动态性能指标 t_s、M_p 和 ω_c（按 $h=4$、$h=5$ 和 $h=8$ 分别计算）并作出其对数幅频特性图。

8-3　某单位反馈控制系统的固有控制部分的传递函数为 $G(s)=\dfrac{10}{s(0.002s+1)(0.001s+1)}$，试分别将其校正为典型Ⅰ型系统和Ⅱ型系统，并求出调节器的参数和校正后系统的主要动态性能指标 t_s、M_p、ω_c 和$\gamma(\omega_c)$。

8-4　某单位反馈控制系统的固有控制部分的传递函数为 $G(s)=\dfrac{5}{(0.2s+1)(0.05s+1)(0.005s+1)}$，试分别用积分（P）、比例-积分（PI）、比例-积分-微分（PID）调节器将该系统校正成典型Ⅰ型和Ⅱ型系统，求出调节器参数和校正后系统的主要动态性能指标 t_s、M_p、ω_c 和 $\gamma(\omega_c)$。

8-5　某单位反馈控制系统的固有控制部分的传递函数为

$$G(s)=\frac{100}{0.8s+1}\times\frac{15}{0.05s+1}\times\frac{0.2}{0.01s+1}$$

试按典型Ⅰ型系统和典型Ⅱ型系统设计 PI 调节器 $G_c(s)$。

第九章 线性离散控制系统

连续控制的基本问题在前面几章中已经进行了充分讨论。本章着重介绍分析和综合线性离散控制系统的理论。离散系统与连续系统的根本区别在于：在连续系统中，控制信号、反馈信号和偏差信号都是连续型的时间函数；在离散系统中，一处或几处的信号不是连续的模拟信号，而是在时间上离散的脉冲序列，称为离散信号。

离散控制系统的应用范围很广，下面举两个具体的例子来说明它的工作特点。

一、采样控制系统

如图 9-1 所示是炉温控制原理图，当炉温偏离给定值时，测温电阻的阻值发生变化，使电桥失去平衡，检流计指针发生偏转，转角为 β。检流计是一个高灵敏度的器件，不允许在指针与电位器之间有摩擦力，故由一套专门的同步电动机通过减速器带动凸轮，使检流计周期性地上下运动，指针每隔 T 秒与电位器接触一次，每次接触时间为 τ。T 称为采样周期，τ 称为采样持续时间。当炉温连续变化时，电位器的输出是一串宽度为 τ 的脉冲电压 $e^*(t)$，如图 9-2 所示。$e^*(t)$ 经过放大器、电动机、减速器去控制阀门角度 φ，进而改变加热气体的进气量，使炉温趋向于给定值。给定值的大小，由给定电位器给定。

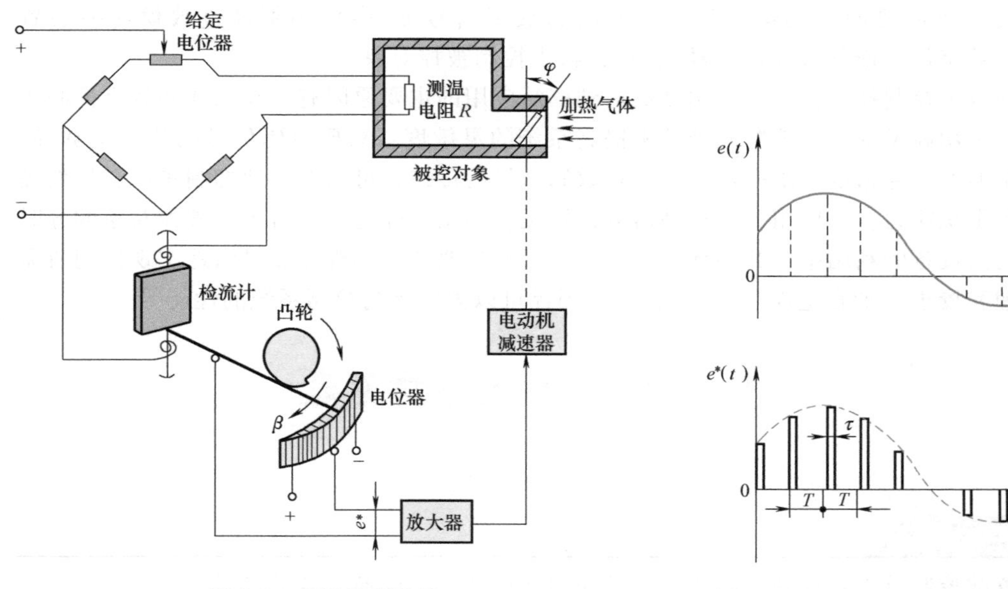

图 9-1 炉温控制系统

图 9-2 由采样得到脉冲电压 $e^*(t)$

在上例中，把检流计输出的连续信号 $e(t)$ 变成电位器输出的脉冲信号这一过程称为采样，这样的系统称为采样控制系统。典型的采样控制系统如图 9-3 所示。

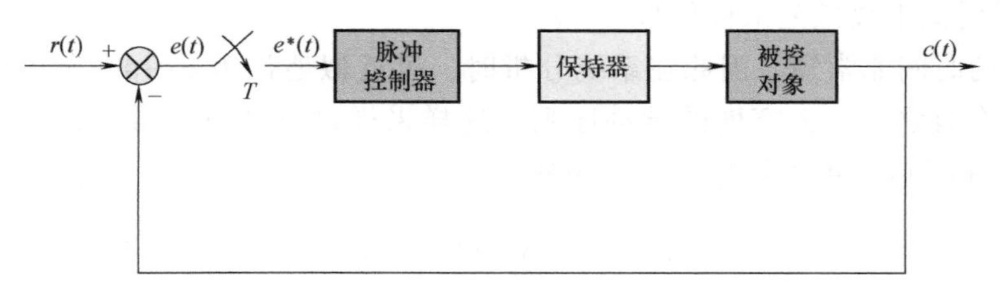

图 9-3 采样控制系统

二、数字控制系统

数字控制系统是指系统中具有数字式控制器或数字计算机的自动控制系统，数字控制系统的工作原理如图 9-4 所示。

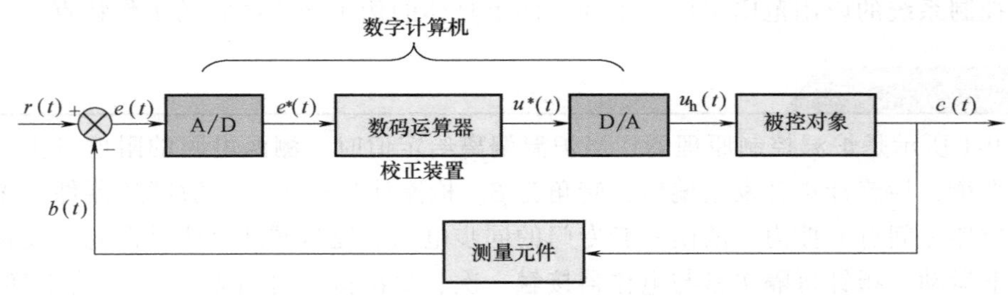

图 9-4　数字控制系统

由于数字计算机内参与运算的信号是用二进制编码的数字信号，所以连续误差信号$e(t)$需经过模数转换装置（A/D）进行采样编码，转换成数字信号 $e^*(t)$；反过来，数字计算机经过系统校正所需要的数码运算后，所给出的数字信号 $u^*(t)$ 必须经过数模转换装置（D/A），使数字信号恢复成连续信号 $u_h(t)$，再去控制被控对象。

采样和数字控制技术在自动控制领域得到广泛应用的主要原因有：在采样和数字控制系统中，允许采用高灵敏度的控制元器件来提高系统的灵敏度；只要数码信号的位数足够多，就能保证足够的计算精度；采样信号特别是数码信号的传递，可以有效地抑制噪声，从而提高系统的抗干扰能力；可以用一台控制器或计算机，利用采样进行对若干个被控对象的分时控制，以提高设备的利用率；数字计算机由于易于通过改变计算程序而灵活地实现控制所需的信息处理和校正（如自适应、最优化等），因此可以大大提高控制系统的性能等。

第一节　采样过程与采样原理

一、采样过程

实现离散控制首先会遇到的问题，就是如何将连续信号变换为离散信号。

按照一定的时间间隔对连续信号进行采样，将其变换为在时间上离散的脉冲序列的过程称为采样过程。用来实现采样过程的装置称为采样器或采样开关。

如图 9-5 所示，采样开关每隔一定时间 T 闭合一次，于是原来在时间上的连续的信号 $e(t)$ 就变成了时间上离散的采样信号 $e^*(t)$。

通常采样的时间非常短，因此在系统分析时，可近似地认为 $\tau\to0$，所以可将采样信号 $e^*(t)$ 看作一个有强度、无宽度的脉冲序列。这样采样过程就可以看成是一个脉冲调制过程。即脉冲序列 $e^*(t)$ 可以看作是单位序列

$$\delta_T(t)=\sum_{n=-\infty}^{\infty}\delta(t-nT) \tag{9-1}$$

式中，T 为采样周期，n 为整数。

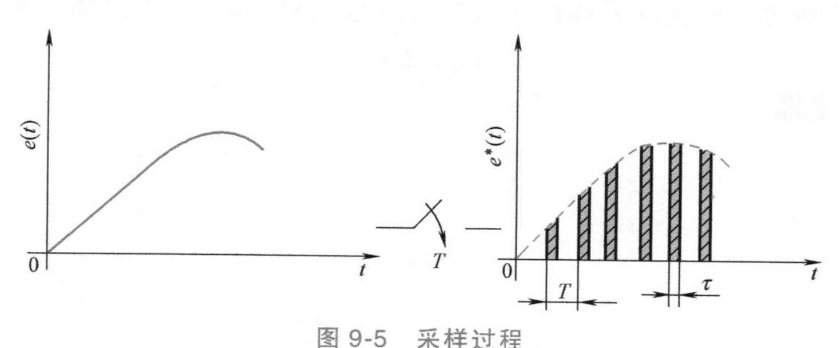

图 9-5　采样过程

对 $e(t)$ 调制的过程如图 9-6 所示。

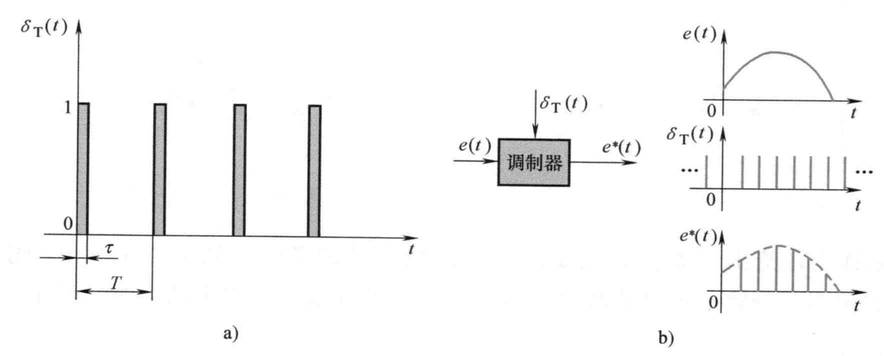

a)　　b)

图 9-6　采样信号的调制过程

a）单位脉冲序列　b）采样信号的调制过程

脉冲调制器（采样器）的输出信号 $e^*(t)$ 为

$$e^*(t) = e(t)\delta_T(t) = e(t)\sum_{n=-\infty}^{\infty}\delta(t-nT) \tag{9-2}$$

在控制系统中，通常当 $t<0$ 时，$e(t)=0$，所以式（9-2）可写为

$$e^*(t) = e(t)\sum_{n=0}^{\infty}\delta(t-nT) = \sum_{n=0}^{\infty}e(nT)\delta(t-nT) \tag{9-3}$$

二、采样定理

由上述采样过程可知，采样周期 T 越短，采样信号 $e^*(t)$ 就越接近连续信号 $e(t)$ 的变化规律。反之，T 越大，$e^*(t)$ 就越可能反映不了 $e(t)$ 的规律。

由频谱分析可知，采样后离散信号频谱与原连续信号频谱之间的关系为

$$E^*(\mathrm{j}\omega) = \frac{1}{T}\sum_{n=-\infty}^{\infty}E(\mathrm{j}\omega + \mathrm{j}n\omega_s) \tag{9-4}$$

设采样器输入连续信号的频谱 $E(\mathrm{j}\omega)$ 为有限带宽的图形，最大频率为 ω_m，如图 9-7 所示，则采样后得到的离散信号的频谱如图 9-8 所示。在离散信号的频谱中，$n=0$ 的部分称为主频谱，它与连续信号的频谱是相对应的。除此之外，$E^*(\mathrm{j}\omega)$ 还包含无限多高频分量。由图 9-8 不难看出，要从采样信号 $e^*(t)$ 中完全复现出采样前的连续信号 $e(t)$，必须满足：

采样频率 ω_s 大于或等于两倍的采样器输入连续信号 $e(t)$ 频谱中的最高频率 ω_m，即

$$\omega_s \geqslant 2\omega_m \tag{9-5}$$

这就是香农采样定理。

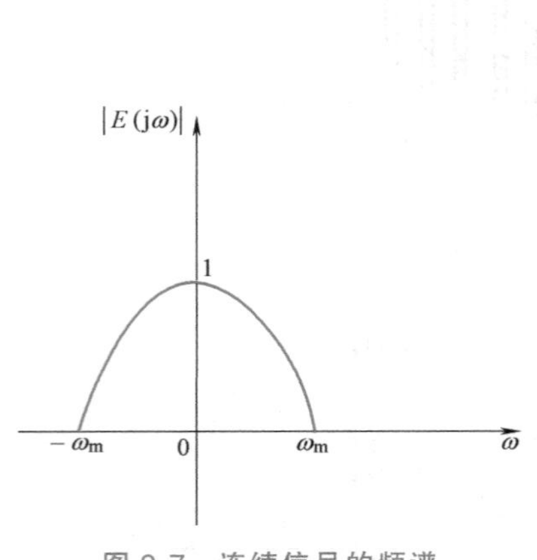

图 9-7　连续信号的频谱

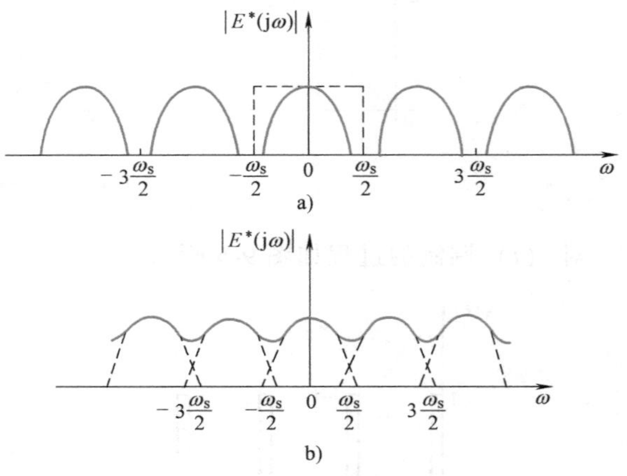

图 9-8　离散信号的频谱

香农采样定理给出了无失真地复现原来连续信号的条件。如果 $\omega_s<2\omega_m$，则会出现图 9-8b 所示的相邻部分频谱重叠的现象。这时就难以准确地复现原来的连续信号了。

三、保持器

实现离散控制需要解决的另一个重要问题，是如何把采样信号较准确地恢复为连续信号。

在满足香农采样定理的条件下，采用理想滤波器滤去各高频分量，保留主频谱，就可不失真地复现采样器的输入信号。但是这样的理想滤波器实际上是不存在的。工程上，通常只能采用接近理想滤波器性能的低通滤波器来近似代替。最简单、最常用的低通滤波器就是零阶保持器。

零阶保持器是采用常值规律外推的保持器。它把前一采样时刻 nT 的采样值 $e(nT)$ 不增不减地保持到下一个采样时刻 $(n+1)T$，其输入信号和输出信号的关系如图 9-9 所示。因为 $e_h(t)$ 在每个采样区间内的值均为常数，即导数为零，故称其为零阶保持器。

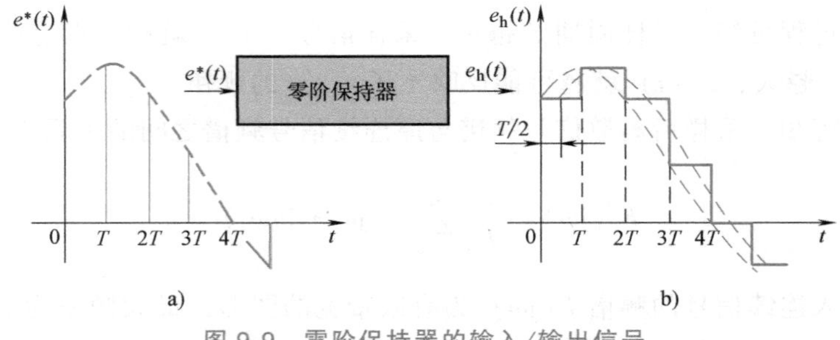

图 9-9　零阶保持器的输入/输出信号

零阶保持器在时域中表现为在 $t=0$ 时刻开始的方波，其时域表达式为

$$g_h(t)=1(t)-1(t-T) \tag{9-6}$$

取拉氏变换得

$$G_h(s)=L[1(t)-1(t-T)]=\frac{1-e^{-Ts}}{s} \tag{9-7}$$

若把阶梯信号 $e_h(t)$ 的中点连接起来，如图 9-9b 的虚线所示，则可以得到与 $e(t)$ 形状一致而在时间上落后了 $T/2$ 的时间响应 $e(t-T/2)$。这反映了零阶保持器的相位滞后特性。

第二节 z 变换与 z 反变换

一、z 变换

连续函数 $f(t)$ 的拉普拉斯变换式为

$$F(s)=L[f(t)]=\int_0^{\infty}f(t)e^{-st}dt \tag{9-8}$$

设 $f(t)$ 的采样信号为 $f^*(t)$

$$f^*(t)=\sum_{n=0}^{\infty}f(nT)\delta(t-nT) \tag{9-9}$$

其拉普拉斯变换式为

$$F^*(s)=\sum_{n=0}^{\infty}f(nT)e^{-nTs} \tag{9-10}$$

式中，e^{-Ts} 是 s 的超越函数，不便直接运算。若令

$$e^{-Ts}=z$$

则有

$$F(z)=Z[f^*(t)]=\sum_{n=0}^{\infty}f(nT)z^{-n} \tag{9-11}$$

式（9-11）被定义为采样信号 $f^*(t)$ 的 z 变换，它和式（9-10）是互为补充的两种变换形式。式（9-11）表示 z 平面上的函数关系，式（9-10）表示 s 平面上的函数关系。

在 z 变换中，$F(z)$ 是采样脉冲序列的 z 变换，即只考虑采样时刻的信号值。由于在采样时刻，$f(t)$ 的值就是 $f(nT)$，所以从这个意义上说，$F(z)$ 就是 $f^*(t)$ 的 z 变换，也可以写为 $f(t)$ 的 z 变换，即

$$z[f^*(t)]=z[f(t)]=F(z)=\sum_{n=0}^{\infty}f(nT)z^{-n}$$

下面举例说明 z 变换的求法。

例 9-1 求单位阶跃函数的 z 变换。

解 单位阶跃函数的采样函数为

$$1(nT)=1$$

式中，$n=0$，1，2，…由式（9-11）得

$$Z[1(t)]=\sum_{n=0}^{\infty}1(nT)z^{-n}=1+z^{-1}+z^{-2}+\cdots+z^{-n}+\cdots$$

$$=\frac{1}{1-z^{-1}}=\frac{z}{z-1}(\ |z|>1) \tag{9-12}$$

例 9-2　求 $f(t)=\mathrm{e}^{-at}$ 的 z 变换。

解
$$f^{*}(t)=f(nT)=\mathrm{e}^{-anT}$$

由式（9-11）得

$$Z[\mathrm{e}^{-anT}]=\sum_{n=0}^{\infty}\mathrm{e}^{-anT}z^{-n}=1+\mathrm{e}^{-aT}z^{-1}+\mathrm{e}^{-2aT}z^{-2}+\cdots+\mathrm{e}^{-anT}z^{-n}+\cdots$$

上式两边同乘 $\mathrm{e}^{-aT}z^{-1}$，得

$$\mathrm{e}^{-aT}z^{-1}Z[\mathrm{e}^{-aT}]=\mathrm{e}^{-aT}z^{-1}+\mathrm{e}^{-2aT}z^{-2}+\cdots+\mathrm{e}^{-anT}z^{-n}+\cdots$$

以上两式相减可得

$$Z[\mathrm{e}^{-aT}](1-\mathrm{e}^{-aT}z^{-1})=1$$

$$Z[\mathrm{e}^{-aT}]=\frac{1}{1-\mathrm{e}^{-aT}z^{-1}}=\frac{z}{z-\mathrm{e}^{-aT}} \tag{9-13}$$

例 9-3　求 $f(t)=\sin(\omega t)$ 的 z 变换。

解
$$\sin(\omega t)=\frac{\mathrm{e}^{\mathrm{j}\omega t}-\mathrm{e}^{-\mathrm{j}\omega t}}{2\mathrm{j}}$$

所以，利用例 9-2 的结果，可得到

$$\begin{aligned}Z[\sin(\omega T)]&=Z\left[\frac{\mathrm{e}^{\mathrm{j}\omega T}-\mathrm{e}^{-\mathrm{j}\omega T}}{2\mathrm{j}}\right]=\frac{1}{2\mathrm{j}}\left(\frac{z}{z-\mathrm{e}^{\mathrm{j}\omega T}}-\frac{z}{z-\mathrm{e}^{-\mathrm{j}\omega T}}\right)\\&=\frac{1}{2\mathrm{j}}\ \frac{z(\mathrm{e}^{\mathrm{j}\omega T}-\mathrm{e}^{-\mathrm{j}\omega T})}{z^2-z(\mathrm{e}^{\mathrm{j}\omega T}+\mathrm{e}^{-\mathrm{j}\omega T})+1}=\frac{z\sin\omega T}{z^2-2z\cos\omega T+1}\end{aligned} \tag{9-14}$$

例 9-4　求 $G(s)=\dfrac{a}{s(s+a)}$ 的 z 变换。

解
$$G(s)=\frac{a}{s(s+a)}=\frac{1}{s}-\frac{1}{s+a}$$

与 $\dfrac{1}{s}$ 对应的时域函数为 $1(t)$，与 $\dfrac{1}{s+a}$ 对应的函数则为 e^{-at}。所以利用例 9-1、例 9-2 所得结果，可得

$$G(z)=\frac{z}{z-1}-\frac{z}{z-\mathrm{e}^{-aT}}=\frac{z(1-\mathrm{e}^{-aT})}{(z-1)(z-\mathrm{e}^{-aT})} \tag{9-15}$$

对于任意 $G(s)$，只要它是 s 的有理函数，都可以通过部分分式法求出相应的 z 变换式。表 9-1 列出了一些常见函数的 z 变换式和拉普拉斯变换式。

表 9-1　常用函数变换表

$f(t)$	$F(s)$	$F(z)$
$\delta(t)$	1	1
$1(t)$	$\frac{1}{s}$	$\frac{z}{z-1}$
t	$\frac{1}{s^2}$	$\frac{Tz}{(z-1)^2}$

（续）

$f(t)$	$F(s)$	$F(z)$
$\frac{1}{2}t^2$	$\frac{1}{s^3}$	$\frac{T^2z(z+1)}{2(z-1)^3}$
$a^{t/T}$	$\frac{1}{s-(1/T)\ln a}$	$\frac{z}{z-a}$
e^{-at}	$\frac{1}{s+a}$	$\frac{z}{z-e^{-aT}}$
te^{-at}	$\frac{1}{(s+a)^2}$	$\frac{Tze^{-aT}}{(z-e^{-aT})^2}$
$1-e^{-at}$	$\frac{a}{s(s+a)}$	$\frac{(1-e^{-aT})z}{(z-1)(z-e^{-aT})}$
$e^{-at}-e^{-bt}$	$\frac{b-a}{(s+a)(s+b)}$	$\frac{z(e^{-aT}-e^{-bT})}{(z-e^{-aT})(z-e^{-bT})}$
$\sin\omega t$	$\frac{\omega}{s^2+\omega^2}$	$\frac{z\sin\omega T}{z^2-2z\cos\omega T+1}$
$\cos\omega t$	$\frac{s}{s^2+\omega^2}$	$\frac{z(z-\cos\omega T)}{z^2-2z\cos\omega T+1}$
$\sinh\omega t$	$\frac{\omega}{s^2-\omega^2}$	$\frac{z\sinh\omega T}{z^2-2z\cosh\omega T+1}$
$\cosh\omega t$	$\frac{s}{s^2-\omega^2}$	$\frac{z(z-\cosh\omega T)}{z^2-2z\cosh\omega T+1}$
$e^{-at}\sin\omega t$	$\frac{\omega}{(s+a)^2+\omega^2}$	$\frac{ze^{-aT}\sin\omega T}{z^2-2ze^{-aT}\cos\omega T+e^{-2aT}}$
$e^{-at}\cos\omega t$	$\frac{s+a}{(s+a)^2+\omega^2}$	$\frac{z^2-ze^{-aT}\cos\omega T}{z^2-2ze^{-aT}\cos\omega T+e^{-2aT}}$

二、z 变换的基本定理

与拉普拉斯变换一样，z 变换有一些基本定理，它们可以使变换的应用变得简单和方便。

1. 线性定理

设函数为

$$f(t)=a_1f_1(t)+a_2f_2(t)+\cdots+a_nf_n(t)=\sum_{i=1}^{n}a_if_i(t)$$

则

$$F(z)=\sum_{i=1}^{n}a_iF_i(z) \tag{9-16}$$

2. 滞后定理（负偏移定理）

设 $f(t)$ 的 z 变换为 $F(z)$，则有

$$Z[f(t-kT)]=z^{-k}F(z) \tag{9-17}$$

滞后定理说明，原函数在时域中延迟 k 个采样周期，相当于其 z 变换乘以 z^{-k}。由此可

以看出算子 z^{-k} 的物理意义。z^{-k} 代表滞后环节，它把采样信号延迟 k 个采样周期。

证明　根据 z 变换定义

$$Z[f(t-kT)]=\sum_{n=0}^{\infty}f(nT-kT)z^{-n}$$

$$=z^{-k}\sum_{n=0}^{\infty}f(nT-kT)z^{-(n-k)}$$

令 $n-k=m$，则

$$Z[f(t-kT)]=z^{-k}\sum_{m=-k}^{\infty}f(mT)z^{-m}$$

对于 $m<0$，有 $f(mT)=0$，所以

$$Z[f(t-kT)]=z^{-k}\sum_{m=0}^{\infty}f(mT)z^{-m}=z^{-k}F(z)$$

3. 超前定理（正偏移定理）

设 $f(t)$ 的 z 变换为 $F(z)$，则有

$$Z[f(t+kT)]=z^{k}F(z)-z^{k}\sum_{n=0}^{k-1}f(nT)z^{-n} \tag{9-18}$$

若满足 $f(0)=f(T)=\cdots=f[(k-1)T]=0$，则超前定理可表示为

$$Z[f(t+kT)]=z^{k}F(z) \tag{9-19}$$

4. 复位移定理

设函数 $f(t)$ 的 z 变换为 $F(z)$，则有

$$Z[e^{\pm at}f(t)]=F(e^{\mp aT}z) \tag{9-20}$$

证明　根据变换定义 $Z[e^{\pm at}f(t)]=\sum_{n=0}^{\infty}e^{\pm anT}f(nT)z^{-n}$

$$=\sum_{n=0}^{\infty}f(nT)(e^{\mp aT}z)^{-n}$$

$$=F(e^{\mp aT}z)$$

5. 初值定理

设函数 $f(t)$ 的 z 变换为 $F(z)$，则有

$$f(0)=\lim_{z\to\infty}F(z) \tag{9-21}$$

证明　根据 z 变换定义

$$F(z)=\sum_{n=0}^{\infty}f(nT)z^{-n}=f(0)+f(T)z^{-1}+f(2T)z^{-2}+\cdots$$

在上式中，当 $z\to\infty$ 时，除第一项外，其余所有各项均为零，故有

$$f(0)=\lim_{z\to\infty}F(z)$$

6. 终值定理

设函数 $f(t)$ 的 z 变换为 $F(z)$，则有

$$\lim_{t\to\infty}f(t)=\lim_{n\to\infty}f(nT)=\lim_{z\to1}(z-1)F(z) \tag{9-22}$$

证明　根据 z 变换定义，有

$$Z[f(t)] = Z[f(nT)] = \sum_{n=0}^{\infty} f(nT)z^{-n} = F(z)$$

由超前定理，有

$$Z[f(t+T)] = Z[f(n+1)T] = \sum_{n=0}^{\infty} f[(n+1)T]z^{-n}$$
$$= zF(z) - zf(0)$$

以上两式相减得

$$\sum_{n=0}^{\infty} \{f[(n+1)T] - f(nT)\}z^{-n} + zf(0) = (z-1)F(z)$$

对上式两边取 $z \to 1$ 的极限，得

$$\lim_{t\to\infty} f(t) = \lim_{n\to\infty} f(nT) = \lim_{z\to 1}(z-1)F(z)$$

7. 复微分定理

设函数 $f(t)$ 的 z 变换为 $F(z)$，则有

$$Z[tf(t)] = -Tz\frac{\mathrm{d}}{\mathrm{d}z}F(z) \tag{9-23}$$

证明 $Z[tf(t)] = \sum_{n=0}^{\infty} nTf(nT)z^{-n}$

$$= Tz\sum_{n=0}^{\infty} f(nT)nz^{-(n+1)}$$
$$= -Tz\sum_{n=0}^{\infty} \frac{\mathrm{d}}{\mathrm{d}z}[f(nT)z^{-n}]$$
$$= -Tz\frac{\mathrm{d}}{\mathrm{d}z}F(z)$$

8. 卷积和定理

设 $c(kT) = \sum_{n=0}^{k} g[(k-n)T]r(nT)$，式中，$n$ 为正整数（n=0，1，2，…），则卷积和定理可表示为

$$C(z) = G(z)R(z)$$

式中

$$C(z) = Z[c(nT)] \quad G(z) = Z[g(nT)] \quad R(z) = Z[r(nT)]$$

三、z 反变换

z 反变换就是根据 $F(z)$ 求出原函数 $f(nT)$ 或 $f^*(t)$。z 反变换表示为

$$Z^{-1}[F(z)] = f^*(t) \tag{9-24}$$

下面介绍三种常用的 z 反变换求法。

1. 长除法

利用长除法把 $F(z)$ 展成 z^{-1} 的幂级数，然后求得 $f^*(t)$ 或 $f(nT)$。这一方法很容易，但不易求得闭式结果。

例 9-5　设 $F(z)=\dfrac{1}{1-0.5z^{-1}}$，求 $f^*(t)$。

解　用长除法求得

$$F(z)=1+0.5z^{-1}+0.25z^{-2}+0.125z^{-3}+\cdots$$

可见

$$f^*(t)=\delta(t)+0.5\delta(t-T)+0.25\delta(t-2T)+0.125\delta(t-3T)+\cdots$$

2. 部分分式法

把 $F(z)$ 分解成部分分式，再查 z 变换表来求得 $F(z)$ 的原函数。由于 $F(z)$ 的分子中通常含有 z，因此通常先将 $F(z)$ 除以 z 然后再展开为部分分式。这是很常用的一种方法，它可以求出 $f^*(t)$ 的闭式结果。

例 9-6　应用部分分式法求 $F(z)=\dfrac{0.5z}{(z-1)(z-0.5)}$的 z 反变换。

解

$$\frac{F(z)}{z}=\frac{0.5}{(z-1)(z-0.5)}=\frac{1}{z-1}-\frac{1}{z-0.5}$$

$$F(z)=\frac{z}{z-1}-\frac{z}{z-0.5}$$

查表 9-1 得

$$Z^{-1}\left(\frac{z}{Z-1}\right)=1,Z^{-1}\left(\frac{z}{z-0.5}\right)=Z^{-1}\left(\frac{z}{z-\mathrm{e}^{-aT}}\right)=\mathrm{e}^{-at}$$

式中，$\mathrm{e}^{-aT}=0.5$，可得 $a=0.693/T$。所以对应的时间函数为

$$f^*(t)=\sum_{n=0}^{\infty}(1-\mathrm{e}^{-\frac{0.693}{T}t})\delta(t-nT)$$

3. 留数计算法

根据 Z 变换的定义

$$F(z)=\sum_{n=0}^{\infty}f(nT)z^{-n}=f(0)+f(T)z^{-1}+\cdots+f(nT)z^{-n}+\cdots$$

两端同乘 z^{n-1}，得

$$F(z)z^{n-1}=f(0)z^{n-1}+f(T)z^{n-2}+\cdots+f(nT)z^{-1}+\cdots$$

此式是罗朗级数 $f(nT)$，是 z^{-1} 的幂级数。由复变函数知识可知

$$f(nT)=\frac{1}{2\pi\mathrm{j}}\int F(z)z^{n-1}\mathrm{d}z$$

在此，积分路径包含 $F(z)z^{n-1}$ 的所有极点。根据留数原理，上式可写成

$$f(nT)=\sum\mathrm{Res}[F(z)z^{n-1}] \tag{9-25}$$

其中，一阶极点的留数为

$$\mathrm{Res}=\lim_{z\to p}(z-p)[F(z)z^{n-1}] \tag{9-26}$$

q 阶重极点的留数为

$$\mathrm{Res}=\frac{1}{(q-1)!}\lim_{z\to p}\frac{\mathrm{d}^{q-1}}{\mathrm{d}z^{q-1}}[(z-p)^{q}F(z)z^{n-1}] \tag{9-27}$$

例 9-7 用留数法求 $F(z)=\frac{0.5z}{(z-1)(z-0.5)}$ 的 z 反变换。

解 根据式（9-25），有

$$f(nT)=\sum \mathrm{Res}[F(z)z^{n-1}]=\sum \mathrm{Res}\left[\frac{0.5z^n}{(z-1)(z-0.5)}\right]$$

$F(z)z^{n-1}$ 的极点为 $z=1$ 和 $z=0.5$，因此

$$\mathrm{Res}_1=\frac{0.5z^n}{(z-1)(z-0.5)}(z-1)\bigg|_{z=1}=1$$

$$\mathrm{Res}_2=\frac{0.5z^n}{(z-1)(z-0.5)}(z-0.5)\bigg|_{z=0.5}=-0.5^n$$

由此可得

$$f(nT)=1-0.5^n$$

考虑到 $\mathrm{e}^{-0.693}=0.5$，可得

$$f^*(t)=\sum_{n=0}^{\infty}[1-(0.5)^n]\delta(t-nT)=\sum_{n=0}^{\infty}(1-\mathrm{e}^{-\frac{0.693}{T}t})\delta(t-nT)$$

式中，$t=nT$（$n=0$，1，2，…）。

第三节 脉冲传递函数

一、脉冲传递函数

在线性连续系统理论中，把初始条件为零情况下的系统输出信号的拉普拉斯变换与输入信号的拉普拉斯变换之比定义为传递函数，即

$$G(s)=\frac{C(s)}{R(s)}$$

线性连续系统性能的好坏是由传递函数来确定的。

类似地，在线性离散系统的理论中，若系统的初始条件为零，输入信号为 $r(t)$，采样后 $r^*(t)$ 的 z 变换函数为 $R(z)$，并设系统连续部分的输出为 $c(t)$，$c^*(t)$ 采样后的 z 变换函数为 $C(z)$，则定义

$$G(z)=\frac{C(z)}{R(z)} \tag{9-28}$$

为脉冲传递函数。

$G(z)$ 表示系统的输出采样信号的 z 变换与输出信号的 z 变换之比，如图 9-10a 所示。这是线性离散系统理论中的一个重要概念。

如果已知 $R(z)$ 和 $C(z)$，则在零初始条件

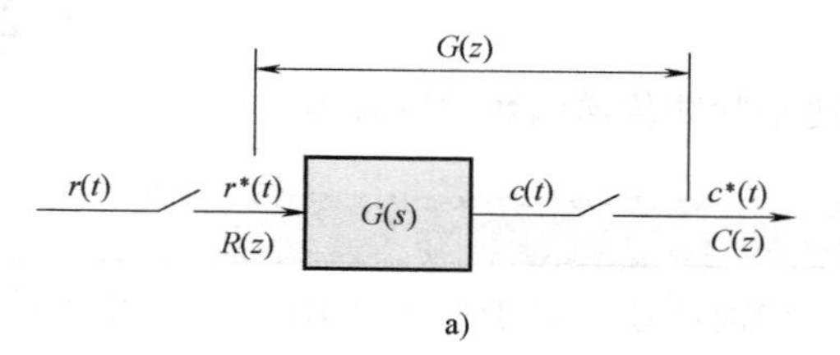

a)

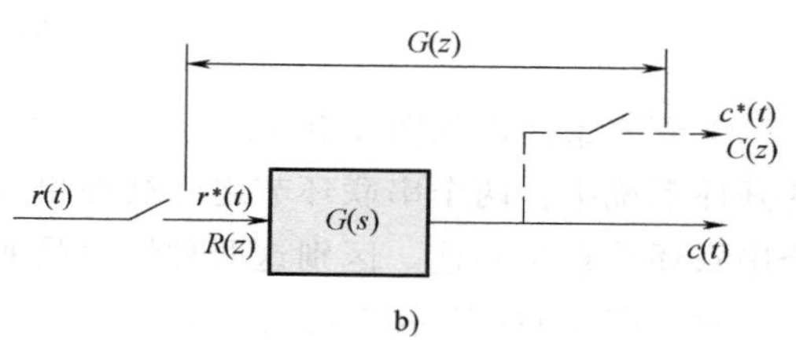

b)

图 9-10 开环离散系统

下，离散系统的输出采样信号为

$$c^*(t)=Z^{-1}[C(z)]=z^{-1}[G(z)R(z)]$$

因此，求解 $c^*(t)$ 的关键就在于找到怎样求出系统的脉冲传递函数 $G(z)$ 的方法。

实际上，多数离散系统的输出信号是连续信号 $c(t)$ 而不是采样信号 $c^*(t)$，如图 9-10b 所示。在这种情况下，为了应用脉冲传递函数的概念，可在输出端虚设一个采样开关，并令其与输入采样开关同步工作且具有相同的采样周期。

下面从脉冲响应函数的角度推导离散系统的脉冲传递函数。

由线性连续系统理论知，当线性部分的输入信号为单位脉冲信号 $\delta(t)$ 时，其输出信号称为单位脉冲响应，以 $g(t)$ 表示。当输入信号为脉冲序列

$$r(t)=\sum_{n=0}^{\infty}r(nT)\delta(t-nT)$$

时，根据叠加原理，输出信号为一序列脉冲响应之和，即

$$c(t)=r(0)g(t)+r(T)g(t-T)+\cdots+r(nT)g(t-nT)+\cdots$$

任意 $t=kT$ （$k=0$，1，2，…）采样瞬时的系统输出为

$$c(kT)=r(0)g(kT)+r(T)g[(k-1)T]+\cdots+r(nT)g[(k-n)T]+\cdots$$

由于系统的单位脉冲响应是从 $t=0$ 开始出现信号的，所以当 $t<0$ 时，$g(t)=0$。因此在上式中，当 $n>k$ 时，$g[(k-n)T]=0$。即在 $t=kT$ 时刻以后输入的脉冲，如 $r[(k+1)T]$、$r[(k+2)T]$等，不会对 $t=kT$ 时刻的输出信号产生影响。因此可将上式写成求和形式

$$c(kT)=\sum_{n=0}^{k}g[(k-n)T]r(nT)$$

根据卷积和定理，可得上式的 z 变换

$$C(z)=G(z)R(z)$$

式中，$C(z)$、$G(z)$、$R(z)$ 分别为 $c(t)$、$g(t)$、$r(t)$ 的 z 变换。

由此可见，系统的脉冲传递函数即为系统的单位脉冲响应 $g(t)$ 经过采样得到的离散信号 $g^*(t)$ 的 z 变换，即

$$G(z)=\sum_{n=0}^{\infty}g(nT)z^{-n} \tag{9-29}$$

这便是脉冲传递函数的物理意义。

二、系统的开环脉冲传递函数

如前所述，对于如图 9-10 所示的开环系统，其脉冲传递函数为

$$G(z)=\frac{C(z)}{R(z)}$$

下面着重讨论如图 9-10 所示系统的脉冲传递函数 $G(z)$ 的求取问题。在如图 9-11a 所示的开环系统中，两个串联环节之间被理想开关隔开；而在如图 9-11b 所示的开环系统中，两个串联环节直接相连。区别这两种情况是非常重要的。

对于图 9-11a 所示的系统，显然

$$X(z)=G_1(z)R(z)$$

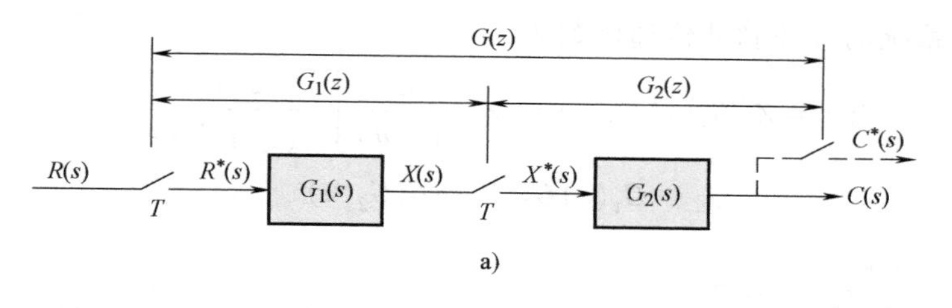

a)

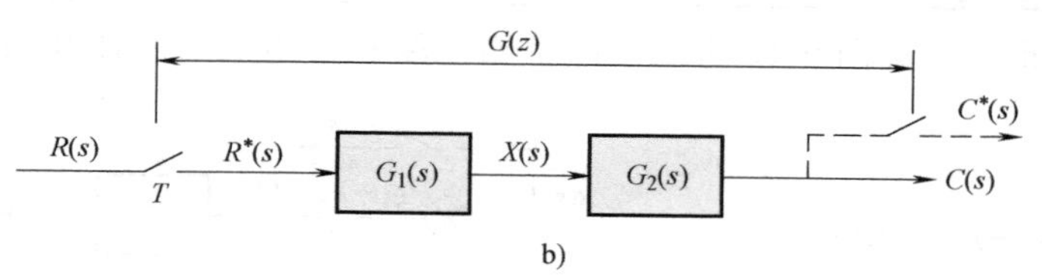

b)

图 9-11 环节串联时的开环系统

$$C(z)=G_2(z)X(z)$$
$$=G_1(z)G_2(z)R(z)$$

所以

$$\frac{C(z)}{R(z)}=G_1(z)G_2(z)=G(z) \tag{9-30}$$

式（9-30）表示，当开环系统由两个被理想开关隔开的线性环节串联构成时，其脉冲传递函数等于两个环节各自的脉冲传递函数的乘积。一般地，当 n 个被理想开关隔开的环节串联时，有

$$G(z)=\frac{C(z)}{R(z)}=\prod_{i=1}^{n}G_i(z) \tag{9-31}$$

对于如图 9-11b 所示的系统，令

$$G(s)=G_1(s)G_2(s)$$

则开环脉冲传递函数

$$G(z)=\frac{C(z)}{R(z)}=z[G_1(z)G_2(z)]=G_1G_2(z) \tag{9-32}$$

式（9-32）表明，当开环系统由两个没有被理想开关隔开的线性环节串联而成时，其脉冲传递函数等于两个环节传递函数乘积的相应 z 变换。一般地，当 n 个没有理想开关隔开的环节串联时，有

$$G(z)=\frac{C(z)}{R(z)}=Z[\prod_{i=1}^{n}G_i(s)] \tag{9-33}$$

需要强调的是，通常

$$G_1G_2(z)\neq G_1(z)G_2(z)$$

例 9-8 设在图 9-11 中，$G_1(s)=\frac{1}{s}$，$G_2(s)=\frac{a}{s+a}$，求系统的开环脉冲传递函数。

解 如图 9-11a 所示系统的开环脉冲传递函数为

$$G(z)=G_1(z)G_2(z)=\frac{z}{z-1}\frac{az}{z-\mathrm{e}^{-aT}}$$

如图 9-11b 所示系统的开环脉冲传递函数为

$$G(z)=Z[G_1(s)G_2(s)]=Z\left[\frac{a}{s(s+a)}\right]=\frac{z(1-e^{-aT})}{(z-1)(z-e^{-aT})}$$

很明显

$$G_1(z)G_2(z)\neq G_1G_2(z)$$

三、系统的闭环脉冲传递函数

典型的闭环离散系统如图 9-12 所示。图中输入端和输出端的采样开关是为了便于分析而虚设的。

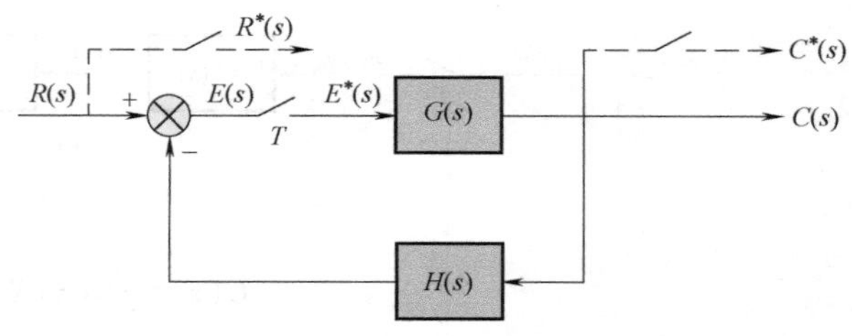

图 9-12　闭环离散系统

由图可见

$$E(s)=R(s)-H(s)C(s)$$

$$C(s)=G(s)E^*(s)$$

由以上二式得

$$E(s)=R(s)-G(s)H(s)E^*(s)$$

对上式进行 z 变换，得

$$E(z)=R(z)-GH(z)E(z)$$

即

$$\frac{E(z)}{R(z)}=\frac{1}{1+GH(z)} \tag{9-34}$$

考虑到

$$C(z)=G(z)E(z)$$

则由式（9-34）得

$$\frac{C(z)}{R(z)}=\frac{G(z)}{1+GH(z)} \tag{9-35}$$

式（9-34）、式（9-35）分别是离散系统的误差脉冲传递函数和闭环脉冲传递函数。

对于单位反馈系统，即 $H(s)=1$ 时的系统，则有

$$\frac{C(z)}{R(z)}=\frac{G(z)}{1+G(z)} \tag{9-36}$$

$$\frac{E(z)}{R(z)}=\frac{1}{1+G(z)} \tag{9-37}$$

与连续系统的理论相同，闭环脉冲传递函数的分母 $1+GH(z)$ 为离散反馈系统的特征多项式。

当离散系统中有数字控制器 $D(s)$ 时，系统框图如图 9-13 所示，其中采样开关是同步的。

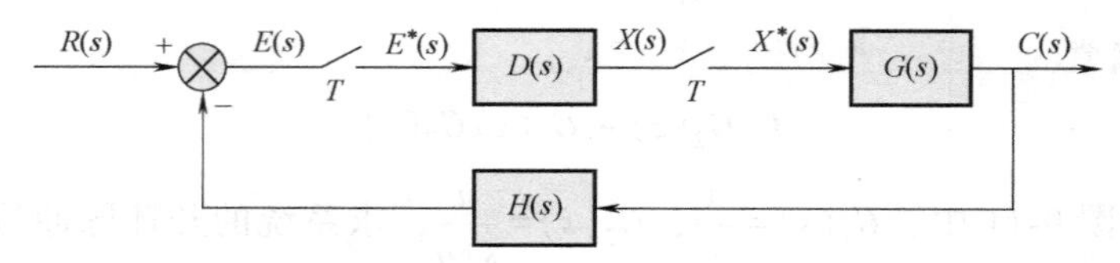

图 9-13　具有数字控制器的离散反馈系统

由图 9-13 可见

$$C(s)=G(s)X^*(s)$$

$$X(s)=D(s)E^{*}(s)$$

$$E^{*}(s)=R^{*}(s)-G(s)H(s)X^{*}(s)$$

由以上各式得

$$C^{*}(s)=\frac{D^{*}(s)G^{*}(s)}{1+D^{*}(s)G(s)H(s)}R^{*}(s)$$

对上式进行 z 变换，得

$$C(z)=\frac{D(z)G(z)}{1+D(z)GH(z)}R(z)$$

或

$$\frac{C(z)}{R(z)}=\frac{D(z)G(z)}{1+D(z)GH(z)} \tag{9-38}$$

表 9-2 列出了一些典型离散系统的结构图及其输出信号的 z 变换，供参考。

表 9-2 典型离散系统框图及其 $C(z)$

序号	系统框图	$C(z)$
1	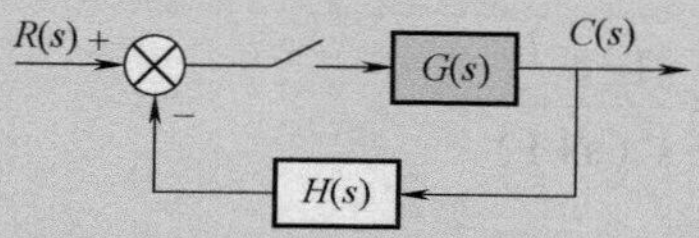	$C(z)=\frac{G(z)}{1+GH(z)}R(z)$
2	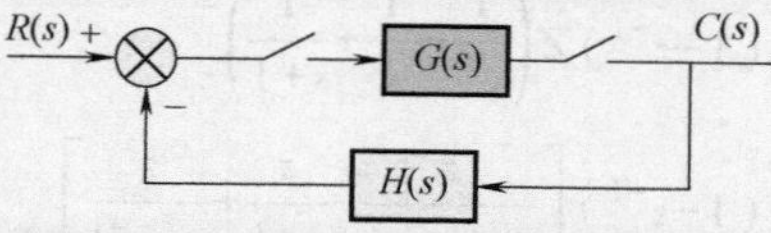	$C(z)=\frac{G(z)}{1+G(z)H(z)}R(z)$
3	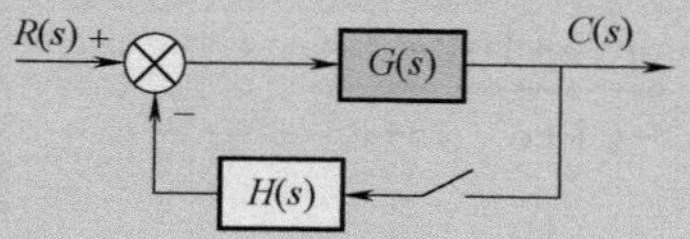	$C(z)=\frac{RG(z)}{1+HG(z)}$
4	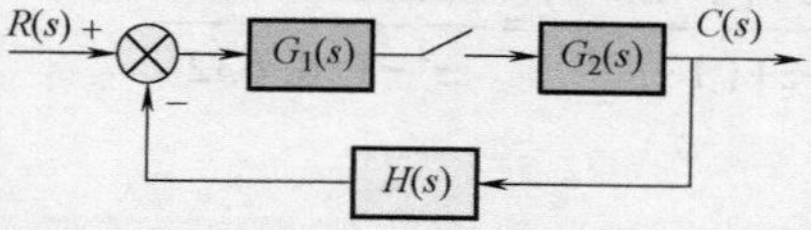	$C(z)=\frac{RG_1(z)G_2(z)}{1+G_1G_2H(z)}$
5	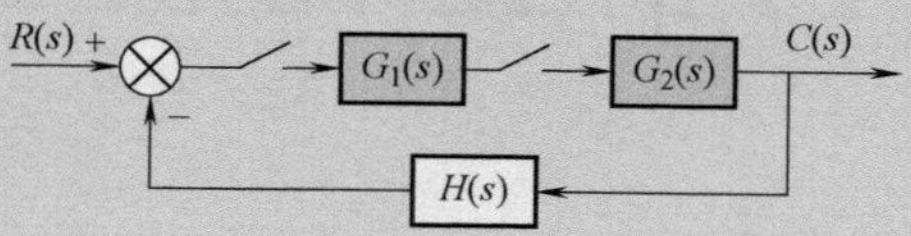	$C(z)=\frac{G_1(z)G_2(z)}{1+G_1(z)G_2H(z)}R(z)$
6	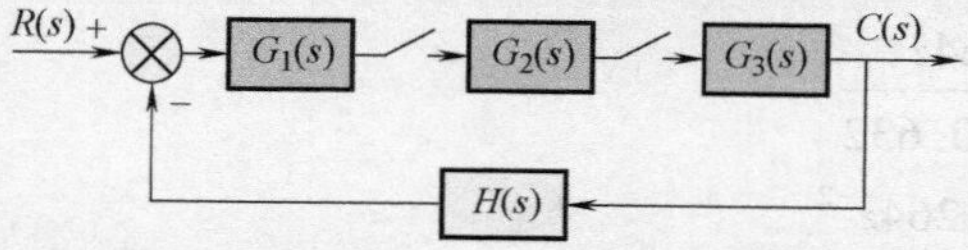	$C(z)=\frac{RG_1(z)G_2(z)G_3(z)}{1+G_1(z)G_2(z)G_3H(z)}$

四、离散系统的瞬态响应

用 z 变换法分析线性离散系统的瞬态响应的方法，与用拉普拉斯变换法分析线性连续系统的瞬态响应的方法是一样的，即根据闭环脉冲传递函数$\frac{C(z)}{R(z)}$，按给定的输入信号 $r(t)$ 或 $r^*(t)$ 求取被控制信号 $c(t)$ 的 z 变换 $C(z)$，然后应用 z 反变换便可得到被控制信号 $c(t)$ 的脉冲序列 $c(nT)$ 或 $c^*(t)$，即离散系统的瞬态响应。

对线性离散系统的瞬态响应，也可按超调量 M_p、调整时间 $t_s=kT$（k 为大于零的整数，T 为采样周期），以及稳态误差等性能指标分析其动态与稳态性能。

例 9-9　设 $K=1$，试求如图 9-14 所示系统的单位阶跃响应。

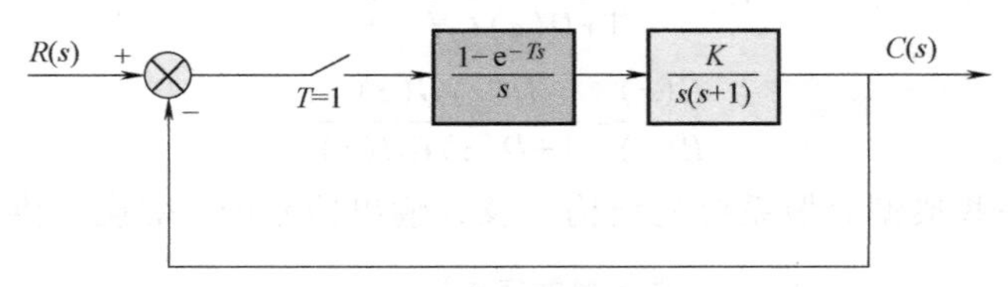

图 9-14　闭环离散系统

解　系统的开环传递函数为

$$G(s)=\frac{1-e^{-Ts}}{s^2(s+1)}$$

所以系统的开环脉冲传递函数为

$$\begin{aligned}G(z)&=Z\left[\frac{1-e^{-Ts}}{s^2(s+1)}\right]=(1-z^{-1})Z\left(\frac{1}{s^2}-\frac{1}{s}+\frac{1}{s+1}\right)\\&=(1-z^{-1})\left[\frac{z}{(z-1)^2}-\frac{z}{z-1}+\frac{z}{z-e^{-1}}\right]\\&=\frac{e^{-1}z+1-2e^{-1}}{z^2-(1+e^{-1})z+e^{-1}}\end{aligned}$$

由式（9-36）得系统的闭环脉冲传递函数为

$$\frac{C(z)}{R(z)}=\frac{G(z)}{1+G(z)}=\frac{e^{-1}z+(1-2e^{-1})}{z^2-z+(1-e^{-1})}=\frac{0.368z+0.264}{z^2-z+0.632}$$

对于单位阶跃输入

$$R(z)=\frac{z}{z-1}$$

可求得 $C(z)$ 如下：

$$\begin{aligned}C(z)&=\frac{0.368z+0.264z}{z^2-z+0.632z-1}\\&=\frac{0.368z^2+0.264z}{z^3-2z^2+1.632z-0.632}\\&=\frac{0.368z^{-1}+0.264z^{-2}}{1-2z^{-1}+1.632z^{-2}-0.632z^{-3}}\\&=0.368z^{-1}+z^{-2}+1.4z^{-3}+1.4z^{-4}+1.147z^{-5}+0.895z^{-6}\\&\quad+0.802z^{-7}+0.868z^{-8}+0.993z^{-9}+1.077z^{-10}+1.081z^{-11}\\&\quad+1.032z^{-12}+0.981z^{-13}+0.961z^{-14}\end{aligned}$$

$$+0.973z^{-15}+0.997z^{-16}+\cdots$$

由 $C(z)$ 的 z 变换，得

$c(0)=0$	$c(9T)=0.993$
$c(T)=0.368$	$c(10T)=1.077$
$c(2T)=1$	$c(11T)=1.081$
$c(3T)=1.4$	$c(12T)=1.032$
$c(4T)=1.41$	$c(13T)=0.981$
$c(5T)=1.147$	$c(14T)=0.961$
$c(6T)=0.895$	$c(15T)=0.973$
$c(7T)=0.802$	$c(16T)=0.997$
$c(8T)=0.868$	$\vdots$

得到离散响应函数 $c^*(t)$ 如图 9-15 所示。

由图 9-15 可以看出，如图 9-14 所示线性离散系统的单位阶跃响应具有衰减振荡形式，其最大超调量约为 40%，过渡过程时间约为 12s，即 12 个脉冲周期（以误差小于 5%的时间计）。

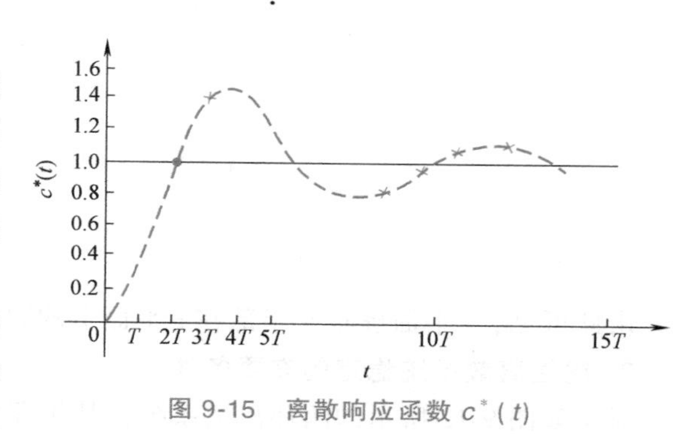

图 9-15　离散响应函数 $c^*(t)$

综上分析可见，应用 z 变换法分析线性离散系统瞬态响应是非常方便的。但 z 变换分析不能给出采样瞬间的响应信息。因此连结各已知数据点的光滑曲线只是近似曲线。如果希望通过 z 变换法获得采样瞬间的响应信息，则必须采用广义 z 变换法、小采样法等分析。

第四节　离散系统的品质分析

和连续系统一样，离散系统的品质分析也包括三个方面内容：系统稳定性、动态性能和稳态性能。下面分别进行介绍。

一、稳定性

线性定常连续控制系统稳定的充要条件是，闭环系统特征方程的所有根都位于 s 平面的左半平面。在离散控制系统中，经过 z 变换，系统的特征方程已是 z 的代数方程，特征方程的根可以表示为 z 平面上的点。为了用 z 平面分析系统的稳定性，首先要弄清楚 s 平面与 z 平面之间的关系。

1. s 平面与 z 平面的映射关系

复变量 z 与 s 的关系为

$$z=e^{Ts}$$

其中

$$s=\sigma+j\omega$$

所以

$$z=\mathrm{e}^{(\sigma+\mathrm{j}\omega)T}=\mathrm{e}^{\sigma T}\mathrm{e}^{\mathrm{j}\omega T}$$

设复变量 s 对应的点在 s 平面上沿虚轴移动，即 $s=\mathrm{j}\omega$，对应的复变量 $z=\mathrm{e}^{\mathrm{j}\omega T}$ 表示的点是 z 平面上幅值为 1 的单位旋转向量，其相角为 ωT，随角频率 ω 而改变。当 ω 由 $-\pi/T$ 变化到 π/T 时，$z=\mathrm{e}^{\mathrm{j}\omega T}$ 的相角由 $-\pi$ 变至 π，在 z 平面上画出一个以原点为圆心的单位圆。

由上述分析可见，s 平面的虚轴在 z 平面上的映射曲线是以坐标原点为圆心的单位圆，如图 9-16 所示。当复变量 s 对应的点位于 s 平面的左半部时，$\sigma<0$，此时 $|z|<1$。反之，若复变量 s 对应的点位于 s 平面的虚轴右侧时，$\sigma>0$，则 $|z|>1$。

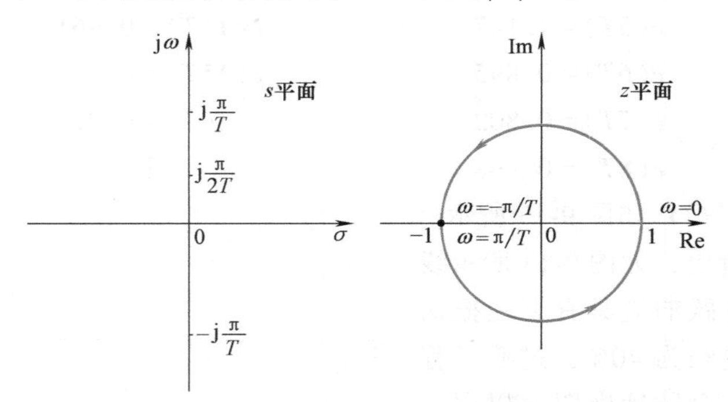

图 9-16　s 平面与 z 平面的映射关系

由此可见，s 平面虚轴左半部在 z 平面上的映象为以原点为圆心单位圆的内部区域。

2. 线性离散系统稳定的充要条件

对于如图 9-12 所示的闭环离散系统，其闭环脉冲传递函数为

$$\frac{C(z)}{R(z)}=\frac{G(z)}{1+GH(z)}$$

相应的特征方程为

$$1+GH(z)=0$$

系统特征方程的根 λ_1，λ_2，…，λ_n 即为闭环脉冲传递函数的极点。

根据以上分析可知，闭环离散系统稳定的充分和必要条件是：系统特征方程的所有根（即闭环脉冲传递函数的极点）均位于 z 平面上以原点为圆心的单位圆之内。单位圆是稳定边界。

3. 劳斯稳定判据

通过对用 z 表示的特征方程的分析，当然可以判定离散系统的稳定性。但是，若系统的阶次较高，求根就比较困难。为了像连续系统那样，能够应用劳斯判据分析系统的稳定性，引入 w 变换。令

$$z=\frac{w+1}{w-1} \tag{9-39}$$

则

$$w=\frac{z+1}{z-1} \tag{9-40}$$

其中 z 和 w 均为复变量，可以表示为

$$z=x+\mathrm{j}y$$

$$w=u+\mathrm{j}v$$

将以上二式代入式（9-40）得

$$w=u+\mathrm{j}v=\frac{x^2+y^2-1}{(x-1)^2+y^2}+\mathrm{j}\frac{-2y}{(x-1)^2+y^2} \tag{9-41}$$

对于 w 平面虚轴上的点，实部 $u=0$，即

$$x^2+y^2=1$$

这就是 z 平面上以坐标原点为圆心的单位圆的方程。z 平面上单位圆的内部区域（$x^2+y^2<1$）对应于 w 平面的左半部（u 为负数）。z 平面上单位圆的外部区域（$x^2+y^2>1$）对应于 w 平面的右半部（u 为正数）。z 平面和 w 平面之间的映射关系如图 9-17 所示。

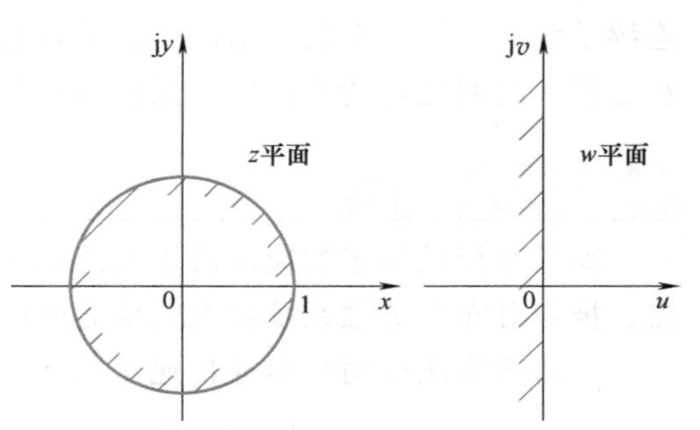

图 9-17　与平面的映射关系

经过 w 变换后，就可以将劳斯判据应用于离散系统。其步骤为：

1）求出离散系统的特征方程 $1+GH(z)=0$；

2）进行 w 变换；

3）应用劳斯判据判别离散系统的稳定性。

例 9-10　某闭环离散系统如图 9-18 所示，其中采样周期 $T=0.1\text{s}$。求能使系统稳定的 K 值范围。

解　系统的开环脉冲传递函数为

$$G(z)=Z\left[\frac{K}{s(0.1s+1)}\right]=\frac{0.632Kz}{z^2-1.368z+0.368}$$

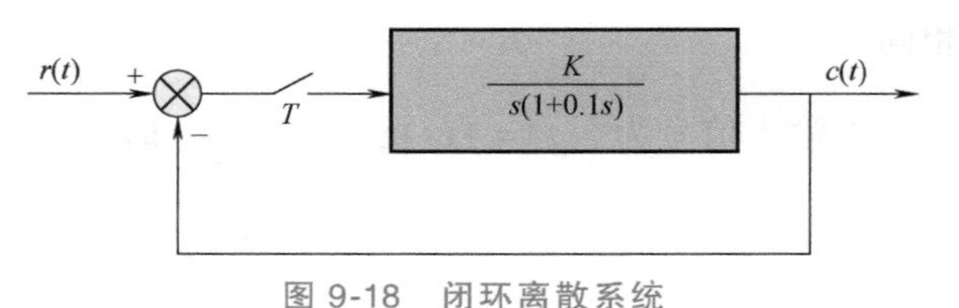

图 9-18　闭环离散系统

闭环脉冲传递函数为

$$\frac{C(z)}{R(z)}=\frac{G(z)}{1+G(z)}$$

特征方程为

$$1+G(z)=z^2+(0.632K-1.368)z+0.368=0$$

令 $z=\dfrac{w+1}{w-1}$，得

$$\left(\frac{w+1}{w-1}\right)^2+(0.632K-1.368)\frac{w+1}{w-1}+0.368=0$$

整理得

$$0.632Kw^2+1.264w+(2.736-0.632K)=0$$

根据上式列出劳斯判据表

w^2	$0.632K$	$2.736-0.632K$	0
w^1	1.264	0	
w^0	$2.736-0.632K$	0	

为了保证系统稳定，劳斯判据表中的第一列各项必须均大于零，于是

$$K>0,\ 2.736-0.632K>0$$

即

$$0<K<4.32$$

由此可见，为使系统稳定，增益 K 应在 0~4.32 之间取值。

对于线性连续系统而言，二阶系统总是稳定的。然而在二阶系统中加入采样器之后，当系统增益增大超过一定程度时，离散系统会变得不稳定。一般说来，提高采样频率，可使离散系统的稳定性得到改善。这是因为提高采样频率，会使离散系统的工作情况更接近相应的连续系统。另外，在很多情况下，采样器的加入会使系统的稳定性变坏。但亦有例外，例如在有很大时间延迟的系统中，采样器的加入会提高系统的稳定性。

二、瞬态响应

离散系统的瞬态响应取决于系统在 z 平面上的零、极点分布情况。下面讨论 z 平面上零点、极点分布与离散系统瞬态响应之间的关系。

设离散系统的闭环脉冲传递函数为

$$\frac{C(z)}{R(z)}=\frac{P(z)}{Q(z)}=\frac{b_m z^m+b_{m-1}z^{m-1}+\cdots+b_1 z+b_0}{a_n z^n+a_{n-1}z^{n-1}+\cdots+a_1 z+a_0},\ m\leqslant n \tag{9-42}$$

式中，$P(z)$、$Q(z)$ 分别为分子分母多项式。

设闭环脉冲传递函数的极点为 λ_i（$i=1,2,3,\cdots,n$）。为使问题简化，设极点互不相同。

当输入信号为 $r(t)=1(t)$，$R(z)=\dfrac{z}{z-1}$时

$$C(z)=\frac{z}{z-1}\frac{\frac{1}{a_n}(b_m z^m+b_{m-1}z^{m-1}+\cdots+b_1 z+b_0)}{(z-\lambda_1)\cdots(z-\lambda_n)} \tag{9-43}$$

$$=A_0\frac{z}{z-1}+\sum_{i=1}^{n}A_i\frac{z}{z-\lambda_i}$$

式中，$A_0=\left[\dfrac{P(z)}{Q(z)}\right]_{z=1}$，$A_i=\dfrac{P(\lambda_i)}{(\lambda_i-1)Q(\lambda_i)}$。

对式（9-43）求 z 反变换，得

$$c(k)=A_0 1(k)+\sum_{i=1}^{n}A_i\lambda_i^k \tag{9-44}$$

式中，每一项为系统响应的稳态分量，第二项为系统响应的瞬态分量，不同的极点分布，会对应不同的瞬态响应，如图 9-19 所示。

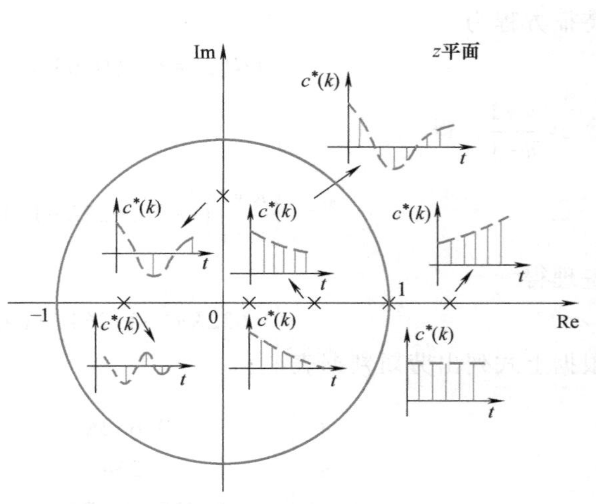

图 9-19　极点分布与瞬态响应的关系

1. λ_i 为正实数

当 λ_i 为正实数时，对应的瞬态分量

$$c_i(k)=A_i\lambda_i^k \tag{9-45}$$

为一指数函数。

当 $\lambda_i>1$ 时，上述指数函数为发散函数，λ_i^k 随 k 的增加而迅速增大。当 $0<\lambda_i<1$ 时，上述指数函数为衰减函数，极点 λ_i 距 z 平面坐标原点愈近，λ_i^k 的衰减速度愈快。

2. λ_i 为负实数

当 λ_i 为负实数时，λ_i^k 可为正数，也可为负数，它取决于 k 的奇偶性。当 k 为偶数时，λ_i^k 为正；当 k 为奇数时，λ_i^k 为负。因此，随着 k 的增加，$c_i(k)$ 的符号是交替变化的，呈振荡规律。当 $|\lambda_i|<1$ 时，λ_i^k 衰减振荡，极点 λ_i 距 z 平面坐标原点愈近，则振荡的衰减速度愈快。

3. 共轭复极点 λ_i 和 $\overline{\lambda_i}$

当存在共轭复极点 $\lambda_i=|\lambda_i|e^{j\theta_i}$，$\overline{\lambda_i}=|\lambda_i|e^{-j\theta_i}$ 时，

$$c_i(k)=2|A_i||\lambda_i|^k\cos(k\theta_i+\varphi_i) \tag{9-46}$$

当 $|\lambda_i|<1$ 时，对应的瞬态分量为衰减的振荡函数，极点 λ_i 距 z 平面坐标原点愈近，则衰减速度愈快。

综上所述，只要闭环极点在单位圆内，则所对应的瞬态分量总是衰减的。且极点愈靠近原点，衰减速度越快。不过极点在单位圆内的正实轴上时，所对应的瞬态分量为指数衰减。共轭极点或负实轴上的极点对应的瞬态分量为振荡衰减。所以为使系统具有比较满意的瞬态响应性能，闭环脉冲传递函数的极点最好是分布在单位圆的右半部，并且尽量靠近 z 平面的坐标原点。

三、稳态误差

离散系统稳态误差的概念和计算方法与连续系统十分相似，这里以单位反馈系统为例，讨论离散系统的稳态误差。

设系统框图如图 9-20 所示，由式（9-37）知

$$E(z)=\frac{1}{1+G(z)}R(z)$$

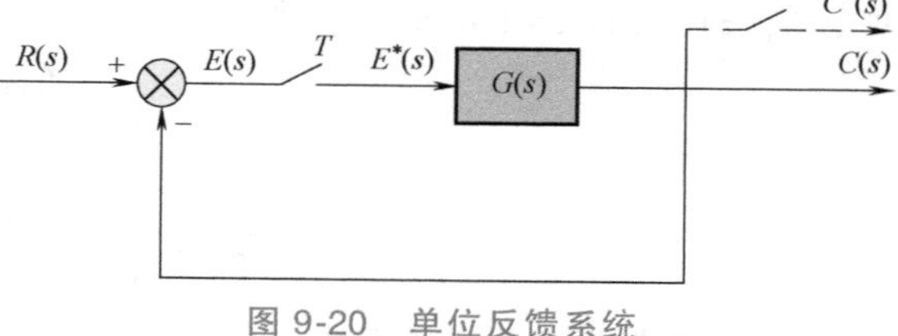

图 9-20 单位反馈系统

应用终值定理，可得系统的稳态误差为

$$e(\infty)=\lim_{n\to\infty}e(nT)=\lim_{z\to 1}(z-1)\frac{R(z)}{1+G(z)} \tag{9-47}$$

式（9-47）说明，离散系统的误差不仅与系统的结构、参数有关，而且还与输入信号的形式有关。由于 z 平面上 $z=1$ 的极点是与 s 平面上 $s=0$ 的极点相对应的，因此离散系统可以按其开环脉冲传递函数有 0，1，2，…个 $z=1$ 极点而分为 0 型、Ⅰ型、Ⅱ型、…系统。

下面分别讨论三种典型输入信号作用下的稳态误差。

1. 单位阶跃输入

$$r(t)=1(t),\ R(z)=\frac{z}{z-1}$$

$$e(\infty)=\lim_{z\to1}\left[(z-1)\frac{1}{1+G(z)}\frac{z}{z-1}\right]=\frac{1}{1+G(1)}=\frac{1}{K_p} \tag{9-48}$$

式中，$K_p=1+G(1)$ 称为位置误差系数。

对于 0 型系统，$G(z)$ 没有 $z=1$ 的极点，K_p 为有限值，则有

$$e(\infty)=\frac{1}{K_p}$$

对于 Ⅰ 型或高于 Ⅰ 型的系统，$G(z)$ 有一个或一个以上 $z=1$ 的极点，$K_p=\infty$，则有

$$e(\infty)=0$$

2. 单位斜坡输入

$$r(t)=t,\ R(z)=\frac{Tz}{(z-1)^2}$$

$$e(\infty)=\lim_{z\to1}\left[(z-1)\frac{1}{1+G(z)}\frac{Tz}{(z-1)^2}\right]=T\lim_{z\to1}\frac{1}{(z-1)[1+G(z)]} \tag{9-49}$$

$$=T\lim_{z\to1}\frac{1}{(z-1)G(z)}=\frac{1}{K_v}$$

式中，$K_v=\frac{1}{T}\lim_{z\to1}[(z-1)G(z)]$称为速度误差系数。

对于 0 型系统

$$K_v=0,\ e(\infty)=\frac{1}{K_v}=\infty \tag{9-50}$$

对于 Ⅰ 型系统，若令

$$G(z)=\frac{G_1(z)}{z-1}$$

式中，$G_1(z)$ 没有 $z=1$ 的极点，那么

$$K_v=\frac{G_1(1)}{T}$$

$$e(\infty)=\frac{1}{K_v}=\frac{T}{G_1(1)}=\text{有限值} \tag{9-51}$$

对于 Ⅱ 型或高于 Ⅱ 型的系统

$$K_v=\infty,\ e(\infty)=0 \tag{9-52}$$

3. 单位抛物线输入

$$r(t)=\frac{1}{2}t^2,\ R(z)=\frac{T^2z(z+1)}{2(z-1)^3}$$

$$e(\infty)=\lim_{z\to1}\frac{T^2(z+1)}{2(z-1)^2[1+G(z)]}=T^2\lim_{z\to1}\frac{1}{(z-1)^2G(z)}=\frac{1}{K_a} \tag{9-53}$$

式中，$K_a=\frac{1}{T^2}\lim_{z\to1}[(z-1)^2G(z)]$称为加速度误差系数。

对于 0 型和 Ⅰ 型系统

$$K_a=0,\ e(\infty)=1/K_a=\infty \tag{9-54}$$

对于Ⅱ型系统

$$K_a=\text{有限值},\ e(\infty)=1/K_a=\text{有限值} \tag{9-55}$$

对于Ⅲ型或高于Ⅲ型的系统

$$K_a=\infty\ ,\ e(\infty)=0 \tag{9-56}$$

综上所述，将三种输入信号作用下的稳态误差列于表9-3。

表9-3 采样时刻的稳态误差 $e(\infty)$

系统	阶跃输入 $r(t)=1(t)$	斜坡输入 $r(t)=t$	抛物线输入 $r(t)=(1/2)t^2$
0型	$1/K_p$(有限值)	∞	∞
Ⅰ型	0	$1/K_v$(有限值)	∞
Ⅱ型	0	0	$1/K_a$(有限值)

习　题

9-1 试求下列函数的 z 变换。

(1) $f(t)=1+e^{-2t}$　　(2) $f(t)=e^{-aT}$

(3) $f(t)=a^{mt}$　　(4) $f(t)=e^{-aT}\sin\omega t$

9-2 试求下列拉普拉斯函数的 z 变换。

(1) $F(s)=\dfrac{a}{s(s+a)}$　　(2) $F(s)=\dfrac{s+3}{(s+1)(s+2)}$

(3) $F(s)=\dfrac{1}{s(s+1)(s+2)}$　　(4) $F(s)=\dfrac{s+1}{s^2}$

9-3 试求下列各函数的 z 反变换。

(1) $F(z)=\dfrac{z}{z+a}$　　(2) $F(z)=\dfrac{z}{(z-e^{-aT})(z-e^{-bT})}$

(3) $F(z)=\dfrac{z}{(z-1)(z-2)}$　　(4) $F(z)=\dfrac{z}{(z-1)^2(z-2)}$

9-4 试求如图9-21所示离散系统输出信号的 z 变换式。

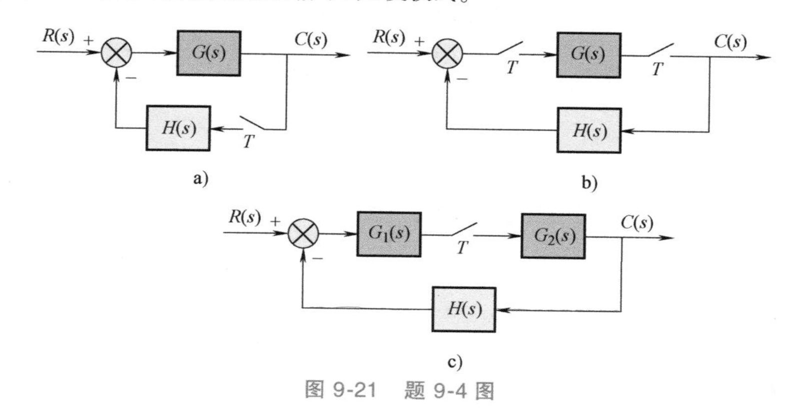

图9-21　题9-4图

9-5 某离散系统框图如图9-22所示，试求开环脉冲传递函数和闭环脉冲传递函数。

9-6 已知某离散系统的脉冲传递函数为

$$G(z)=\frac{C(z)}{R(z)}=\frac{0.53+0.1z}{1-0.37z^{-1}}$$

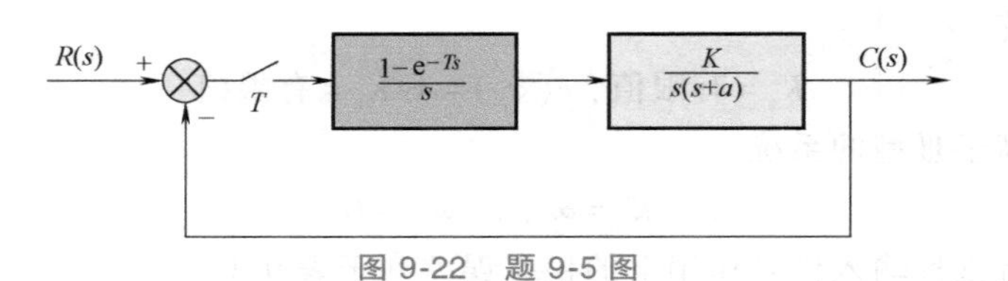

图 9-22 题 9-5 图

当 $R(z)=\dfrac{z}{z-1}$时，试求 $c(nT)$。

9-7 对如图 9-22 所示离散系统，试求当 $T=1$，$a=1$ 时，系统的临界稳定放大系数 K。

9-8 某闭环离散系统框图如图 9-23 所示，$T=0.5$。

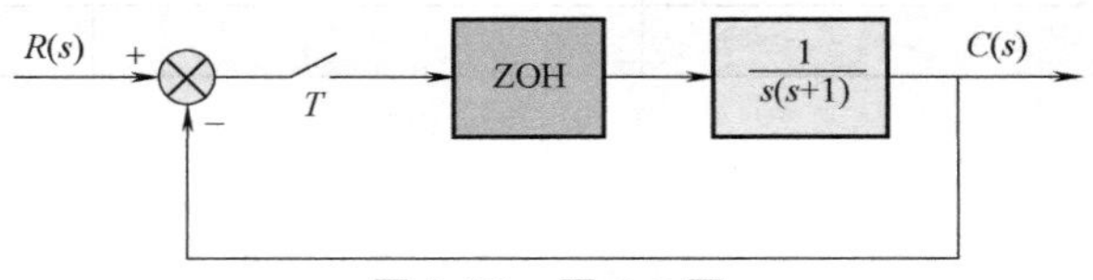

图 9-23 题 9-8 图

（1）判别该离散系统的稳定性。

（2）试求该离散系统的误差系数及其对应的稳态误差。

（3）试求该离散系统的单位阶跃响应，并绘出曲线（ZOH 为零阶保持器）。

9-9 检验下列特征方程的根是否位于单位圆内。

（1）$z^3-0.2z^2-0.25z+0.05=0$

（2）$z^4-1.7z^3+1.04z^2+0.268z+0.024=0$

9-10 试用稳态误差系数计算如图 9-24 所示离散系统在输入信号 $r(t)=1(t)+t$ 时的稳态误差。

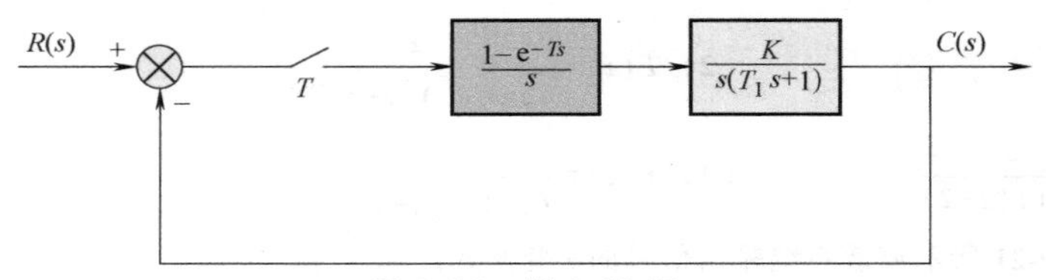

图 9-24 题 9-10 图

第十章

控制系统的计算机辅助分析与设计

随着科学技术的发展，控制理论和系统的研究显得越来越重要。控制理论从 20 世纪 40 年代作为一门独立的学科出现以来，已经获得了迅速的发展。在最初阶段，控制系统的设计可以通过纸笔等工具较容易地计算出来，如根据 Ziegler 与 Nichols 于 1942 年提出的 PID 经验公式就可以十分容易地设计控制系统。随着控制理论的迅速发展，控制效果的要求越来越高，控制算法越来越复杂，控制器的设计也越来越困难，这样只利用纸笔和计算器等简单的运算工具已经难以达到预期的效果，加之近年来计算机领域技术手段的迅速发展，控制系统的计算机辅助设计（Computer Aided Design，CAD）方法便应运而生。

近 60 年来，随着计算机技术的飞速发展，出现了很多优秀的计算机应用软件，在控制系统的计算机辅助设计领域更是如此，各类 CAD 软件不断出现且种类繁多，有的是用 FORTRAN 语言编写的软件包，有的是人机交互式软件系统，还有专门的仿真语言，在国际控制界广泛使用的这类软件就有几十种之多。其中 MATLAB 软件是近年来最为流行的一种。

第一节　MATLAB 入门

一、MATLAB 简介

1980 年，美国的 Cleve Moler 博士开始研发 MATLAB 环境（或语言），对后来的控制系统的理论及计算机辅助设计技术起到了巨大的推动作用。值得指出的是该语言原本并不是专门为控制理论领域的学者使用的，其最初的目的是为线性代数等课程提供一种方便可行的实验手段，该软件出现以后一直在美国的 New Mexico 等大学作为教学辅助软件使用，于 1984 年才推出了正式版本。

MATLAB 的出现对控制界的影响是十分巨大的。由于该软件的使用极其容易，且提供了丰富的矩阵处理功能，所以控制领域的研究人员很快就注意到这些特点，并在它的基础上开发了控制理论与 CAD 专门的应用程序集（又称为工具箱），使之很快地在国际控制界流行起来。目前，MATLAB 已经成为国际控制界最流行的软件，它除了传统的交互式编程之外，还提供了丰富可靠的矩阵运算、图形绘制、数据处理、图像处理、Windows 编程等便利工具。此外，控制界很多学者将自己擅长的 CAD 方法用 MATLAB 加以实现，因此出现了大量的 MATLAB 配套工具箱，如控制系统工具箱（Control System Toolbox）、系统辨识工具箱（System Identification Toolbox）、鲁棒控制工具箱（Robust Control Toolbox）、多变量频域设计工具箱（Multivariable Frequency Design Toolbox）等以及仿真环境 SIMULINK。1993 年 SIMULINK1.0 问世，至 2018 年，已推出 SIMULINK9.1 版本，这个集成是 MATLAB 中的动态系统建模和仿真工具，它实现了控制系统计算机辅助设计的可视化。

二、MATLAB 入门

1. MATLAB 的启动

在 Win10 系统环境下安装好 MATLAB R2018a 中文版后，双击 MATLAB 图标，或从［开始］菜单打开 MATLAB，即可进入 MATLAB 集成开发环境主界面，如图 10-1 所示。

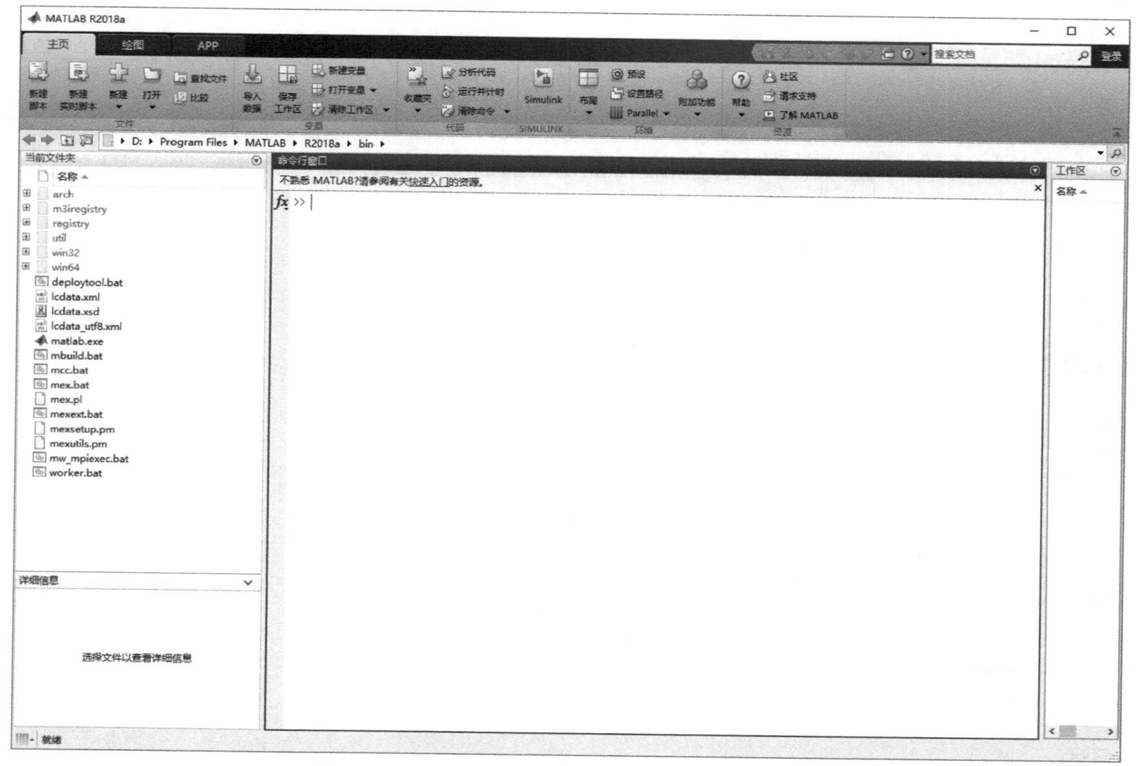

图 10-1　MATLAB R2018a 集成开发环境主界面

MATLAB 主界面的中心区域是 MATLAB 命令行窗口（MATLAB Command Window），命令行窗口最开始有提示符“>>”。具体的命令输入、函数调用等都在此窗口下进行。

MATLAB 各版本的集成环境风格都大体类似，熟悉 Windows 的读者可以很快掌握其使用方法，在此不再赘述。

在 MATLAB 命令行窗口键入“demo”可以进入 MATLAB Demos 演示程序，通过不同的例子，读者可以深入地学习 MATLAB 的各项功能如何使用。

在 MATLAB 的主页工具栏上单击［新建脚本］按钮，或者选择［新建］→［脚本］菜单命令也即可进入 MATLAB 文本编辑器，如图 10-2 所示。

R2018a 版本的编辑器窗口在默认打开时以内嵌式风格显示于命令行窗口上方，与主界面集成开发环境融为一体，同时出现编辑器的菜单和工具栏。该编辑器与高级语言的集成开发环境非常类似，除了常用的文件管理系统和文字处理功能外，编写好的 M 文件在此环境下可以进行修改、调试、跟踪、设置清除断点、单步执行或按指定的条件执行，执行过程中的错误和警告都会直接显示在 MATLAB 命令行窗口中，可保持此编辑器窗口的整洁。

MATLAB 的在线帮助系统相当完备。就查询系统的调用方式而言，可分为两种：

一是使用 MATLAB 主界面下的工具栏菜单［帮助］，它的使用方法与一般 Windows 的帮助方法一样。

二是在 MATLAB 命令行窗口内，直接键入帮助命令。help 是最常用的帮助命令。它可以提供绝大部分 MATLAB 指令使用方法的在线说明。如果想得到更详细的专题帮助，可以

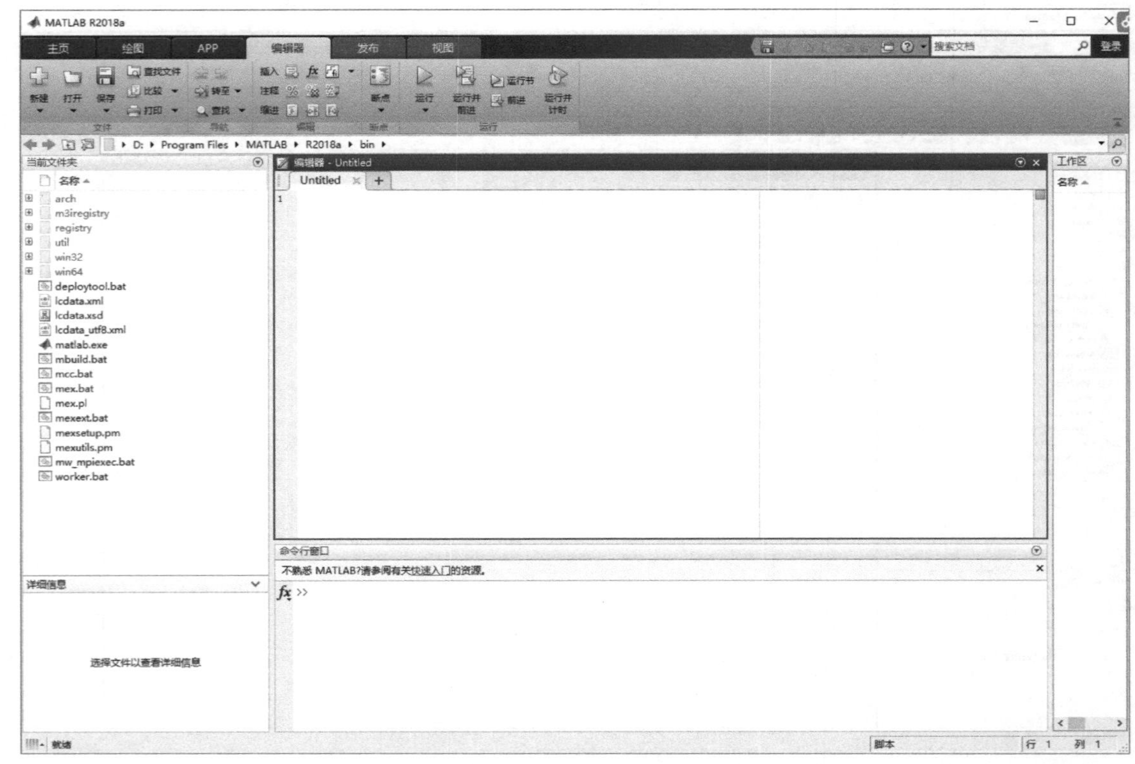

图 10-2　MATLAB R2018a 文本编辑器

在 help 后面键入想要寻求的专题名字。

2. 命令行窗口和指令行的操作

MATLAB 命令行窗口是标准的 Windows 工作界面，因此可以利用工作菜单中的各种选项来实现对命令行窗口中内容的操作，也可通过键盘输入控制指令。如

clc　　擦除 MATLAB 命令窗中的所有显示内容。

clf　　擦除 MATLAB 当前图形窗中的图形。

常常在源程序前加“close all”，表示关闭所有显示内容。

clear all　　清除所有内存变量。

启动 MATLAB 后，就可以利用 MATLAB 工作。MATLAB 是一种交互式软件，随着命令的输入，即时给出运算结果是它的主要工作方式之一。

例如，用户想计算$\frac{2\sin(0.3\pi)}{1+\sqrt{5}}$的值，那么应在光标位置处键入

```
2*sin(0.3*pi)/(1+sqrt(5))
```

然后按［Enter］键，该指令便被执行并得到结果

```
ans =
    0.5000
```

3. 简单矩阵的输入

对 MATLAB 而言，输入矩阵的方法有好多种，这里只简单介绍矩阵的直接输入法。

在 MATLAB 中输入矩阵时，不必对矩阵维数作任何说明，软件存储将自动配置。应用直接输入法，应对矩阵元素用空格或逗号分隔，对矩阵各行用分号分隔，并将整个矩阵放在方括号（[]）里。

例 10-1 简单矩阵的输入步骤。

1）在 MATLAB 命令行窗口中直接键入

A=[1，2，3；4，5，6；7，8，9]

2）按［Enter］键，命令被执行。

3）在指令被执行后，MATLAB 命令行窗口将显示结果

```
A =
    1    2    3
    4    5    6
    7    8    9
```

说明：指令执行后，矩阵 A 被保存在 MATLAB 的工作区（Workspace）中，以备后用。如果用户不用 clear 指令清除它，或者对它重新赋值，那么该矩阵会一直保存在工作区中，直到本 MATLAB 命令行窗口被关闭为止。

4. 语句与变量

MATLAB 采用表达式语言，用户输入的语句由 MATLAB 系统解释运行。MATLAB 语句有两种最常见的形式：

1）表达式。

2）变量=表达式。

说明：

1）表达式由算符、函数、变量名和数字构成。

2）在第一种形式中，表达式被执行后产生的矩阵，将被自动赋给名为“ans”的变量，并显示在屏幕上。ans 是一个缺省变量名，它会被以后类似的操作刷新。

3）在第二种形式中，等号右边的表达式是演绎产生的矩阵，将被赋给等号左边的变量后放入内存，并显示在屏幕上。

4）变量名、函数名以字母开头，长度不超过 31 个字符。应注意 MATLAB 是区分字母大小写的。

例 10-2 表达式的计算结果。

在命令行窗口中键入

2018/18

可得

```
ans =
    112.1111
```

MATLAB 提供了种类繁多的基本数学函数，用法也与高级语言类似，直接调用即可。

例 10-3 运算结果赋值。

在 MATLAB 环境下求解表达式

$$x=|e^{0.5}|+\sin\left(\frac{\pi}{6}\right)\times\ln(\sqrt{10})$$

在 MATLAB 命令行窗口中直接键入

```
x=exp(0.5)+sin(pi/6)*log(sqrt(10));
```

说明：语句结尾的分号（“;”）作用是使指令执行结果不显示在屏幕上，但变量 x 仍将驻留在内存中。若用户想看 x 的值，可键入

```
x
```

则可得到在命令行窗口中显示的结果

```
x=
  2.2244
```

5. 数、复数和复矩阵

MATLAB 中的数值采用习惯的十进制表示，可以带小数点或负号。一些合法记述的数如

```
3        -99      0.001
9.456    1.3e-3   4.5e33
```

MATLAB 可以识别复数，并用预定义变量 i 和 j 作为虚数单位。MATLAB 的矩阵元素允许是复数、复变量和由它们组成的表达式。

例 10-4　复数表达及运算。

在命令行窗口中键入

```
z1=3+4*i
z2=2*exp(i*pi/6)
z=z1*z2
```

可得

```
z1=3.0000+4.0000i
z2=1.7321+1.0000i
z=1.1962+9.9282i
```

例 10-5　复数矩阵的生成及运算。

在命令行窗口中键入

```
A=[1,3;2,4]-i*[5,8;6,9]
B=[1+5*i,2+6*i;3+8*i,4+9*i]
C=A*B
```

可得运行结果为

```
A=
    1.0000-5.0000i      3.0000-8.0000i
    2.0000-6.0000i      4.0000-9.0000i
B=
    1.0000+5.0000i      2.0000+6.0000i
    3.0000+8.0000i      4.0000+9.0000i
C=
    1.0e+002 *
    0.9900              1.1600-0.0900i
    1.1600+0.0900i      1.3700
```

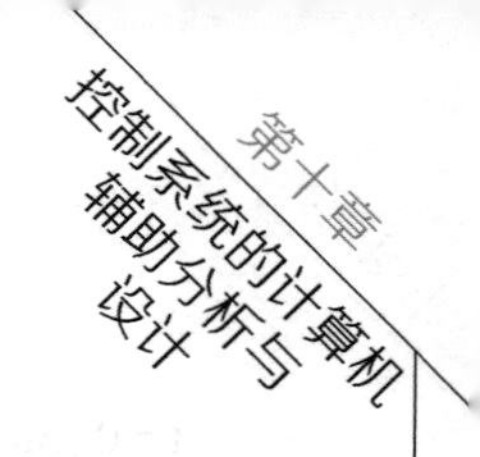

将计算得到的矩阵 C 写成习惯的形式为

$$C=\begin{bmatrix}99 & 116-9i\\116+9i & 137\end{bmatrix}$$

6. 图形

图形是 MATLAB 的主要特色之一。MATLAB 图形指令具有自然、简洁、灵活及易扩充的特点。

例 10-6　作多条曲线。

在命令行窗口中键入

```
t=0:pi/50:4*pi;
y0=exp(-t/3);
y=exp(-t/3).*sin(3*t);
plot(t,y,'-r',t,y0,'--b',t,-y0,'--b');
xlabel('Time/s');
ylabel('Amplitude');
grid;
```

可得如图 10-3 所示运行结果。

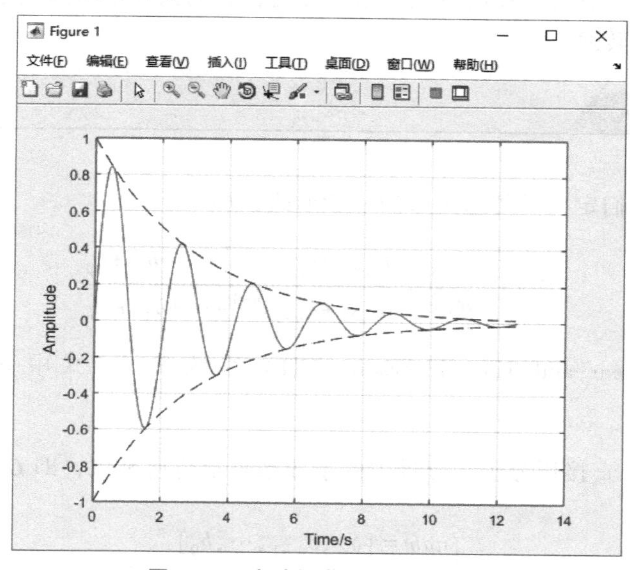

图 10-3　衰减振荡曲线与包络线

说明：上述绘图语句的第一句表示时间 t 从 0 开始，步长为 π/50，一直到 4π；第二句表示包络线方程；第三句表示振荡曲线方程；第四句中 plot 是二维图形指令，括号中的 t，y，'-r' 表示 y-t 曲线为红色的点画线，-表示点划线，r 表示红色，类似地，t，y0，'--b' 表示 y0-t 曲线为蓝色的双点画线；最后一句表示图上加坐标网格。

建议编写程序时在 M 文件编辑器下进行。实现例 10-6 的步骤如下。

1）进入如图 10-2 所示的编辑器，编辑 M 文件“example10_6. m”，键入

```
close all;
clear all;
```

```
t=0:pi/50:4*pi;
y0=exp(-t/3);
y=exp(-t/3).*sin(-t/3).*sin(3*t);
plot(t,y,'-r',t,y0,'--b',t,-y0,'--b')
grid;
```

2）单击如图 10-2 所示编辑器页面菜单下的［保存］按钮，保存的文件名设为“example10_ 6”。

3）在 MATLAB 的命令行窗口中直接键入文件名“example10_6”，然后回车，就可在命令行窗口中得到所需结果，或单击编辑器页面菜单下的［运行］按钮，亦可得到所需结果。

第二节 控制系统的数学模型

在线性系统控制理论中，常用的数学模型有状态方程模型、传递函数模型及零极点模型等，而这些模型之间又有着内在的等效关系。在此，我们只介绍传递函数模型和零极点模型以及两种模型之间的转换。

一、传递函数模型

1. 连续系统

在第二章中，我们定义了传递函数的一般形式，即

$$G(s)=\frac{C(s)}{R(s)}=\frac{b_m s^m+b_{m-1}s^{m-1}+\cdots+b_1 s+b_0}{a_n s^n+a_{n-1}s^{n-1}+\cdots+a_1 s+a_0}$$

对线性时不变（Linear and Time Invariant，LTI）系统来说，式中 a_i 和 b_j 均为常数，且$a_i \neq 0$。

在 MATLAB 中，直接用分子和分母中的系数来表示传递函数，即 $G(s)=\frac{num(s)}{den(s)}$，其中

$$\begin{cases} num=[b_m,b_{m-1},\cdots,b_0] \\ den=[a_n,a_{n-1},\cdots,a_0] \end{cases}$$

例 10-7 若给定系统的传递函数为

$$G(s)=\frac{6s^3+12s^2+6s+10}{s^4+2s^3+3s^2+s+1}$$

则可以将其用 MATLAB 语句表示出来，即

```
num=[6  12  6  10];
den=[1  2  3  1  1];
```

例 10-8 系统的传递函数为

$$G(s)=\frac{4(s+2)(s^2+6s+6)^2}{s(s+1)^3(s^3+3s^2+2s+5)}$$

写出分子、分母系数的表达式。

这里可借助 MATLAB 提供的多项式乘法运算函数 conv () 来处理，其调用方法为键入

c=conv(a, b)

式中，a 和 b 分别表示一个多项式；c 为 a 和 b 多项式相乘后所得的多项式。

例如，给定两个多项式 $A(s)=s^3+2s^2+3s+4$ 和 $B(s)=10s^2+20s+30$，求 $C(s)=A(s)B(s)$。

输入语句

```
A=[1, 2, 3, 4];
B=[10, 20, 30];
C=conv (A, B)
```

可得到的结果为

```
C=
    10    40    100    160    170    120
```

由此得出

$$C(s)=10s^5+40s^4+100s^3+160s^2+170s+120$$

MATLAB 提供的 conv () 函数的调用是允许多级嵌套的。则本例中 $G(s)$ 的分子和分母可以表示为

```
num=4 * conv([1,2],conv([1,6,6],[1,6,6]))
den=conv([1,0],conv([1,1],conv([1,1],conv([1,1],[1,3,2,5]))))
```

可得到的结果为

```
num=
    4   56   288   672   720   288
den=
    1    6    14    21    24    17    5    0
```

写成传递函数的形式为

$$G(s)=\frac{4s^5+56s^4+288s^3+672s^2+720s+288}{s^7+6s^6+14s^5+21s^4+24s^3+17s^2+5s}$$

2. 离散系统

离散系统的动态模型一般是以差分方程来描述的，对差分方程进行 z 变换，可以得出系统的脉冲传递函数为

$$G(z)=\frac{C(z)}{R(z)}=\frac{b_mz^m+b_{m-1}z^{m-1}+\cdots+b_1z+b_0}{a_nz^n+a_{n-1}z^{n-1}+\cdots+a_1z+a_0}$$

在 MATLAB 中，同样用分子和分母的系数表示，即

$$\begin{cases}num=[b_m,b_{m-1},\cdots,b_0]\\den=[a_n,a_{n-1},\cdots,a_0]\end{cases}$$

3. 由开环传递函数求闭环传递函数

在 MATLAB 中，由 cloop () 函数可以求单位反馈系统的闭环传递函数。当 sign=1 时

为正反馈，当 sign=-1 时为负反馈。cloop（）函数既适用于连续系统，也适用于离散系统。调用格式为

[numc,denc]=cloop(num,den,sign)

表示
$$\phi(s)=\frac{numc(s)}{denc(s)}=\frac{G(s)}{1+G(s)}=\frac{num(s)}{den(s)\pm num(s)}$$

例 10-9　系统的开环传递函数为

$$G(s)=\frac{20}{s(0.1s+1)(0.25s+1)}$$

求系统的闭环传递函数。

输入语句为

```
num=[20];
den=conv([1,0],conv([0.1,1],[0.25,1]));
[numc,denc]=cloop(num,den,1)
```

结果为

```
numc=
        0       0       0      20
denc=
        0.0250    0.3500    1.0000    20.0000
```

则可得系统的闭环传递函数为

$$\phi(s)=\frac{20}{0.025s^3+0.35s^2+s+20}$$

二、零极点模型

由第二章可知，传递函数的一般形式还可写成

$$G(s)=k\frac{(s-z_1)(s-z_2)\cdots(s-z_m)}{(s-p_1)(s-p_2)\cdots(s-p_n)}$$

式中，z_i（$i=1,2,\cdots,m$）和 p_j（$j=1,2,\cdots,n$）分别称为系统的零点和极点，它们既可以为实数，又可以为复数，而 k 称为系统的增益。

在 MATLAB 中，这种零极点模型用［z，p，k］矢量组表示，即

```
z=[z1,z2,...,zm];
p=[p1,p2,...,pn];
k=[k];
```

三、模型之间的转换

1. 将系统模型由传递函数形式变为零极点形式

语句格式：[z，p，k]=tf2zp(num，den)

2. 将系统模型由零极点形式变为传递函数形式

语句格式：[num，den]=zp2tf(z，p，k)

例 10-10　将例 10-7 给定系统的传递函数变为系统的零极点模型。

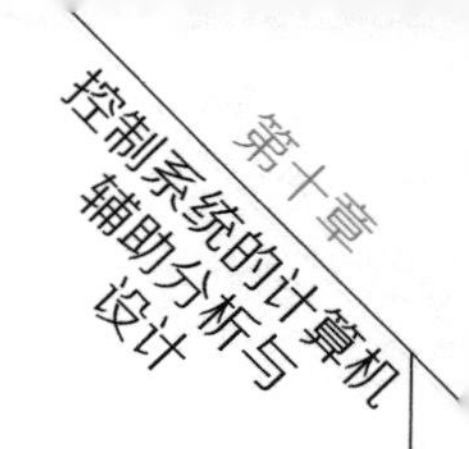

在 MATLAB 中，可以直接调用 tf2zp（）函数，输入语句为

```
num=[6  12  6  10];
den=[1  2  3  1  1];
[z,p,k]=tf2zp(num,den)
```

可得到的结果为

```
z=
   -1.9294
   -0.0353+0.9287i
   -0.0353-0.9287i
p=
   -0.9567+1.2272i
   -0.9567-1.2272i
   -0.0433+0.6412i
   -0.0433-0.6412i
k=
   6
```

因此，变换所得的零极点模型为

$$G(s)=\frac{6(s+1.9294)(s+0.0353\pm0.9287i)}{(s+0.9567\pm1.2272i)(s+0.0433\pm0.6412i)}$$

这里，为了验证 MATLAB 提供的转换函数，还可以调用 zp2tf（）函数将得出的模型变换回原来的模型。在这里需要指出的是，调用 zp2tf（）函数时，若系统的零极点为复数，则必须按列向量输入。

在本例中，应输入的语句为

```
z=[-1.9294
   -0.0353+0.9287i
   -0.0353-0.9287i]
p=[-0.9567+1.2272i
   -0.9567-1.2272i
   -0.0433+0.6412i
   -0.0433-0.6412i]
k=6
[num,den]=zp2tf(z,p,k)
```

可得到的结果为

```
num =
     0      6.0000     12.0000     5.9997     9.9989
den =
     1.0000     2.0000     3.0000     0.9999     1.0000
```

与例 10-7 传递函数的系数相比较，可以看出，这种变换是能够以相当高的精度返回到原来的形式的。

第三节 控制系统性能分析

一、控制系统的稳定性分析

对线性系统来说，如果一个连续系统的所有极点都位于复平面的左半平面，则该系统是稳定的。对于离散系统来说，如果一个系统的全部极点都位于单位圆内，则此系统就是稳定的。

在计算机辅助设计出现之前，不容易求出特征方程的根，通常采用间接的方法判断系统的稳定性，如劳斯判据等。在 MATLAB 环境下，不必再采用这样的间接方法，而可以直接求解系统特征方程的根，根据根的分布情况来判断系统的稳定性。调用前面介绍过的 tf2zp（）函数就可以完成这项工作。如果仅仅知道系统的特征方程，也可以调用 root（）函数来求解特征方程的根，然后再判断系统的稳定性。

知道了系统的零点之后，还可以判断系统是否为最小相位系统。所谓最小相位系统，对连续系统来说，就是系统本身是稳定的，且该系统的全部零点均位于复平面的左半平面；对离散系统来说，即稳定系统的全部零点都位于单位圆内。

调用 root（）函数可以求特征方程的根，其调用格式为

```
v=roots（p）
```

该语句中，p 为特征方程的系数向量；v 为特征方程的解。

例 10-11　已知闭环系统的特征方程为

$$s^6+2s^5+8s^4+12s^3+20s^2+16s+16=0$$

判断系统的稳定性。

输入语句为

```
p=[1, 2, 8, 12, 20, 16, 16];
v=roots(p)
```

结果为

```
v=
   0.0000+2.0000i
   0.0000-2.0000i
  -1.0000+1.0000i
  -1.0000-1.0000i
   0.0000+1.4142i
   0.0000-1.4142i
```

由此可得特征方程的根为

$$s_{1,2}=\pm 2i, s_{3,4}=\pm 1.4142i, s_{5,6}=-1\pm i$$

其中有两对纯虚根，故系统处于临界稳定状态。

例 10-12　已知系统的闭环传递函数为

$$\phi(s)=\frac{3s^4+2s^3+s^2+4s+2}{3s^5+5s^4+s^3+2s^2+2s+1}$$

判断系统的稳定性。

输入 MATLAB 语句为

```
num=[3, 2, 1, 4, 2];
den=[3, 5, 1, 2, 2, 1];
[z, p]=tf2zp (num, den)
```

结果为

```
z=
    0.4500+0.9870i
    0.4500-0.9870i
    -1.0000
    -0.5666
p=
    -1.6067
    0.4103+0.6801i
    0.4103-0.6801i
    -0.4403+0.3673i
    -0.4403-0.3673i
```

由求出的极点可以看出，特征方程有两个具有正实部的根，故系统不稳定。

例 10-13　已知离散系统的开环传递函数模型为

$$G(z)=\frac{5z^5+4z^4+z^3+0.6z^2+3z+0.5}{z^5}$$

分析该离散系统的稳定性。

首先求出该系统的闭环传递函数模型，然后求出零点和极点。

输入语句为

```
num=[5,4,1,0.6,3,0.5];
den=[1,0,0,0,0,0];
[numc,denc]=cloop(num,den)
[z,p]=tf2zp(numc,denc)
```

结果为

```
numc =
      5.0000   4.0000   1.0000   0.6000   3.0000   0.5000
denc=
      6.0000   4.0000   1.0000   0.6000   3.0000   0.5000
z=
      -0.7822+0.5660i
      -0.7822-0.5660i
      0.4681+0.6367i
      0.4681-0.6367i
      -0.1718
p=
```

```
-0.7133+0.5552i
-0.7133-0.5552i
0.4659+0.6139i
0.4659-0.6139i
-0.1717
```

从算出的零点和极点可知，系统是稳定的，同时也是最小相位系统。

二、时域响应分析

1. 连续系统的单位阶跃响应和单位脉冲响应

MATLAB 控制系统工具箱提供了求解连续系统单位阶跃响应的 step（）函数，其基本调用格式为

```
[y,t]=step(num,den,t)
[y,t]=step(num,den)
```

该语句中，等号右边的 num 和 den 分别为线性系统传递函数模型的分子和分母多项式系数；t 为由用户提供的时间向量，由三个分量构成，格式为

$$T_i : T_d : T_f$$

其中，T_i 为初始时间；T_d 为时间步长；T_f 为终止时间。如果等式右边的括号中没有 t，则表示时间范围和步长自动选择。等号左边表示输出响应，t 表示时间向量，采用这种调用方式时，屏幕上不出现阶跃响应图形。

如果对具体的响应函数不感兴趣，而只想绘出系统的阶跃响应曲线，则可以直接调用函数，格式为

```
step(num,den,t)
step(num,den)
```

求取单位脉冲响应的 impulse（）函数与 step（）函数的调用格式式完全一致的。

例 10-14　系统的开环传递函数为

$$G(s)=\frac{200}{s^4+20s^3+140s^2+400s+384}$$

试求系统的闭环传递函数，并绘制单位阶跃响应曲线和单位脉冲响应曲线。

MATLAB 程序为

```
clear all;
num=[0,0,0,0,200];
den=[1,20,140,400,384];
[numc,denc]=cloop(num,den);
t=0:0.05:10;
figure(1)
step(numc,denc,t);
grid;
figure(2)
impulse(numc,denc,t);
grid;
```

其中，grid 表示给图形加网格线；figure 表示打开或创建图形窗口。运行输出图形如图 10-4 和图 10-5 所示。

结果为：

```
numc =
      0     0     0     0     200
denc =
      1   20   140   400   584
```

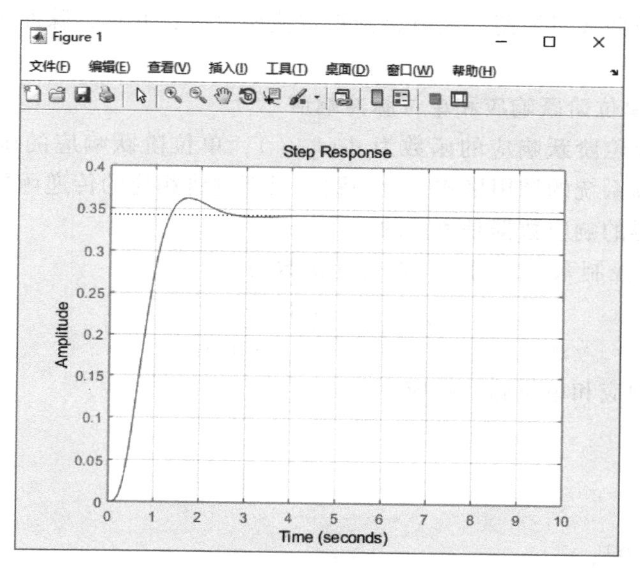

图 10-4　系统的单位阶跃响应曲线

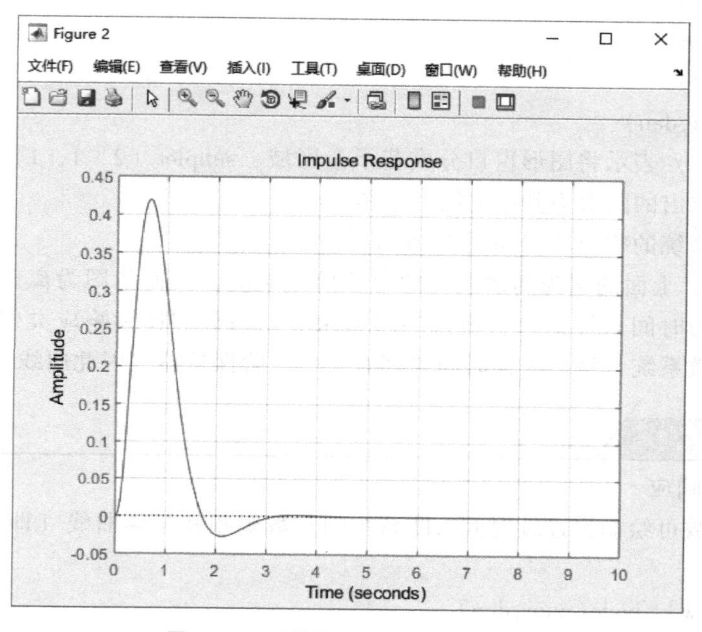

图 10-5　系统的单位脉冲响应曲线

因此，系统的闭环传递函数为

$$\phi(s)=\frac{200}{s^4+20s^3+140s^2+400s+584}$$

从系统的单位阶跃响应曲线可以看出，响应的振荡幅度很小，也就是超调量很小，大约为 0.02/0.34=6%；并且，响应达到峰值后迅速下降，在 3s 附近已经基本达到稳定值，也就是过渡过程时间不超过 3s。从系统的单位脉冲响应曲线来看也可以验证这些说法，脉冲响应曲线大约在 1.7s 越过零线，与阶跃响应曲线的峰值点相对应；脉冲响应曲线只有一个过零点，与阶跃响应曲线只振荡一次就达到稳定值相对应；并且，脉冲响应曲线也是在大约 3s 时达到稳定值 0。

2. 离散系统的单位阶跃响应和单位脉冲响应

求离散系统的单位阶跃响应的函数为 dstep ( )，单位阶跃响应的函数为 dimpulse ( )，调用格式与上述连续系统的调用格式完全一致，只不过将相应的传递函数描述换成脉冲传递函数描述，相应求得的响应数据是离散的。

例 10-15　离散控制系统的闭环脉冲传递函数为

$$G(z)=\frac{1.6z^2-z}{z^2-0.8z+0.5}$$

求系统的单位阶跃响应和单位脉冲响应。

MATLAB 语句为

```
close all;
clear all;
num=[1.6,-1,0];
den=[1,-0.8,0.5];
subplot(2,1,1)
dstep(num,den)
subplot(2,1,2)
dimpulse(num,den)
```

程序中，subplot ( ) 表示将图形窗口分成若干个区域，subplot (2, 1, 1) 表示将图形窗口分成 2 行 1 列，求出的图形为其中的第一个图。

得到此离散系统的响应曲线如图 10-6 所示。

在图 10-6 中，上面的图为离散系统的单位阶跃响应，下面的图为离散系统的单位脉冲响应，横坐标均为时间采样值。从曲线的形状来看，趋势与连续响应类似，都是趋于设定值。但由于是离散系统，每个采样时间内都有一个一阶保持器，因此曲线的外形呈台阶状。

三、频率响应分析

1. 伯德频率响应

bode ( ) 函数可绘制出连续时间 LTI 系统的对数幅频和相频曲线 (即伯德图)，其调用格式为

```
[mag,phase,w]=bode(num,den)
[mag,phase,w]=bode(num,den,w)
```

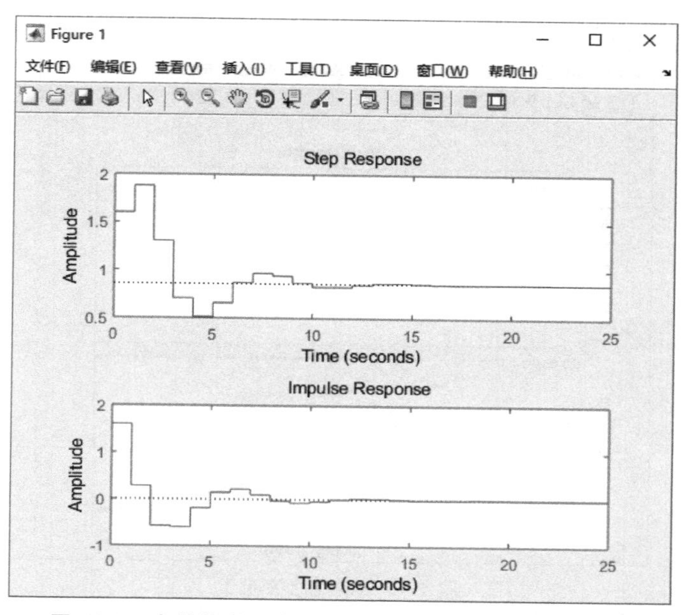

图 10-6 离散控制系统的单位阶跃响应和单位脉冲响应

其中，等式左边的 mag 表示幅值；phase 表示相位；w 表示频率点构成的向量。

如果只想绘制出系统的伯德图，而对获得幅值和相位的具体数值并不感兴趣，则可以用更简洁的格式调用 bode（）函数，调用格式为

```
bode(num,den)
bode(num,den,w)
```

格式如 bode（num，den，w）的调用，可利用指定的频率向量绘制出系统的伯德图。w 为频率点构成的向量，该向量最好由 logspace（）函数来构成，例如：w=logspace（−1，1），表示 w 由 10^{-1} 取到 10^{1}。若以 bode（num，den）调用，则其中的频率范围由函数自动选取。

例 10-16　系统的开环传递函数为

$$G(s)=\frac{100(s+4)}{s(s+0.5)(s+50)^2}$$

绘制出系统的伯德图。

MATLAB 程序为

```
clear all;
close all;
k=100;
z=[-4];
p=[0,-0.5,-50,-50];
[num,den]=zp2tf(z,p,k);
bode(num,den);
grid;
```

得到的结果如图 10-7 所示。图中频率 w 的范围自动选取为 10^{-2} 到 10^{4}。

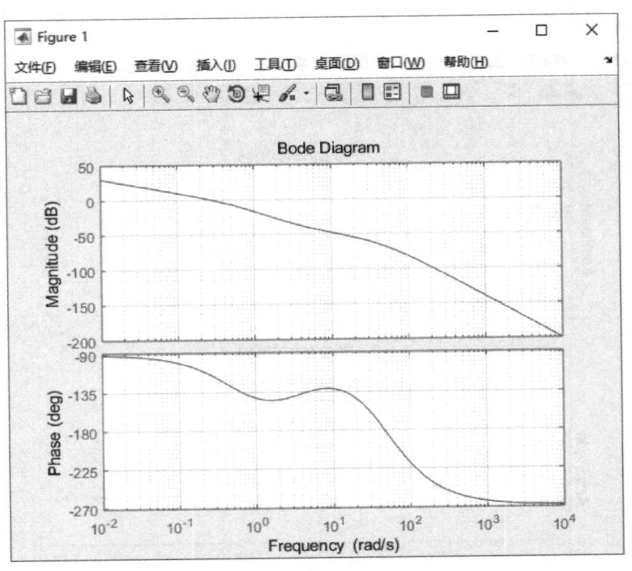

图 10-7　系统伯德图 1

若向上述程序中加入 logspace（−2，2），则频率范围就被限定为 10^{-2} 到 10^{2}，语句为

```
clear all;
close all;
k=100;
z=[-4];
p=[0,-0.5,-50,-50];
[num,den]=zp2tf(z,p,k);
w=logspace(-2,2);
bode(num,den,w);
grid;
```

得到的结果如图 10-8 所示。

由开环系统的伯德图可以分析闭环系统的稳定性，并求出幅值裕度和相位裕度。margin() 函数可从频率响应数据中计算出幅值裕度、相位裕度以及对应的频率，其调用格式为

```
[gm,pm,wcg,wcp]=margin(mag,phase,w)
[gm,pm,wcg,wcp]=margin(num,den)
```

其中，gm 为幅值裕度，对应的频率为 wcg；pm 为相位裕度，对应的频率为 wcp。

当缺省输出变量时，margin（）函数可在当前图形窗口中绘制出有稳定裕度的伯德图。margin（）函数通常放在 bode（）函数之后，先由 bode（）函数得到幅值裕度和相位裕度，然后由 margin（）函数绘制出有幅值裕度和相位裕度的伯德图。

例 10-17　针对例 10-16 中的系统模型，绘制出系统的伯德图并求出稳定裕度。

MATLAB 程序为

```
clear all;
close all;
```

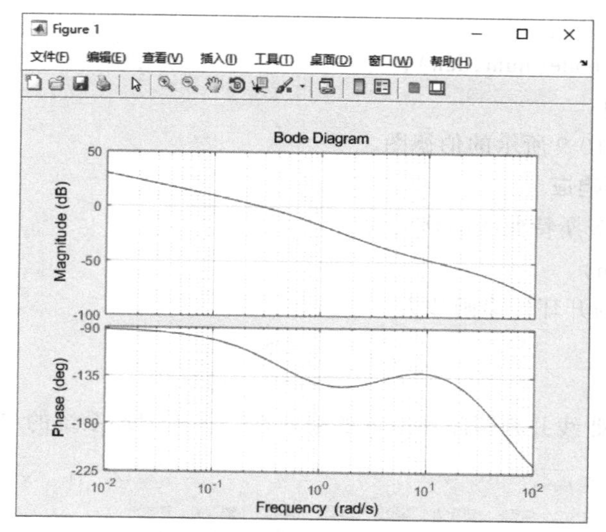

图 10-8　系统伯德图 2

```
k=100;
z=[-4];
p=[0,-0.5,-50,-50];
[num,den]=zp2tf(z,p,k);
bode(num,den);
grid;
[gm,pm,wcg,wcp]=margin(num,den)
```

指令被执行后仍得到如图 10-7 所示的伯德图，此外可得到的数据为

```
gm =
    2.1472e+003
pm=
    64.1212
wcg=
    46.3567
wcp=
    0.2799
```

其中，gm 若以分贝表示，则 20lg2147.2 = 66.64dB。以上数据表明：系统的幅值裕度为 66.64dB，相位交界频率为 $46.3567s^{-1}$；相位裕度为 64.1212，增益交界频率为 $0.2799s^{-1}$。

若程序为

```
clear all;
close all;
k=100;
z=[-4];
p=[0,-0.5,-50,-50];
```

```
[num,den]=zp2tf(z,p,k);
[mag,phase,w]=bode(num,den);
margin(num,den)
```

执行后得到如图 10-9 所示的伯德图。

2. 奈奎斯特频率响应

求连续系统的奈奎斯特曲线的格式为

```
nyquist(num, den)
```

例 10-18　系统的开环传递函数为

$$G(s)=\frac{50}{(s+5)(s-2)}$$

绘制系统的奈奎斯特曲线并判断闭环系统的稳定性，求出闭环系统的单位脉冲响应。

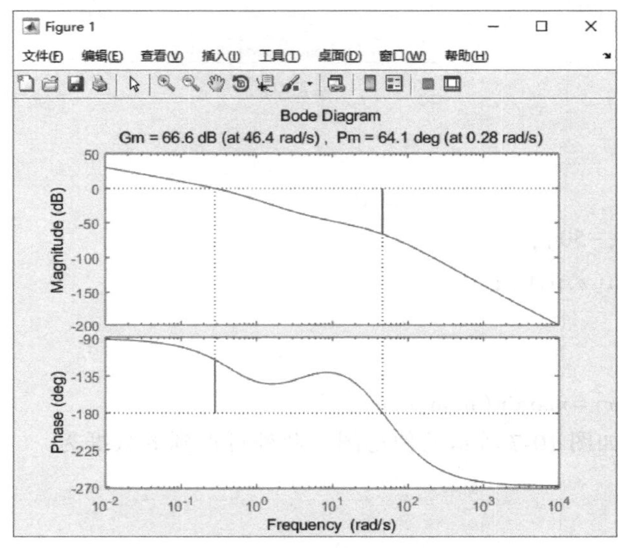

图 10-9　系统的伯德图

MATLAB 程序为

```
clear all;
close all;
k=50;
z=[];
p=[-5  2];
[num,den]=zp2tf(z,p,k);
figure(1)
nyquist(num,den)
figure(2)
[numc,denc]=cloop(num,den);
impulse(numc,denc)
```

执行后得到如图 10-10 所示奈奎斯特曲线和如图 10-11 所示的闭环系统单位脉冲响应。

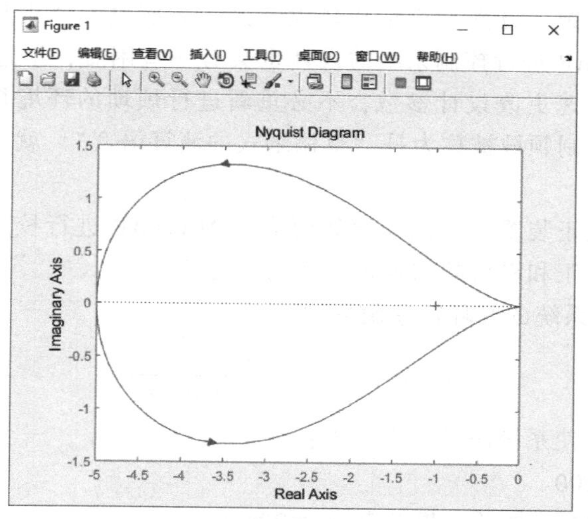

图 10-10　系统奈奎斯特（Nyquist）曲线

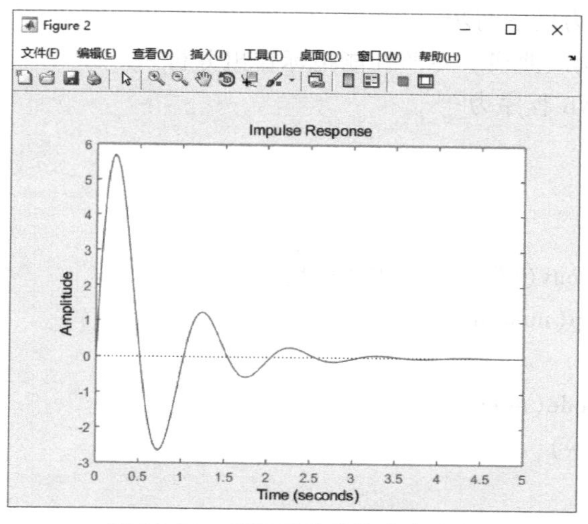

图 10-11　闭环系统单位脉冲响应

如图 10-10 所示奈奎斯特曲线的频率范围为（$-\infty$，$+\infty$），（$-\infty$，0）和（0，$+\infty$）的奈奎斯特曲线是关于实轴对称的。若只考虑（0，$+\infty$）的范围，则奈奎斯特曲线为下半部分，由图中可看出曲线逆时针包围（-1，0）点半圈。系统开环传递函数有一个右极点，$P=1$，因此，根据稳定判据可知闭环系统稳定，这可从图 10-11 得到证实。

第四节　控制系统的校正设计

MATLAB 强大的绘图功能非常适合用来进行控制系统的校正设计。在应用 MATLAB 求解校正装置时可以逐步试探，所需要的性能指标从图中基本都可以读出，或者只需要根据经验公式再进行简单的计算。而依靠手工计算不可能绘制出与 MATLAB 一样精确的图形，只能进行数值计算，这样做一方面计算量比较大，另一方面也不够直观，有可能出现较大偏差。当然，使用 MATLAB 进行控制系统的设计也会有一些困难，不过 MATLAB 的优点在于可以应用以前的结果迅速更改设计参数，不必重新进行烦琐的环境初始化和数据输入。因此，MATLAB 语言在控制领域被称为是“草稿纸式的演算语言”，就是赞扬它这种继承性的开放式结构。

本节将以一串联校正装置为实例介绍如何应用 MATLAB 进行校正设计。常用的串联校正有超前校正、滞后校正和滞后超前校正，详见第七章。

例 10-19　某控制系统的开环传递函数为

$$G_1(s)=\frac{K}{s(0.1s+1)(0.01s+1)}$$

试设计串联校正装置，使系统满足下列要求：

1）开环增益 $K\geqslant100$。

2）相位裕度 $\gamma\geqslant40°$，增益交界频率 $\omega_c\geqslant20\text{rad/s}$。

3）超调量 $M_p<25\%$，调节时间 $t_s<0.5\text{s}$。

本例的解题步骤分为以下两步。

1）求解原系统的响应曲线，对照性能指标作出分析。

取 $K=100$，MATLAB 程序为

```
clear all;
close all;
num=100;
den=conv([1,0],conv([0.1,1],[0.01,1]));
[numc,denc]=cloop(num,den);
figure(1)
[mag,phase,w]=bode(num,den);
margin(mag,phase,w)
figure(2)
t=0:0.01:2;
step(numc,denc,t)
```

执行后得如图 10-12 所示系统的伯德图和如图 10-13 所示系统的单位阶跃响应曲线。

由图可知，校正前系统幅值裕度为 0.8dB，相位裕度为 1.6°，稳定裕度非常小。从单位阶跃响应曲线也可看出，振荡非常剧烈。

2）设计校正装置

由系统的伯德图可知，在 $\omega=20\text{rad/s}$ 左右，幅值接近 0dB，相位接近$-180°$。设计要求增益交界频率 $\omega_c\geqslant20\text{rad/s}$，相位裕度 $\gamma\geqslant40°$，就是说在 $\omega_c\geqslant20\text{rad/s}$ 时，相位裕度要加大到 40°，而幅值仍为零。这样的要求，单独采用超前校正或滞后校正都无法满足。因此，必须采用综合这两种校正优点的滞后超前校正。

首先设计超前校正装置，在 $\omega=20\text{rad/s}$ 处补充 50°的相位超前角，令 gama=50，校正装置的 α（程序中用 a 表示）和 T 由第七章给出的公式求出。

MATLAB 程序为

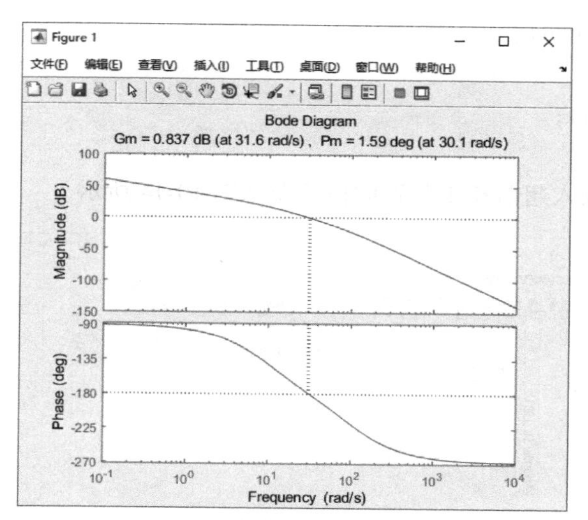

图 10-12 校正前系统的伯德图

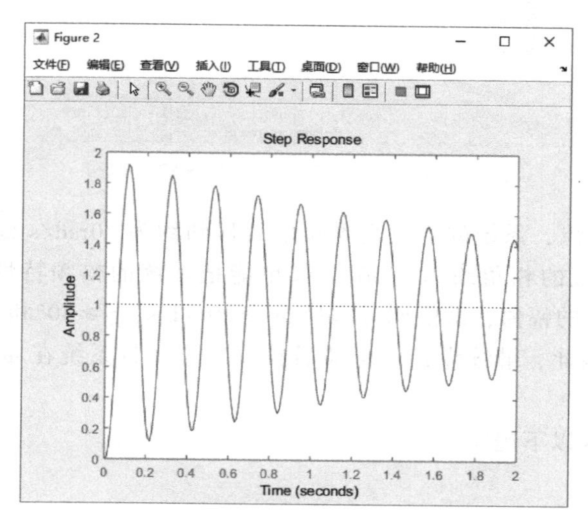

图 10-13 校正前系统的单位阶跃响应

```
clear all;
close all;
num=100;
den=conv([1,0],conv([0.1,1],[0.01,1]));
gama=50;
wc=20;
a=(1 +sin(gama * pi /180))/(1-sin(gama * pi/180))
T=1 /(wc * sqrt(a))
numa=[a*T  1]
dena=[T  1]
numao=conv(numa,num);
```

```
denao=conv(dena,den);
figure(1)
bode(numao,denao);
grid;
```

执行后得到系统加入超前校正装置的伯德图如图 10-14 所示。

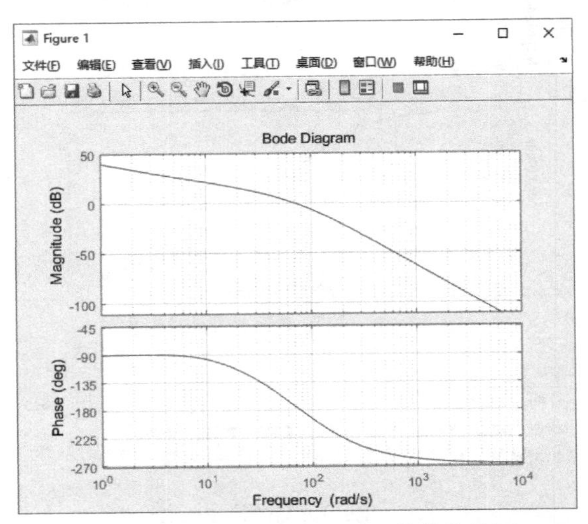

图 10-14 加入超前校正后系统的伯德图

从图 10-14 可以看出，系统的增益交界频率后移到约为 70rad/s 处；$\omega=20\text{rad/s}$ 处系统的幅值不到 20dB，系统的相角约为$-130°$。如果能把系统的幅频特性在 20rad/s 处下移到 0dB 而又不影响低频段的幅值，就能同时满足 $\omega_c \geqslant 20\text{rad/s}$、$\gamma \geqslant 40°$和 $K \geqslant 100$ 的要求，这正是滞后校正的功能。因此，继续设计一个滞后校正装置，将系统在 $\omega=20\text{rad/s}$ 处的幅值下移到 L=14dB。

紧接上一步，输入以下程序。

```
L=14;
beta=10^(L/20)
T1=5/wc
numb=[T1    1]
denb=[beta * T1    1]
numo=conv(conv(num,numa),numb)
deno=conv(conv(den,dena),denb)
figure(2)
[mag,phase,w]=bode(numo,deno)
margin(mag,phase,w)
[numc,denc]=cloop(numo,deno)
figure(3)
step(numc,denc)
grid;
```

执行后得如图 10-15 所示的加入滞后超前校正装置后的系统伯德图和如图 10-16 所示的系统单位阶跃响应曲线。

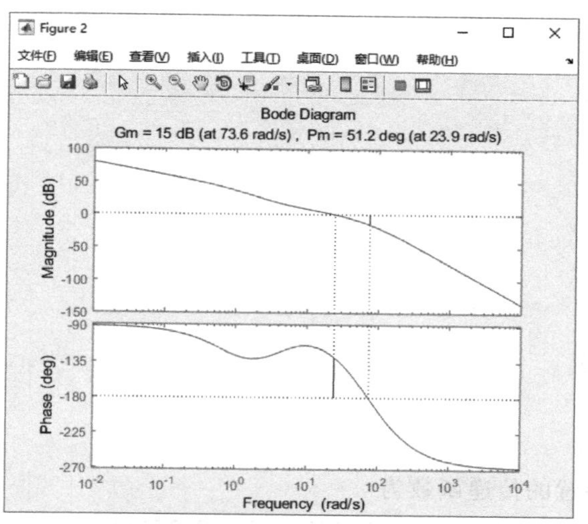

图 10-15 加入滞后超前校正装置后的系统伯德图

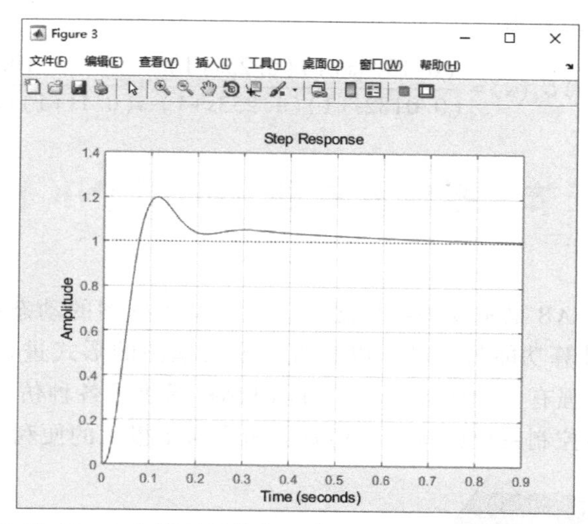

图 10-16 加入滞后超前校正装置后的系统阶跃响应曲线

由如图 10-15 所示伯德图可看出，增益交界频率 $\omega = 23.7\text{rad/s}$，相位裕度 $\gamma = 50.8°$，满足设计要求。

从如图 10-16 所示阶跃响应曲线来看，系统的时域性能指标比较令人满意。系统的超调量约为 20%，振荡次数不超过 2 次，系统的上升时间约为 0.1s，调节时间小于 0.4s，都满足设计要求。

从 MATLAB 命令行窗口中可以读出超前校正和滞后校正的参数。

```
a =
    7.5486
T =
```

```
    0.0182
numa=
    0.1374    1.0000
dena=
    0.0182    1.0000
beta=
    5.0119
T1=
    0.2500
numb=
    0.2500    1.0000
denb=
    1.2530    1.0000
```

因此，滞后超前校正装置的传递函数为

$$G_c(s)=\frac{(0.1374s+1)(0.25s+1)}{(0.0182s+1)(1.253s+1)}$$

校正后系统的开环传递函数为

$$G(s)=G_c(s)G_1(s)=\frac{(0.1374s+1)(0.25s+1)}{(0.0182s+1)(1.253s+1)}\frac{100}{s(0.1s+1)(0.01s+1)}$$

第五节 控制系统的 SIMULINK 仿真

SIMULINK 是 MATLAB 最重要的组件之一，它是基于框图的动态系统建模与仿真平台，它以 MATLAB 强大的计算功能为基础，以直观的模块框图的形式进行仿真和计算。为系统建模与分析研究提供了强有力的仿真环境。SIMULINK 提供了各种仿真工具，尤其是其内容丰富的模块库，为复杂控制系统的构造与仿真分析带来了极大的便利。

一、SIMULINK 工作环境

目前，MATLAB R2018a 已推出了 SIMULINK9.1 版本，进入 SIMULINK 环境可采用如下两种快捷方式。

1）单击主界面菜单工具栏中的［SIMULINK］按钮。

2）在 MATLAB 的命令行窗口中输入“SIMULINK”后回车。

采用上述任一方式均可打开 SIMULINK 的初始界面（Simulink Start Page），如图 10-17 所示。

选择 SIMULINK 的初始界面上的［空白模型］（Blank Model）按钮，即可打开一个空白的 SIMULINK 模型窗口，继续单击模型窗口工具栏中的［Library Browser］按钮，便会弹出模型库浏览器（Simulink Library Browser）窗口，如图 10-18 所示。

从模型库浏览器窗口可以看出，其窗口左部以树形列表的形式显示了各分类模型库的名

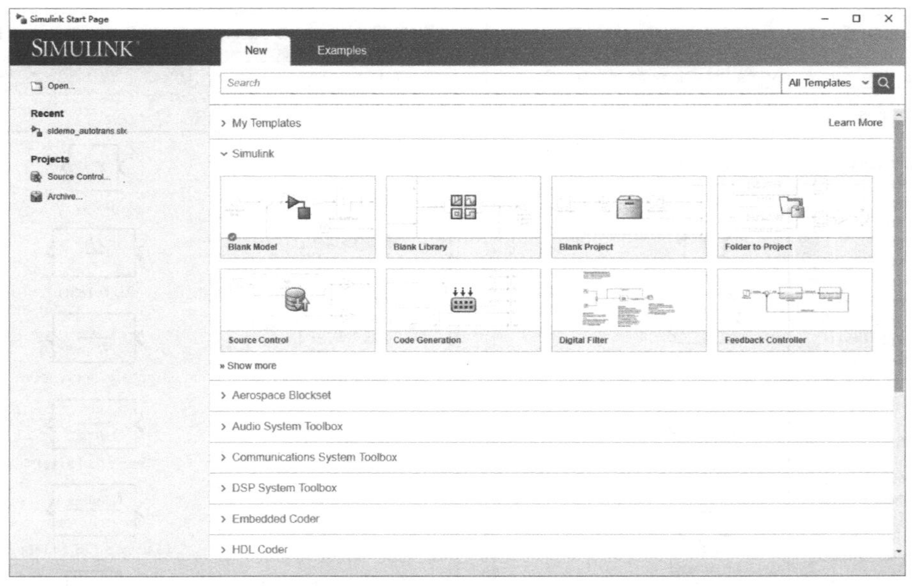

图 10-17　SIMULINK 初始启动界面

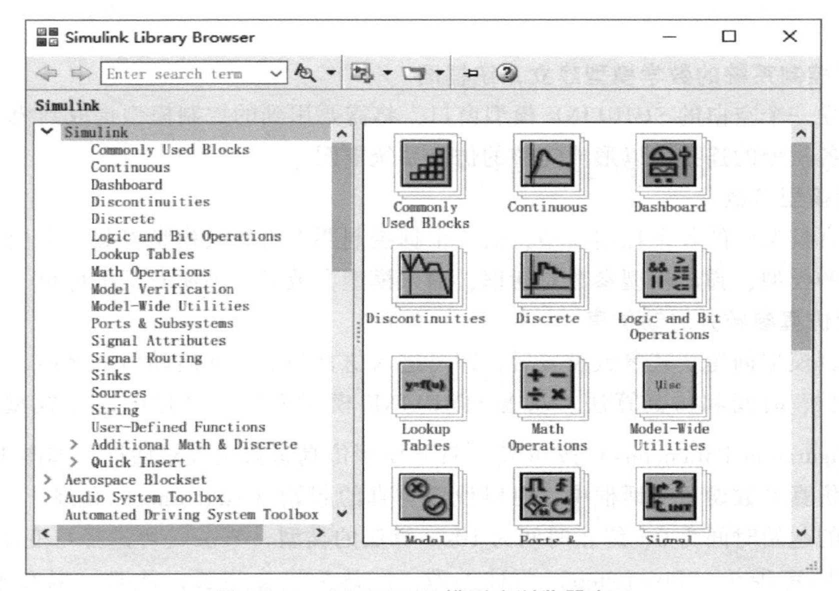

图 10-18　SIMULINK 模型库浏览器窗口

称，而窗口右部是以图标的形式显示各分类模型库。单击窗口左部分类模型库的名称，或双击窗口右部的对应的模型库图标，即可打开该模型库窗口。例如，在控制系统仿真中常用的连续系统子模型库（Continuous）和离散系统子模型库（Discrete）分别如图 10-19 和图 10-20 所示，此时，窗口右部分别显示相应子模型库下的模块。

二、控制系统在 SIMULINK 中的仿真过程

在 SIMULINK 环境下对控制系统进行仿真主要按如下步骤进行。

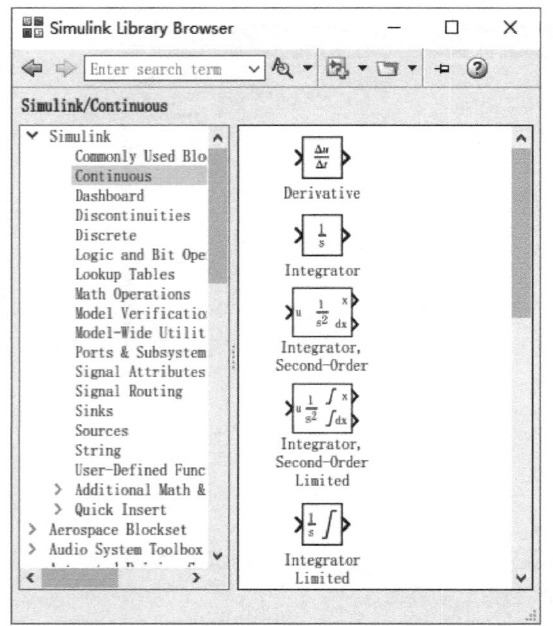

图 10-19　连续系统子模型库（Continuous）

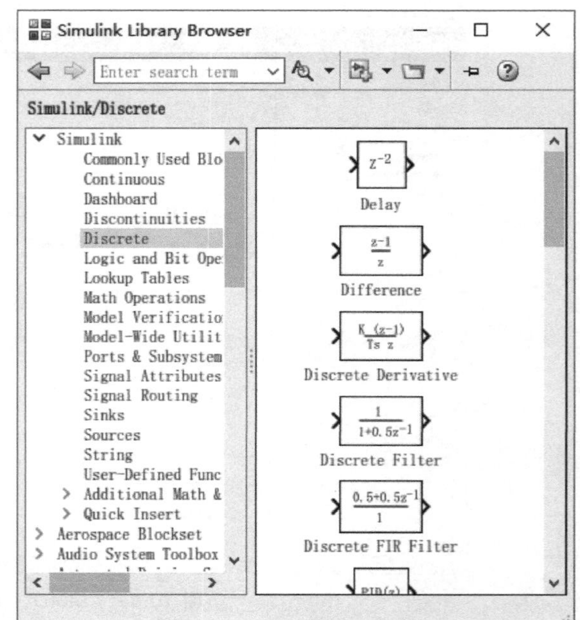

图 10-20　离散系统子模型库（Discrete）

1. 根据控制系统的数学模型建立系统框图

首先建立一个空白的 SIMULINK 模型窗口，将需要用到的控制模型提取到模型窗口，并完成窗口中各模型的连接，以形成完整的仿真系统框图。

2. 设置模型参数

对于仿真模型中的各个控制模型，需要根据控制要求设置其模型参数。采用的方法是双击需要设置的模型，弹出模型参数对话框，输入模型参数后，关闭对话框即可。

3. 设置仿真参数并启动仿真

完成仿真模型创建及其参数设置后，即可进入仿真环节。在启动仿真之前，需要设置仿真所需的步长、时间和仿真算法。双击 SIMULINK 模型窗口工具栏中的［模型仿真参数］（Model Configuration Parameters）按钮，打开模型仿真参数设置对话框，如图 10-21 所示。

在模型仿真参数设置对话框中，可以设置仿真的起始（Start time）和终止（Stop time）时间，默认的起始时间为 0，终止时间为 10s。算法的类型（Type）可选择可变步长（Variable-step）和固定步长（Fixed-step）两种类型。默认为可变步长，此时可以在解算器细节（Solver details）中设置最大步长（Max step size）、最小步长（Min step size）和初始步长（Initial step size），上述步长的系统默认均为自动（auto）。算法（Solver）可选择 ode45、ode23、ode15s、ode23tb 等，这些算法是建立在龙格-库塔（Rung-Kutta）法、欧拉（Euler）法等数值计算方法的基础之上的。此外，需要经常设置的还有算法的相对误差（Relative tolerance）和绝对误差（Absolute tolerance），其中相对误差默认为 1e-3，绝对误差一般为自动（auto）。当控制系统收敛速度较慢时，可适当加大相对误差的大小。

在仿真参数设置完成之后，便可启动仿真。直接单击模型窗口工具栏上的［运行］（Run）按钮进入仿真，对于简单的控制模型，仿真在极短的时间内即可完成。

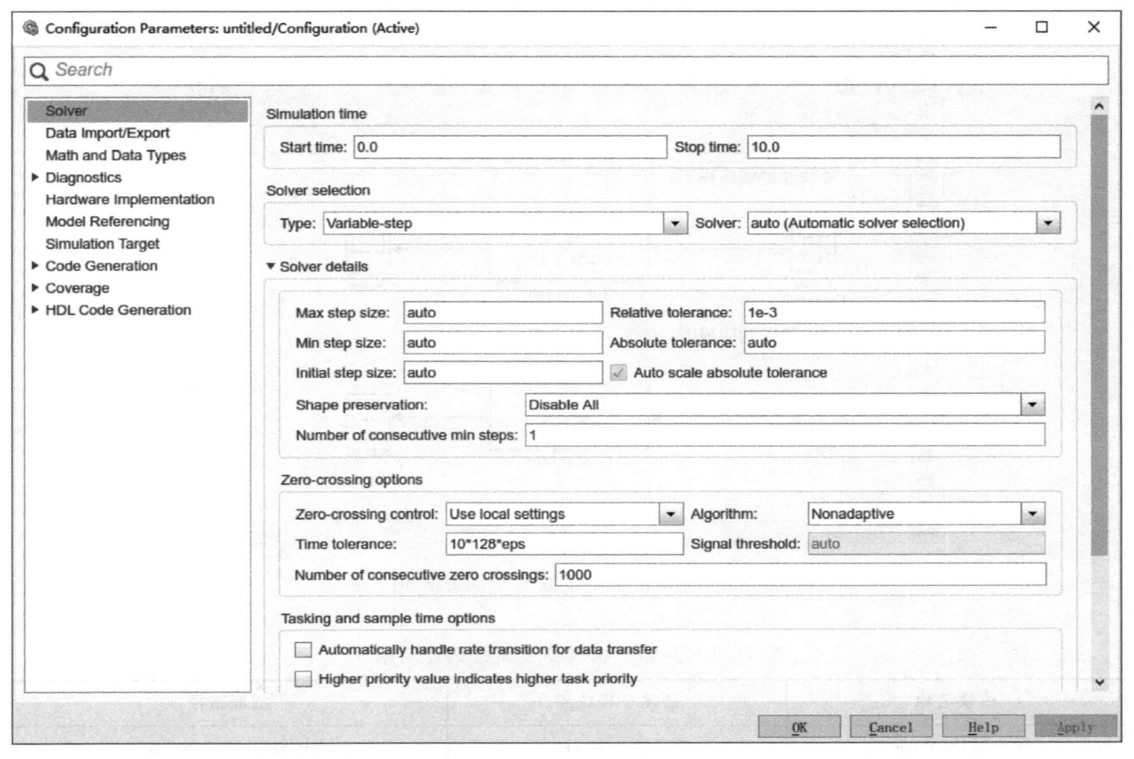

图 10-21　模型仿真参数（Model Configuration Parameters）设置对话框

4. 观测和分析仿真结果

在 SIMULINK 中主要用仪器仪表（Sinks）子模型库进行观测，其中，最常用的是示波器（Scope），双击需要观测的示波器模块，即可打开该示波器显示的仿真结果。通过对仿真结果的分析，可以对系统模型参数进行相应的调整，从而进一步优化系统的输出结果。

下面通过例题来说明上述仿真过程的应用。

例 10-20　已知一阶惯性环节的传递函数为

$$G(s)=\frac{1}{0.5s+1}$$

分别建立该一阶惯性环节在单位脉冲信号和单位阶跃信号输入下响应的 SIMULINK 仿真模型，并采用示波器观测两种输入信号的输出响应波形。

步骤 1：新建一个 SIMULINK 模型窗口，在模型库中分别提取脉冲信号（Pulse）、阶跃信号（Step）、传递函数（Transfer Fcn）、示波器（Scope）四种模型，分别连接组成开环和闭环仿真模型，如图 10-22 所示。

上述四种模型在 SIMULINK 中的提取路径见表 10-1。

步骤 2：设置模型参数。分别双击四种模型，打开各自的模型参数设置对话框，分别如图 10-23、图 10-24、图 10-25 和图 10-26 所示，然后设置其参数。

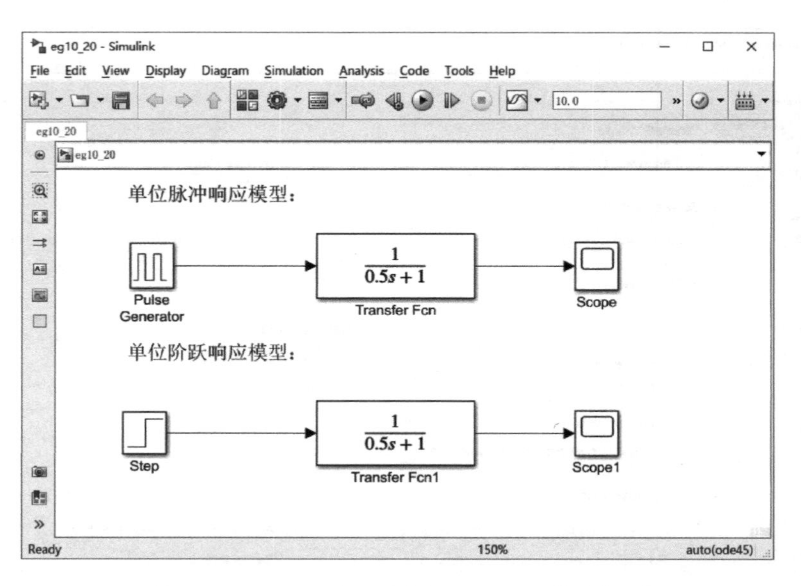

图 10-22　开环和闭环系统 SIMULINK 仿真模型

表 10-1　开环系统模型主要模块提取路径

模块名称	所属子模块库	提取路径
脉冲信号(Pulse)	信号源(Sources)	Simulink/Sources/Pulse Generator
阶跃信号(Step)	信号源(Sources)	Simulink/Sources/Step
传递函数(Transfer Fcn)	线性连续系统(Continuous)	Simulink/Continuous/Transfer Fcn
示波器(Scope)	仪器仪表(Sinks)	Simulink/Sinks/Scope

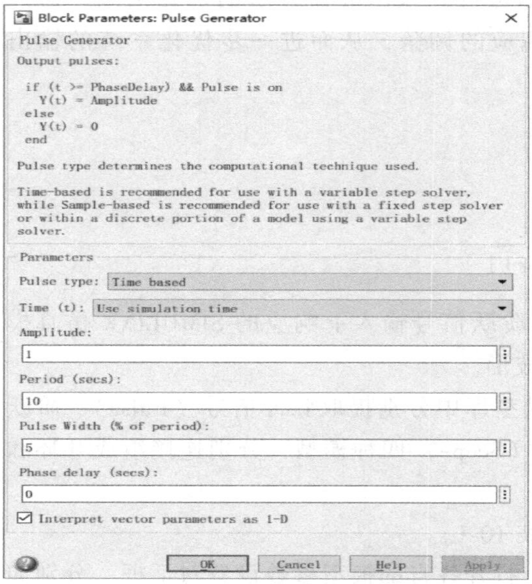

图 10-23　脉冲信号参数设置对话框

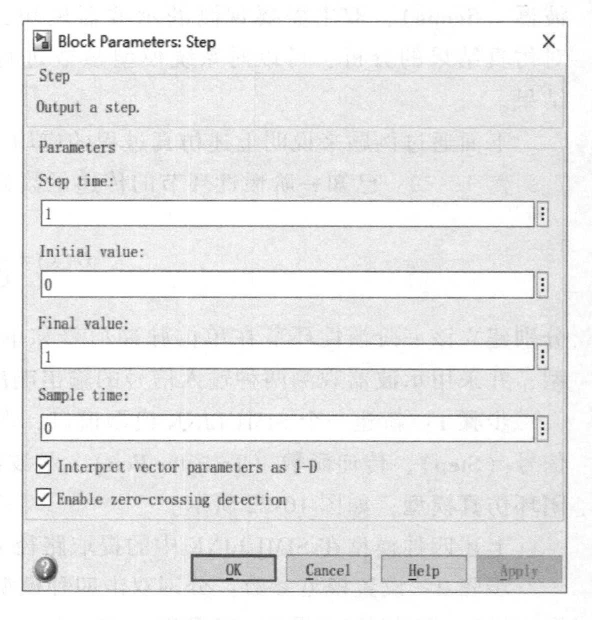

图 10-24　阶跃信号参数设置对话框

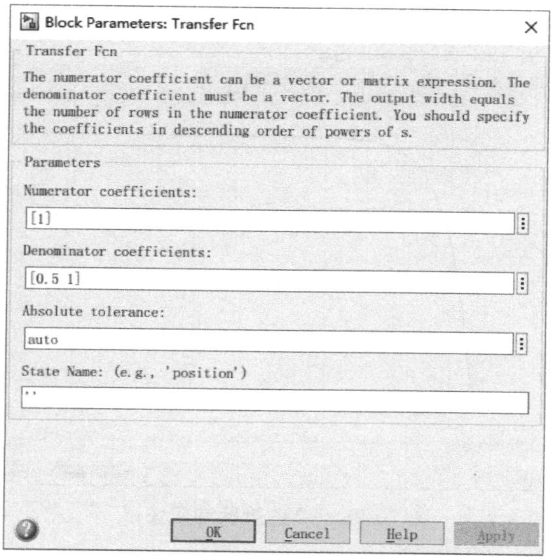

图 10-25　传递函数参数设置对话框

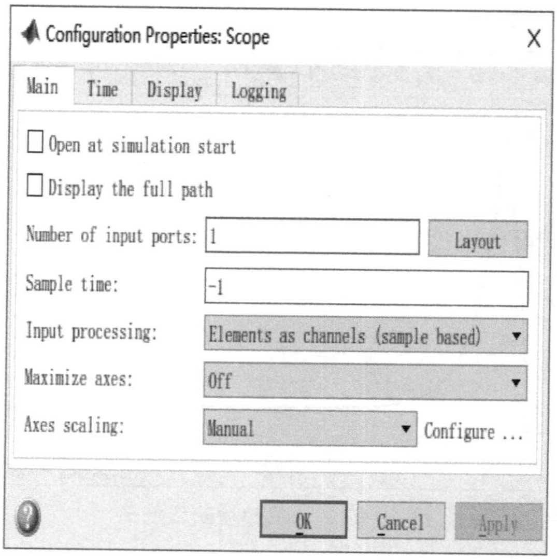

图 10-26　示波器参数设置对话框

如图 10-23 所示，在脉冲信号参数设置对话框中，可以设置脉冲的幅值（Amplitude）、周期（Period）、脉宽（Pulse Width）和相位延时（Phase delay）。本例的脉冲输入为单位脉冲，幅值为“1”，周期为“10”，脉宽为“5”，无相位延迟。

如图 10-24 所示，在阶跃信号参数设置对话框中，可以设置信号的阶跃时刻（Step time）、初始值（Initial value）、终止值（Final value）和采样时间（Sample time）。本例的阶跃输入为单位阶跃信号，阶跃时刻为“1”，初始值为“0”，终止值为“1”，默认为连续信号，采样时间设为 0。

如图 10-25 所示，在传递函数参数设置对话框中，可以设置传递函数的分子系数（Numerator coefficients）、分母系数（Denominator coefficients）、绝对公差（Absolute tolerance）和状态名称（State Name）等参数，其中分子和分母系数是按照多项式指数降序的顺序进行排列的，最后一项为 0 次项系数。本例中，分子系数设置为“[1]”，分母系数设置为“[0.5 1]”，其他参数采用默认设置即可。

示波器可以同时接收多个信号端口的输入，其预设值为“1”，本例中仅需显示阶跃信号的响应结果，因此采用默认设置即可。

步骤 3：设置仿真参数并启动仿真。本例可直接采用如图 10-21 所示模型仿真参数设置对话框的默认设置参数，即仿真从 0s 开始，10s 结束，采用 ode45 算法，可变步长。然后，单击按钮 启动仿真。

步骤 4：观测仿真结果。双击示波器模型，仿真结果的波形如图 10-27 和图 10-28 所示。

如果需要提高该系统的响应速度，可以通过改变一阶惯性环节的时间常数来实现。本例中的时间常数 $T=0.5$，将其修改为 $T=0.1$，只需在图 10-25 的传递函数参数设置对话框中，将分母系数改为“[0.1 1]”即可，重新仿真后得到的响应波形如图 10-29 和图 10-30 所示。

对比调整前后的波形可以看出，调整后的脉冲和阶跃响应的速度都明显优于调整前，可迅速进入稳态，跟踪效果良好。

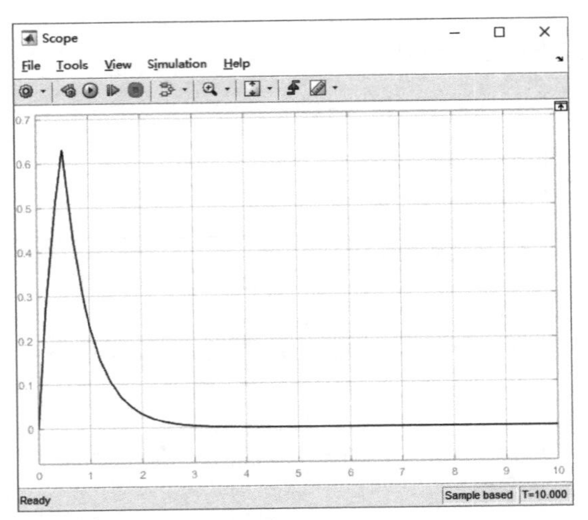

图 10-27　单位脉冲响应波形

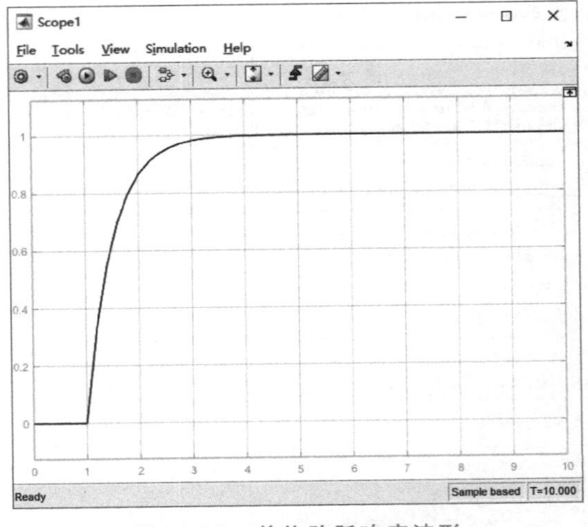

图 10-28　单位阶跃响应波形

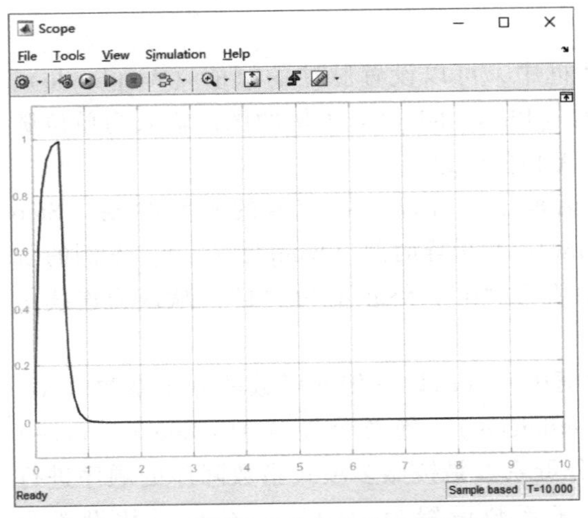

图 10-29　调整后的单位脉冲响应波形

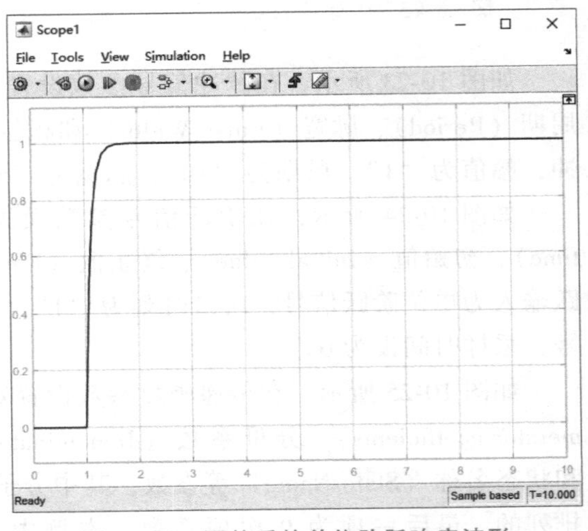

图 10-30　调整后的单位阶跃响应波形

例 10-21　已知连续系统的结构如图 10-31 所示。

将该系统转换为离散系统，采样周期取 $T=0.1\text{s}$，建立单位阶跃信号输入下离散系统的 SIMULINK 仿真模型，并用示波器得到系统的响应波形。

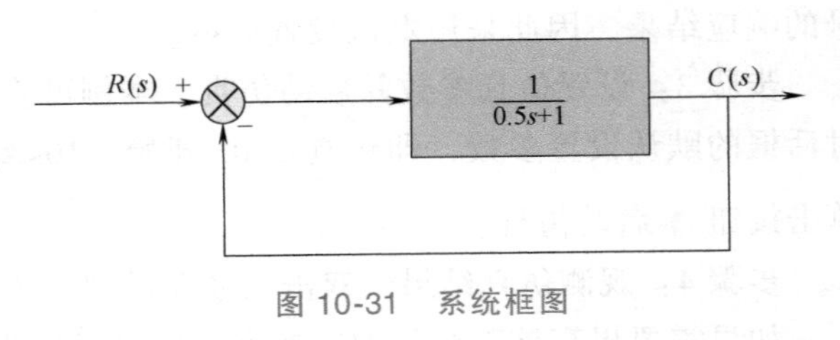

图 10-31　系统框图

首先建立离散系统的传递函数模型，其 MATLAB 程序为

```
num=[1];
den=[0.5,1];
T=0.1;
gs=tf(num,den);
gz=c2d(gs,T,'zoh');
```

结果为

gz =

0. 1813

----

z-0. 8187

其中，函数 tf () 为建立传递函数，函数 c2d () 将连续系统传递函数转换为离散系统传递函数，其中转换方法选择为零阶保持 ‘zoh’。

根据上述转换结果，参照例 10-21 的建模步骤，本例建立的 SIMULINK 仿真模型如图 10-32 所示。

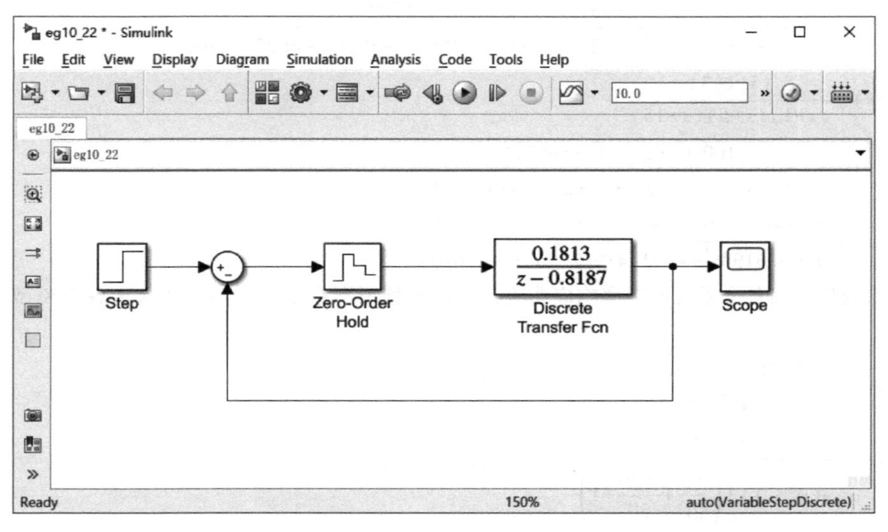

图 10-32　离散系统阶跃响应的 SIMULINK 仿真模型

本例用到了离散系统模型库（Discrete）中的离散系统传递函数（Discrete Transfer Fcn）和零阶保持（Zero-Order Hold）模型。其中离散系统传递函数的参数设置方法与连续系统传

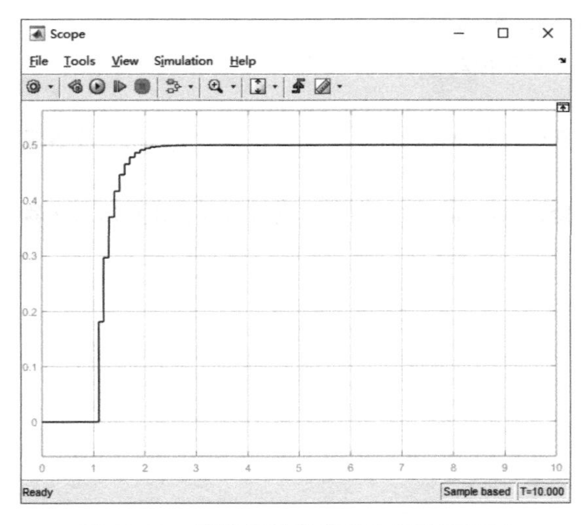

图 10-33　离散系统的单位阶跃响应波形

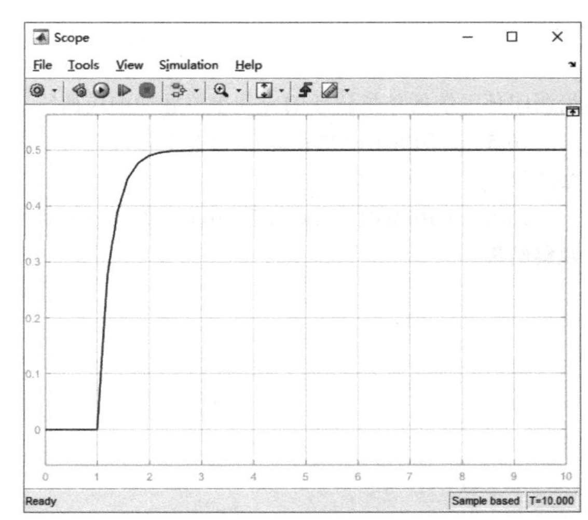

图 10-34　连续系统的单位阶跃响应波形

递函数（Transfer Fcn）基本一致，包括对分子、分母系数和采样周期的设置。零阶保持模型使输入信号在一个采样周期内保持恒定。由示波器得到的波形如图 10-33 所示，为进行比较，同时也给出连续系统的响应波形，如图 10-34 所示。

由上述两例可见，采用 SIMULINK 仿真可以很直观地得到仿真结果，SIMULINK 仿真为系统设计、参数优化提供了极大的便利。

习题

10-1 将下列传递函数模型用 MATLAB 表示出来，求出各个系统的闭环零点和极点，分析其稳定性，并判断它们是否为最小相位系统。

(1) $G(s)=\dfrac{s^4+35s^3+291s^2+1093s+1700}{s^9+9s^8+66s^7+294s^6+1029s^5+2541s^4+4684s^3+5856s^2+4629s+1700}$

(2) $G(s)=\dfrac{15(s+3)}{(s+1)(s+5)(s+15)}$

(3) $G(s)=\dfrac{100s(s+2)^3(s^2+3s+2)^2}{(s+1)(s-1)(s^3+3s^2+5s+2)[(s+1)^2+3]^2}$

(4) $G(z)=\dfrac{24.1467z^3+67.7944z^2+63.4768z-19.8209}{z^4-3.6193z^3+4.9124z^2-2.9633z+0.6703}$

10-2 绘制出下列各个系统的频率响应曲线，包括伯德图和奈奎斯特图，并求出各个模型的幅值裕度和相位裕度。

(1) $G(s)=\dfrac{6s^3+26s^2+6s+20}{s^4+3s^3+4s^2+2s+2}$，频率范围 $\omega\in[0.1,\ 10]$。

(2) $G(s)=\dfrac{25(0.1s+1)}{s(0.5s+1)\left(\dfrac{s^2}{50^2}+\dfrac{0.6s}{50}+1\right)}$，自动选择频率范围。

(3) $G(s)=\dfrac{(s+1)^2}{s^3(s^2+1.05s+12.25)}$，选择不同的频率范围并比较结果。

10-3 绘制题 10-2 中各个模型对应的闭环系统的单位阶跃响应和单位脉冲响应曲线。

10-4 已知离散系统的闭环脉冲传递函数为

$$G(z)=\frac{C(z)}{R(z)}=\frac{0.368z+0.264}{z^2-z+0.632}$$

绘制闭环系统的单位阶跃响应和单位脉冲响应曲线。

10-5 采用 SIMULINK 对题 10-2 中各模型的单位阶跃响应和单位脉冲响应进行仿真，并利用示波器观察结果。

10-6 采用 SIMULINK 对题 10-4 中离散系统的单位阶跃响应和单位脉冲响应进行仿真，并利用示波器观察结果。

参考文献

[1] 王显正，等. 控制理论基础［M］. 北京：国防工业出版社，1989.

[2] 杨叔子，等. 机械控制工程基础［M］. 武汉：华中理工大学出版社，1993.

[3] 辛哈. 控制系统［M］. 左健民，等译. 南京：河海大学出版社，1992.

[4] 赵长安，等. 控制系统设计手册［M］. 北京：国防工业出版社，1993.

[5] 董景新，等. 控制工程基础［M］. 北京：清华大学出版社，1992.

[6] 王积伟，等. 机电控制工程基础［M］. 北京：机械工业出版社，1996.

[7] 孔祥东，等. 控制工程基础［M］. 3 版. 北京：机械工业出版社，2008.

[8] 张尚才，等. 控制工程基础［M］. 杭州：浙江大学出版社，1991.

[9] 冯淑华，等. 机械控制工程基础［M］. 北京：北京理工大学出版社，1991.

[10] 李永祥. 控制工程导论［M］. 西安：西安交通大学出版社，1991.

[11] 顾瑞龙. 工程控制理论［M］. 北京：北京科学技术出版社，1990.

[12] 孟宪谷，等. 控制工程基础［M］. 北京：航空工业出版社，1992.

[13] 阳含和. 机械控制工程：上［M］. 北京：机械工业出版社，1986.

[14] Richard C，Dorf. Modern Control Systerm［M］. Boston：Addison Wesley Publishing Company，1980.

[15] Schwarzenbach J，Gill K F. System Modelling and Control［M］. London：Edward Arnold（publishers）Ltd，1978.

[16] 刘豹，等. 现代控制理论［M］. 北京：机械工业出版社，1992.

[17] 楼顺天，等. 基于 MATLAB 的系统分析与设计［M］. 西安：西安电子科技大学出版社，1998.

[18] 皱伯敏. 自动控制理论［M］. 北京：机械工业出版社，1999.

[19] 清源计算机工作室. MATLAB6.0 基础及应用［M］. 北京：机械工业出版社，2001.

[20] 刘明俊，等. 自动控制理论［M］. 长沙：国防科技大学出版社，2000.

[21] 董玉红，等. 机械控制工程基础［M］. 2 版. 北京：机械工业出版社，2001.

[22] 尚雅层，等. 机电控制基础［M］. 北京：机械工业出版社，2016.

参考文献